U0155167

Vue.js+Node.js开发实战
从入门到项目上线

张帆◎编著

Vue.js+Node.js

机械工业出版社
China Machine Press

图书在版编目（CIP）数据

Vue.js+Node.js开发实战：从入门到项目上线/张帆编著. —北京：机械工业出版社，2020.12
（2022.7重印）

ISBN 978-7-111-67065-0

Ⅰ．V…　Ⅱ．张…　Ⅲ．网页制作工具－JAVA语言－程序设计　Ⅳ．①TP393.092.2
②TP312.8

中国版本图书馆CIP数据核字（2020）第253774号

Vue.js+Node.js 开发实战：从入门到项目上线

出版发行：机械工业出版社（北京市西城区百万庄大街 22 号　邮政编码：100037）
责任编辑：陈佳媛　　　　　　　　　　　　　责任校对：姚志娟
印　　刷：北京建宏印刷有限公司　　　　　　版　　次：2022 年 7 月第 1 版第 4 次印刷
开　　本：186mm×240mm　1/16　　　　　　印　　张：20
书　　号：ISBN 978-7-111-67065-0　　　　　定　　价：89.00 元

客服电话：（010）88361066　88379833　68326294　　　投稿热线：（010）88379604
华章网站：www.hzbook.com　　　　　　　　　　　　　读者信箱：hzjsj@hzbook.com

随着宽带速度的提升，原本内容单一的网站可以增加更多的图片、动画和视频，而无须顾虑加载速度，因此与网站相关的应用（也称为 Web 应用）近几年发展飞快。除了传统的网站页面、HTML 应用和 HTML 游戏外，还有类似于"小程序""快应用"这样基于网络开发的移动端应用也在蓬勃发展。虽然这些应用大多数不能通过浏览器直接启动和打开，但其本身依然是传统的 Web 应用，只是通过一些技术手段优化了性能，如增加了缓存和系统 API 接口等。可以说，开发 Web 应用的能力依然是每个互联网开发人员必须具备的。

Web 应用开发包括前端开发和后端开发。目前，通过一个项目把 Web 前后端开发技术贯穿起来的图书还不多。本书从这个角度切入，通过构建一个完整的 Web 工程项目，展示 Web 前后端开发的整个流程，其中，前后端分别采用 Vue.js 和 Node.js 技术来实现。本书的写作遵循网站开发的流程，从购买一个域名开始，逐步向读者展现网站开发的整个过程。与已经出版的同类图书不同的是，本书不精研每一个技术细节，而是从宏观项目入手，让读者掌握一个完整项目的开发过程。通过阅读本书，读者可以快速了解一个网站产品的全部技术栈，继而能搭建一个类似的网站。

本书特色

1．详解网站从开始搭建到部署上线的全流程

一个网站从开始搭建到最后上线要经过购买网站服务器、数据库设计、前端开发、后端开发和部署上线等多个步骤。本书通过一个项目案例把这些步骤完整地展现出来，让读者可以从零开始，一步一步地亲自动手演练每个步骤。

2．提供大量完整的小示例帮助读者练习编码

动手是学习编程必不可少的方式，也是非常有效的方式，多写代码能有效地提高编程能力。本书除了大型项目外，还穿插了大量的小示例帮助读者提高编码能力，这些示例大多在一页以内，而且给出了运行结果，读者可以先自己编写代码并测试运行，再与提供的示例代码进行比较，从而发现自己的不足并加以改进。

3. 注重项目设计思路和工程开发思想

本书从项目需求分析到功能说明，从数据库的选择到前后端技术栈的考量，从编码测试到项目部署与上线，全都按照实际项目开发的流程进行推进，而且还展现了实际工程项目开发的思想和需要注意的事项，从而帮助读者建立完整的项目开发思维。

4. 广阔的技术视角，开阔的开发思路

本书从项目设计到路由设计，从网站整体风格定位到单一界面开发，从 Vue.js 前端开发到 Node.js 后端开发，从 Nginx 到 Git，都有涉及。这些技术有的从设计角度出发，有的从 UI 角度出发，有的从开发和测试角度出发，有的从部署角度出发，给读者以广阔的技术视角和开阔的开发思路，最终提升项目开发水平。

本书内容

第 1 章简要介绍云服务器、网站域名、网站认证和网站备案等知识，并介绍如何将来自互联网的访问转发到服务器中（这是域名解析的魅力所在）。

第 2 章简要介绍 Node.js、Express 和 Vue.js 等 Web 项目开发的基础知识。学习完本章内容后，读者就能跨入全栈开发的大门，并能熟练地使用 JavaScript 编写代码。

第 3 章主要介绍数据库和工程化开发的一些常用工具，这些工具可以让项目开发事半功倍。其中，数据库技术包括 MongoDB 和 Redis 等，工程化开发工具包括 Git 和 Postman 等。

第 4 章详细介绍网站开发的后端关键技术 Express，涵盖 Express 路由管理、Express 与数据库的连接，以及 Express 中间件等关键技术。

第 5 章详细介绍网站前端开发工具 Vue.js 的基础知识。网站前端相当于网站的门面，本章介绍如何使用 Vue.js 打造前端组件，并构建美观的前端页面。

第 6 章深入介绍 Vue.js 的高级开发技术，包括 Vue.js 中至关重要的路由、状态管理和 UI 库等相关概念。本章基于第 5 章所讲内容，阅读顺序不能颠倒。

第 7 章重点对 Web 项目做需求分析和功能说明，包括项目的设计、功能策划和模块划分等。对于开发人员而言，这是网站项目开发的第一步，要先分析需求，然后才能进入开发阶段。

第 8 章重点介绍 Web 项目的后端开发过程。本章使用 Express 框架开发一个完整的项目后端，并且提供 Vue.js 中用来获取数据的 API。

第 9 章重点介绍如何编写 Web 项目的前端页面，这样就能完整地展现整个 Web 项目的开发流程。

第 10 章介绍网站部署和上线的相关知识，涵盖在不同场景中的打包方法、防火墙设

置和网站优化等相关内容。

读者对象

- Vue.js 与 Node.js 技术爱好者；
- JavaScript 程序员；
- Web 开发人员；
- Web 项目负责人和产品经理；
- 对网站开发感兴趣的人员；
- 互联网产品开发者；
- 高校相关专业的学生；
- 相关培训学校的学员。

配套资源获取

本书涉及的源代码文件等相关资源需要读者自行下载。请在 www.hzbook.com 网站上搜索到本书，然后单击"资料下载"按钮，即可在本书页面上找到下载链接。另外，读者也可以关注作者的微信公众号"科技集散地（tech-jsd）"进行获取。

致谢

感谢参与本书出版的所有编辑！也感谢在本书写作过程中给予我帮助的人！更要感谢我的家人，正是有了他们的支持，我才得以坚持下去！最后还要感谢本书的各位读者，本书因你们而有价值。

|目录|

第1章 开发一个网站的准备

如何快速开发一个符合要求的网站，是每个网站开发初学者所困惑的问题。本章将从购买一个域名开始，介绍网站建设全部流程的相关知识，包括开发工具、开发技术，以及域名的备案和解析等。

本章涉及的知识点如下：

- 网站建设流程；
- 网站搭建所使用的技术和工具；
- 网站域名和服务器等；
- 域名的备案和解析。

1.1 如何从零开始建设一个网站

本节从零开始介绍网站开发的基本流程和技术，包括网站开发的发展历程和相关工具。

1.1.1 网站建设流程

百度百科中的网站定义如下：

网站（Website）是指在因特网上根据一定的规则，使用 HTML（标准通用标记语言）等工具制作的用于展示特定内容的相关网页的集合。简单来说，网站是一个沟通工具，人们可以通过网站发布自己想要公开的资讯，或者使用网站提供的相关网络服务。人们可以通过网页浏览器来访问网站，获取自己需要的资讯或者享受网络服务。

"网站"一般不仅指网站代码和数据库本身，而且还是对服务的统称，即一般意义上的网站是指包括"域名+代码+服务器+其他解析"等服务的一个整体，而并非单纯的代码本身。

也就是说，如果制作一个网站，在不考虑技术细节的情况下，最起码也需要通过以下流程才能完成一个完整的网站建设：

（1）购买一个域名。

（2）实现域名的备案和实名认证。

（3）正确地解析域名至服务器或者其他服务。

（4）编写一套网站代码。

（5）在服务器或者应用容器中成功地运行网站代码。

（6）维持并且维护服务。

🔔注意：代码的编写在整个网站产品的生命周期中是最重要的环节，该环节是想法的实现和需求的更新，而技术只是服务于产品和需求的工具。

1.1.2　网站开发技术和工具

早期的网站只能展示单纯的文本，经过十几年的发展，图像、声音、动画、视频甚至3D 技术都可以通过互联网呈现。通过动态网页技术，用户之间可以交流了，越来越多的服务出现在了互联网中，包括电子邮件服务、在线聊天服务等。

在互联网 2.0 时代，一个网站不仅仅是一个企业或服务的展示，更重要的是提供多种服务。当前的网络服务更多的是实体经济的线上延伸，越来越多的电商、外卖商家，甚至共享业务通过网站给每位使用者提供便利。

互联网技术的发展使网站的功能愈加强大。网站诞生之初，其用处并非像如今这样多姿多彩，更多的是论坛、新闻、聊天这样的应用场景，而制作技术本身也被带宽、计算机性能所限制，静态网站的代码只需要一个文本文档就可以编写。

伴随着网络技术和计算机性能的发展，越来越多的多媒体技术被运用在网页端，此时此刻，大名鼎鼎的"网页三剑客"出现在了开发者的桌面上。

"网页三剑客"是一套强大的网页编辑工具，最初是由 Macromedia 公司开发出来的，由 Dreamweaver（简称 Dw）、Fireworks（简称 Fw）和 Flash 三个软件组成，如图 1-1 所示。其经典的版本是 8.0。

在技术飞速发展的过程中，过时的技术被迅速淘汰，单纯地开发简单的静态页面也一步步被市场所淘汰。Adobe 公司于 2005 年收购了 Macromedia 公司，同时放弃开发 Fw。随着 HTML 5 标准的出现，Flash 技术因为"先天不足"也逐渐被淘汰，Dw 更是在如今各种开发技术的更新面前显得无能为力。

时至今日，这 3 个软件渐渐消失在网页开发的长河之中，但它们作为一代网站开发者的标志，却刻印在开发者的记忆中。

如今的网站开发技术相对于多年前的开发而言变得更加丰富多彩，虽然基本网页还是基于 HTML、JavaScript、CSS 技术，但却经过了大量的更新和版本替换，出现了非常多的新兴框架和技术，本书将一一为读者展现这些技术。

图 1-1　网页三剑客

　　如今的网站开发工具也变得异常简单，仅仅需要一个代码编辑器（俗称 IDE）和一个网页浏览器，即可完成一个网站的开发和测试工作。

　　图 1-2 总结了本节介绍的网页内容和网站技术的发展历程。

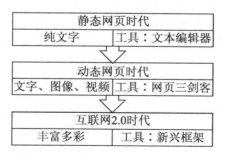

图 1-2　网页内容和网站技术的发展

1.2　第一步：购买一个域名

　　域名是一个网站的重要组成部分。一个合适的域名可以提高网站的知名度，甚至从某种程序上说，域名本身就是网站的推广标识。本节将介绍域名的基本知识，以及如何购买一个新域名。

1.2.1 域名简介

域名（Domain Name），也称为网域，是 Internet 上某一台计算机或计算机组的名称，用于在数据传输时标识计算机的电子方位（有时也指地理位置）。

上面这段解释或许太抽象了。简单来说，域名就是用户在浏览器中输入的"网址"，如图 1-3 所示的百度网站地址中，baidu.com 即为域名。

通用的顶级域名一般分为以下 3 种。

- .com：供商业机构使用，无限制，最常用，被大部分人所熟悉和使用；
- .net：原来供网络服务供应商使用，现在无限制；
- .org：原来供不属于其他通用顶级域名类别的组织使用，现在无限制。

其实还有一种域名，作为网站服务国家或地区顶级域名的标识，如.de（德国）、.eu（欧盟）、.jp（日本）、.uk（英国）、.us（美国）等。

在一个网站服务中，域名的作用就是进行请求的指向，当用户在浏览器中输入一个域名时，浏览器会通过互联网上的 DNS 服务器解析到网站代码所在的服务器上，这样才算完成了一次完整的网站访问操作。

简单来说，域名更像是网站的别名，由根服务器进行记录，全球范围内的根服务器一共有 13 台。在全世界范围内不用担心如果根服务器受到攻击而导致网络中断，因为在各个地区都拥有相应的根服务器镜像，服务于当前地区或附近区域的域名解析。

可以通过简单的命令行查看域名转发到真实主机中的服务器 IP 地址。下面查看 baidu.com 域名的真实 IP 地址。在 Windows 系统中按快捷键 Win+R，弹出"运行"对话框，输入 cmd，如图 1-4 所示。

图 1-3　域名　　　　　　　　　　图 1-4　"运行"对话框

单击"确定"按钮打开命令行窗口，使用 ping 命令，可以看到其真实的 IP 地址，如

图 1-5 所示。

```
ping baidu.com
```

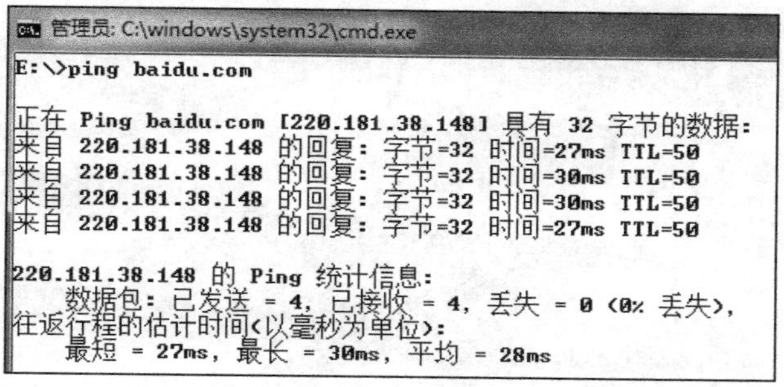

图 1-5　百度的 IP 地址

　　在浏览器中输入该网站的 IP 地址，也会跳转至百度页面。需要注意的是，IP 地址并不一定是存放具体网站代码的主机 IP 地址，也可能是 CDN 或者提供负载均衡功能的服务器 IP 地址。对于大型的服务提供商来说，仅仅一个 IP 地址或一台服务器是不能满足业务需求的。

　　注意：因为某些网站关闭了主机的 ping 功能或防火墙禁用了该端口，所以在命令行窗口中的测试结果（如果能 ping 通，则返回类似于图 1-5 所示的数据，如果 ping 不通，则返回类似于 Time Out 的提示）并不代表服务器当前的状态。

1.2.2　如何通过阿里云购买域名

　　购买域名需要通过专门的域名服务商。

　　国际范围内的域名服务商中比较有名的是 godaddy、eNom 等。这类域名购买相对简单，因为解析到国外的服务器，不需要实名认证和备案等资料，但缺点也相当明显，网络访问可能出现缓慢、卡顿，甚至无法访问的情况。

　　国内的域名服务商中知名的是阿里巴巴和腾讯，尤其是阿里巴巴，该公司在 2013 年 1 月 6 日收购了原本作为中国第一域名服务商的万网，合并成为阿里云。作为后起之秀的腾讯云，在这方面也做得很好。

　　如果网站提供的服务面向的是国内用户，推荐使用阿里或腾讯的域名和主机服务，虽然价格稍显昂贵，手续较为烦琐，但是访问速度和稳定性都有不错的保证。

　　本节就以阿里云为例介绍如何购买域名。

　　（1）在浏览器中输入网址 https://www.aliyun.com/，进入阿里云页面，如图 1-6 所示。单击右上角的"登录"按钮，可以直接使用支付宝或淘宝等账户进行登录。如果还没有账户，则单击"免费注册"按钮。

图 1-6　阿里云首页

（2）登录后，选择"产品"菜单，然后选择"域名注册"选项，如图 1-7 所示。此时会在新页面中打开阿里云旗下的域名服务商万网。

图 1-7　域名注册

（3）此时映入眼帘的是一个搜索页面，输入想要购买的域名，因为域名在世界范围内都是唯一的，所以并不是所有的域名都可以直接购买。例如，此时搜索 xuexijs，可以看到其被占用的情况，如图 1-8 所示。

图 1-8　搜索域名

（4）如果喜欢的域名没有被占用，单击"加入清单"按钮，然后再单击右侧的"立即结算"按钮，页面会跳转至结算页面。在该页面调整购买年限，即可像淘宝一样使用支付宝付款，但是这一步需要选择该域名是由企业还是个人持有，如图 1-9 所示。

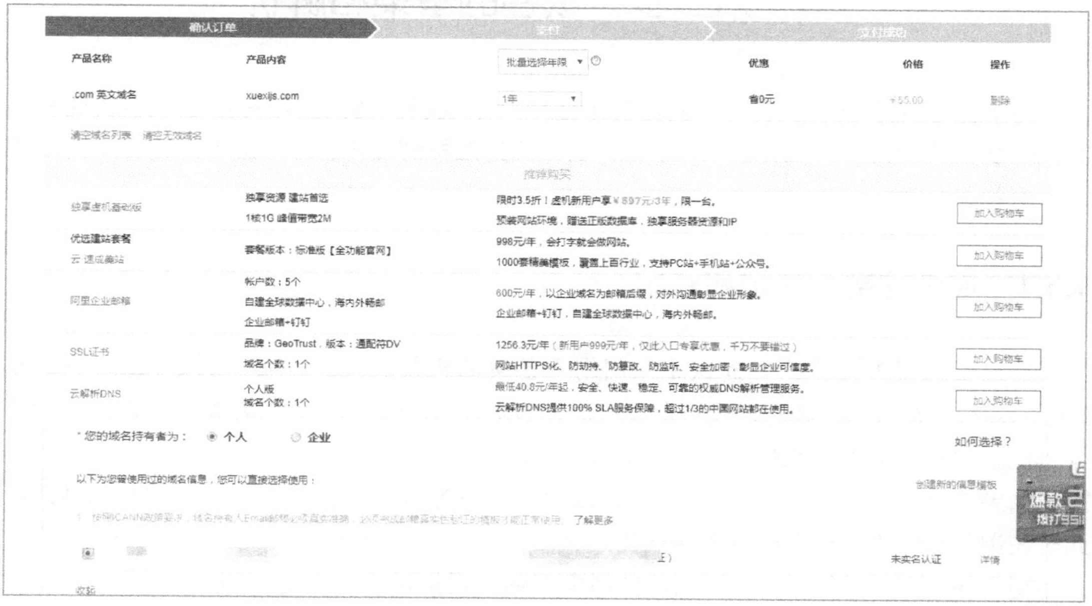

图 1-9　域名购买

（5）单击"立即购买"按钮，成功付款后即可获取该域名的所有权，并且可以在阿里云管理页的域名列表中查看该域名，如图 1-10 所示。

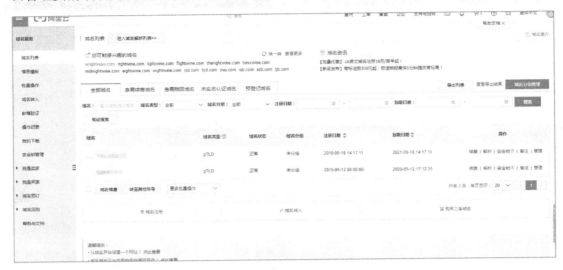

图 1-10　域名管理页

1.3　第二步：域名的备案和解析

为了保证网络信息的安全，我国要求在国内架设服务器的网站都需要实名认证和备案。所以如果只拥有一个域名，而没有将其正确地解析到服务器端，就不能运行相关的代码和服务。

1.3.1　域名的实名认证和备案

阿里云为了方便用户，提供了专门用于备案的相关服务。备案主页是 https://beian.aliyun.com/，通过提示步骤，便可备案相关的域名。各个地区的备案要求并不相同，所以具体地区的备案请以当地相关部门的审核为主。

如果没有备案，则无法将域名解析到国内的云服务器中，也无法运行自己的网页代码，此时在浏览器中输入域名会进入备案提示页面。

初次备案需要的资料（当前时间的备案资料，后期可能有变动）如下：

（1）下载审核单，手写签字后上传，如果客服审核后没有问题，需要打印 3 份审核单快递到阿里云总部。

（2）申请幕布，并且要在幕布背景下拍照上传。

（3）个人需要手持身份证正、反面进行拍照，公司域名备案各地区要求不同，一般需要营业执照扫描件及公司法人的相关认证。

一般来说，域名备案需要一定的审核时间，如果选择阿里云或腾讯云这样的一站式备案，并且在其网站购买了云服务器和域名，则备案时会进行信息初审。如果审核通过，会通知相关部门正式进入备案流程。

普通备案一般在 5 个工作日内会有结果。负责审核材料的客服会帮助站长们审核并修改资料，极大地提高了备案的通过率。如果审核通过，则会显示该域名的备案号和网站信息，如图 1-11 所示。

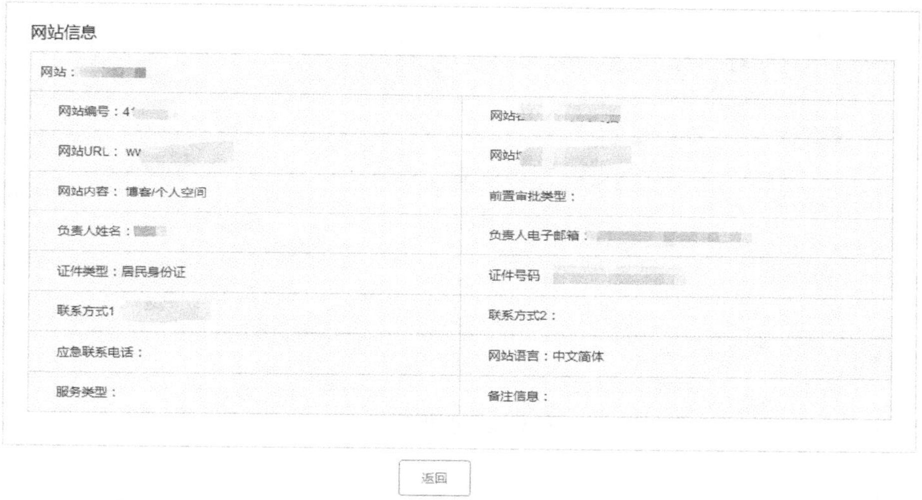

图 1-11　域名备案信息

1.3.2　域名相关解析

如果域名能够成功解析到服务器或提供其他的服务，那么域名的解析就是其中最为重要的一步，大部分售卖域名的服务商都提供这样的服务。

最简单的域名解析即转发所有该域名的请求到一个服务器上。当然，如今的解析服务提供了更多的附加功能，包括请求量统计、DNS 监控，还有更多的安全性相关功能。

新建一个解析时，必须确定用户是该域名的拥有者，所以一般的解析服务都是由域名服务商提供的附加服务，可以添加的解析记录参见表 1-1。

表 1-1　可以添加的解析记录

解析记录类型	说　明
A	常用主机名，可以是www和@等，对于此类请求将转发到指定的IP地址
CNAME	可以将其解析到一个已生效的域名上
邮箱域名解析MX记录等	可以将域名解析到一个邮箱服务器中
NS解析	将子域名指定为其他DNS服务器解析，NS解析可以指定自建DNS服务器
AAAA解析	解析域名为一个IPv6服务器

普通网站只需要添加 A 解析即可，某些应用服务器则需要使用 CNAME 解析，企业邮箱需要添加 NS 解析。本例的添加效果如图 1-12 所示。

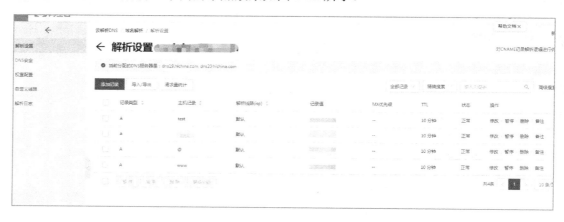

图 1-12　解析列表

注意：网站的解析不是立刻生效的，部分解析甚至需要一个较长的时间才可以生效，请耐心等待。

1.4　第三步：购买一台服务器

如果想要解析域名到一个 IP 地址，那么如何获取这个 IP 地址呢？对于网站来说，服务器是代码的运行环境，也是最重要的一个硬件设备，如果没有服务器，代码是不能独立运行的。可以这么说，服务器是网站的硬件支持。

1.4.1　云服务器

阿里云提供的服务器有以下两种。

- ECS 云服务器：这种服务器相当于购买了一台计算机，其主页位于 https://www.aliyun.com/product/ecs，提供了不同型号和性能的服务器，如图 1-13 所示。ECS 云服务器没有键盘或显示器，在阿里云的机房中是虚拟化的服务器，但是它拥有独立的 IP 和存储，通过远程方式进行连接，通过命令来实现操作。

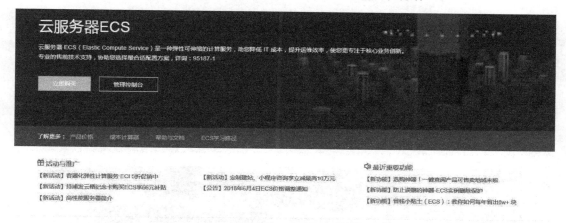

图 1-13　ECS 主页

- 应用服务器：这种服务器不需要具体的配置，已经搭建好了完整的运行环境，但是缺乏扩展性。

应用服务器虽然价格便宜，也有独立的 IP 地址，但不一定符合具体的应用环境，因此笔者推荐购买云服务器 ECS。

注意：如果只需要简单的 Web 服务，购买一台云服务器并不是最经济且必要的选择，反而会增加不少运营和维护成本，所以有这种需求的用户推荐购买应用服务器+数据库服务。

具体的购买和付款步骤与域名购买流程一致，购买之后，可以在阿里云控制台看到该服务器是否启动运行。

1.4.2　服务器的后台管理

在阿里云上登录账户后，可以在管理页面看到购买的服务器、相关的 IP 地址和参数等，如图 1-14 所示。

在 1.3.2 节的域名解析中提到过，只需要添加一条 A 记录，这样使用域名进行的访问都会转发到域名绑定的主机上。

此时可以通过远程桌面（Windows）或 SSH（Linux）的方式连接到该服务器，然后使用相关的软件或命令行进行操作。以 Linux 为例，连接成功后如图 1-15 所示。

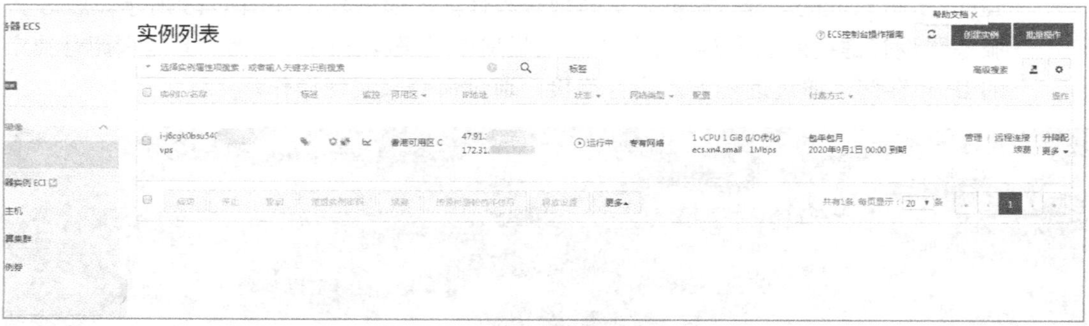

图 1-14　服务器管理页面

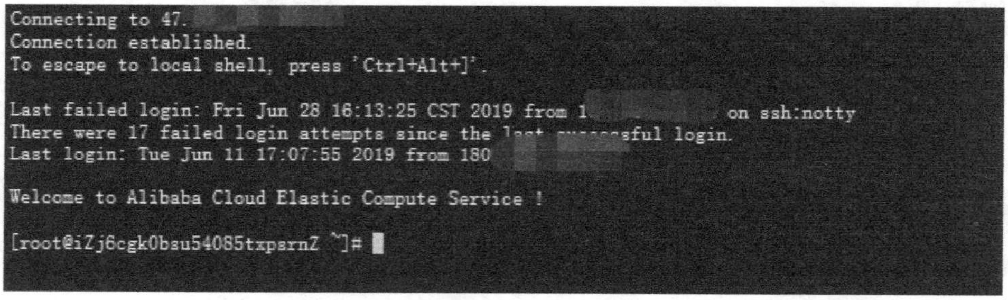

图 1-15　连接成功

此时主机并不能处理来自用户的请求，不仅在主机上没有相应的网站服务，而且服务商也没有开放相应的端口，这些配置可以在安全组中查看，如图 1-16 所示。

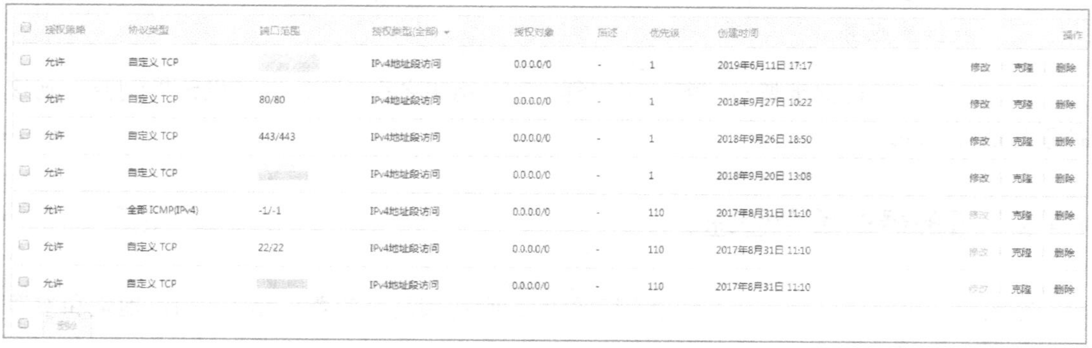

授权策略	协议类型	端口范围	授权类型(全部)	授权对象	描述	优先级	创建时间	操作
允许	自定义 TCP		IPv4地址段访问	0.0.0.0/0	-	1	2019年6月11日 17:17	修改 克隆 删除
允许	自定义 TCP	80/80	IPv4地址段访问	0.0.0.0/0	-	1	2018年9月27日 10:22	修改 克隆 删除
允许	自定义 TCP	443/443	IPv4地址段访问	0.0.0.0/0	-	1	2018年9月26日 18:50	修改 克隆 删除
允许	自定义 TCP		IPv4地址段访问	0.0.0.0/0	-	1	2018年9月20日 13:08	修改 克隆 删除
允许	全部 ICMP(IPv4)	-1/-1	IPv4地址段访问	0.0.0.0/0	-	110	2017年8月31日 11:10	修改 克隆 删除
允许	自定义 TCP	22/22	IPv4地址段访问	0.0.0.0/0	-	110	2017年8月31日 11:10	修改 克隆 删除
允许	自定义 TCP		IPv4地址段访问	0.0.0.0/0	-	110	2017年8月31日 11:10	修改 克隆 删除

图 1-16　配置防火墙

在这组配置中，80 端口运行的是 HTTP 服务，如果希望对方访问网站，则需要开启该端口；443 端口是支持 HTTPS 加密的网站端口；原本开启的 22 端口是需要远程连接的端口（不同的云服务器可能默认端口不同），如果直接取消该端口，则无法通过 SSH 或远程桌面的方式进行连接。

🔔**注意**：对于某些系统的主机可能存在两套防火墙系统，除了服务器管理后台的配置外，在本机上还需配置 iptables 等防火墙。

1.5　小结与练习

1.5.1　小结

本章并没有介绍相关的开发技术，而是通过购买域名和服务器的流程展现了如何从零开始建设一个网站。阅读完本章后，读者应该能够掌握如何新建可以访问的网站，以及购买域名并正确解析域名的完整流程。

1.5.2　练习

有条件的读者可以搭建一个个人站点，尝试以下练习：

（1）购买一个喜欢的域名。

（2）购买一台符合需求的服务器并且成功连接（推荐使用 Linux 系统）。

（3）将域名解析到步骤（2）购买的服务器中，并且测试是否能 ping 通。

第 2 章 Node.js+Vue.js 项目开发基础

从本章开始将正式介绍网站开发的相关技术。网站常用开发技术包括 HTML、JavaScript 和 CSS 等内容,但本章不介绍这些内容,而介绍目前流行的框架 Node.js、Express 和 Vue.js。

本章涉及的知识点如下:

- 搭建 Node.js 开发环境;
- 搭建后端环境 Express;
- 搭建前端环境 Vue.js;
- 选择一款开发工具。

2.1　Node.js 简介

本节介绍 Node.js 的相关知识,包括它的过去、现在和未来发展,同时也会介绍如何在不同的操作系统中安装 Node.js。

2.1.1　Node.js 的前世今生

Node.js 是一个基于 Chrome V8 引擎的 JavaScript 运行环境,其标志如图 2-1 所示。从开发者角度来说,原本运行在 Web 浏览器中的 JavaScript 代码,现在可以运行在任何装有 Node.js 的环境中。

也就是说,伴随着 Node.js 的发布,JavaScript 从一个只能运行在网页端的脚本语言,成了一个可以和 PHP、Python 及 Perl 等语言相媲美,甚至从某些意义上讲更为强大的语言。

Node.js 对一些特殊用例进行了优化,提供了替代的 API,这使得 Chrome V8 在非浏览器环境中运行得更好。Chrome V8 引擎执行 JavaScript 的速度非常快,性能非常好。Node.js 本质上是一个基于 Chrome JavaScript 运行时建立的平台,可以

图 2-1　Node.js 标志

方便地搭建响应速度快、易于扩展的网络应用。Node.js 使用事件驱动、非阻塞 I/O 模型

而得以轻量和高效，非常适合在分布式设备上运行数据密集型的实时应用。

　　Node.js 在 2009 年由 Ryan Dahl 封装并开发，至今已经有十多年的历史，版本也更加趋于稳定，社区和平台也逐步成熟，大量的开发者为社区的繁荣做出了贡献。目前，很多高流量网站都采用了 Node.js 进行开发或在原本的项目中加入了 Node.js 层进行优化。

2.1.2　在 Windows 中安装 Node.js

　　本小节介绍如何在 Windows 平台上安装 Node.js。相比 Linux 等其他平台的 Node.js 而言，Windows 平台的 Node.js 出现较晚，但是在微软的支持下，Windows 平台的 Node.js 安装方法承袭了 Windows 应用程序的一贯作风，只需要下载一个安装程序，双击安装即可。

　　（1）使用浏览器打开 https://nodejs.org 网站，进入 Node.js 官网，页面如图 2-2 所示。

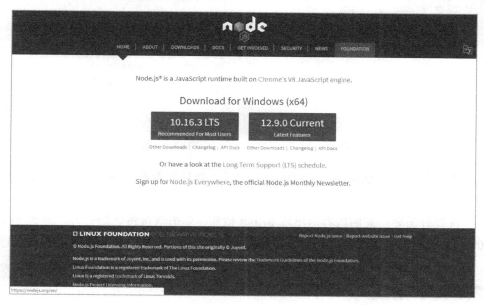

图 2-2　Node.js 官网

　　Node.js 分为两个不同的版本：LTS 和 Current。在 Windows 64 位系统中提供了 LTS（Long Term Support）版本，版本号为 10.16.3，还有 Current 版本，版本号为 12.9.0。

　　注意：LTS 版本是长期支持的稳定版本，即该版本内容稳定，除了重大的安全性问题外，不会为其增加新的功能和特性，也不会更改其主要内容。Current 版本是根据当前项目的开发进度实时更新的可发布版本，包含最新的性能优化和代码优化，但版本中会有一些 Bug。

对于线上运行的稳定环境或开发时环境，推荐使用 LTS 版本。版本的选择还要参考不同的框架，因为某些内容可能需要使用新版本的 Node.js，老版本的 Node.js 可能无法运行，此时便需要升级至最新的版本。

（2）选择 LTS 版本，单击 LTS 下载按钮，自动下载安装程序。

（3）下载完成后，双击打开该程序，如图 2-3 所示。

（4）等待其自动检测安装环境后，Next 按钮亮起，单击该按钮，进入条款和许可说明对话框，如图 2-4 所示。勾选同意选项，再次单击 Next 按钮进入下一步。

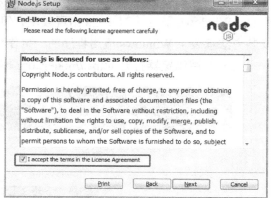

图 2-3　安装 Node.js　　　　　　　　　　图 2-4　条款说明

（5）在进入的对话框中选择程序的安装目录，然后再单击 Next 按钮。也可以选择性地安装 Node.js，如图 2-5 所示。

（6）选择好需要安装的内容后出现 Install 按钮，单击该按钮开始安装，等到进度条走到 100%时，则说明安装成功，如图 2-6 所示。单击 Finish 按钮，即可完成 Node.js 的安装。

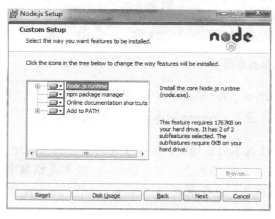
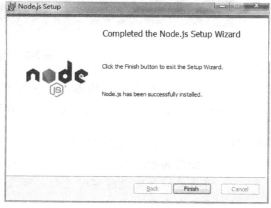

图 2-5　选择需要安装的内容　　　　　　　图 2-6　安装完成

（7）检测是否成功安装了 Node.js。使用快捷键 Win+R 打开"运行"对话框，输入 cmd 命令后单击"确定"按钮，如图 2-7 所示。

（8）在命令行窗口中输入 node –v 命令，如果显示正确的 Node.js 版本号，而非提示"不是内部或外部命令，也不是可运行的程序或批处理文件"，则说明 Node.js 安装成功，如图 2-8 所示。

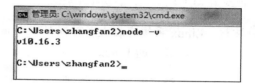

图 2-7　"运行"对话框　　　　　　　　　　图 2-8　运行 node –v 命令

注意：如果 Node.js 安装成功却无法在命令行中使用，有可能是权限问题，因为该安装目录并非在环境变量中，需要手动将 Node.js 的安装目录（默认为 C:\Program Files\nodejs\）加入环境变量中，如图 2-9 所示。

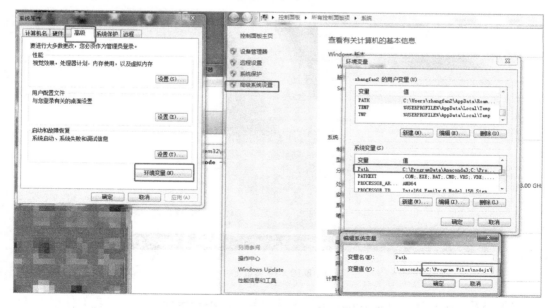

图 2-9　Node.js 的环境变量

2.1.3　在 Linux 中安装 Node.js

Linux 是常用的服务器系统，也是免费和开源的系统。一个项目在正式的生产环境中运行时必须提供一个 Linux 运行环境，Node.js 自然也提供了可以在 Linux 平台中使用的安装包。

不同于 Windows 中使用鼠标"一路"单击进行安装，服务器上的 Linux 系统不一定包含 GUI 界面，因此管理员只能通过 SSH 远程连接该主机。此时，需要使用终端安装 Node.js，具体步骤如下：

💧**注意：** Linux 系统存在大量不同的发行版本，每个版本都有自己不同的命令或格式。本书以流行的 Linux 发行版 Ubuntu（乌班图）的中文发行版 Kylin 为例。

（1）通过 SSH 登录至服务器，或使用已经安装的任何 Linux 版本打开其终端，页面如图 2-10 所示。

图 2-10　终端页面

（2）下载 Node.js。因为不同版本的软件安装方法不一定通用，所以我们使用下载官方包的形式进行安装。在终端输入如下命令，会自动下载 Node.js 安装包。

```
wget https://nodejs.org/dist/v10.16.3/node-v10.16.3-linux-x64.tar.xz
```

💭**注意：** 如果使用的是模拟器或非 root 管理员账号，请使用 su root 命令切换至 root 管理员账户，获取权限后再安装程序。同样，不同版本的 Node.js 安装包下载后的名称也是不同的，请注意文件名称。

Node.js 下载完成后如图 2-11 所示。

图 2-11　下载 Node.js 安装包

（3）使用 ls 命令查看下载的文件，下载文件是一个压缩包，需要使用如下命令解压，解压结果如图 2-12 所示。

```
tar -Jxf node-v10.16.3-linux-x64.tar.xz
```

图 2-12　解压文件

（4）解压结束后，使用 cd 命令进入解压后的文件夹 node-v10.16.3-linux-x64.tar。

（5）使用 cd 命令进入 node-v10.16.3-linux-x64 文件夹中的 bin 文件夹，通过 ll 命令可以查看其中的文件，如图 2-13 所示。

图 2-13　查看 bin 文件夹

（6）测试 Node.js 的命令。在该文件夹中使用如下命令，即可获取 Node.js 的版本号。

```
./node -v
```
屏幕打印显示：v10.16.3

　　在 Windows 中，可以在任何路径下调用 node 命令，但在 Linux 系统中，node 命令只能在此路径的文件夹下调用，在其他文件夹下使用时必须提供准确的路径，这样并不简便。

　　为了更简单地使用 node 命令，需要将其加入环境变量中，或在 Linux 系统中使用软连接的方式将 node 和 npm 这两个文件放入/usr/local/bin 文件夹中，这样在任何地方就都能使用该命令了。

🔔注意：Linux 中的软连接可以理解为 Windows 系统中的快捷方式。

　　软连接的建立使用 ln 命令，具体如下：

```
# 将 node 放入
ln -s /home/st/download/node-v10.16.3-linux-x64/bin/node /usr/local/bin/
node
# 将 npm 放入
ln -s /home/st/download/node-v10.16.3-linux-x64/bin/npm /usr/local/bin/
npm
```

　　完成后的效果如图 2-14 所示，在任意文件夹下都可以直接使用 node 命令和 npm 命令。

```
root@st-VirtualBox:/home/st/download/node-v10.16.3-linux-x64/bin# ln -s /home/st/download/node-v10.16.3-linux-x64/bin/node /usr/local/bin/node
root@st-VirtualBox:/home/st/download/node-v10.16.3-linux-x64/bin# ln -s /home/st/download/node-v10.16.3-linux-x64/bin/npm /usr/local/bin/npm
root@st-VirtualBox:/home/st/download/node-v10.16.3-linux-x64/bin# cd /usr/local/bin/
root@st-VirtualBox:/usr/local/bin# ll
总用量 8
drwxr-xr-x   2 root root 4096 8月  27 15:38 ./
drwxr-xr-x  10 root root 4096 4月  17 02:57 ../
lrwxrwxrwx   1 root root   50 8月  27 15:38 node -> /home/st/download/node-v10.16.3-linux-x64/bin/node*
lrwxrwxrwx   1 root root   49 8月  27 15:38 npm -> /home/st/download/node-v10.16.3-linux-x64/bin/npm*
root@st-VirtualBox:/usr/local/bin# node -v
v10.16.3
root@st-VirtualBox:/usr/local/bin# cd /home/
root@st-VirtualBox:/home# npm -v
6.9.0
root@st-VirtualBox:/home#
```

图 2-14　Node.js 安装成功

2.1.4　第一个 Node.js 示例——Hello World

　　本小节正式使用 Node.js 进行开发。首先是所有开发人员都需要编写的第一个例程：Hello World。首先导入所需要的模块，Node.js 为开发者提供了 require 命令进行导入。

　　【示例 2-1】编写 Hello World 示例。

　　新建一个 JavaScript 文件，命名为 Hello World.js，在其中引入 HTTP 包，同时实例化一个返回结果，并挂载在本地的 3000 端口中，代码如下：

```
01   //引入 HTTP 包
02   const http = require('http');
03
04   http.createServer(function (request, response) {
05       //返回 HTTP 头部信息
06       //返回 HTTP 相应的状态码：200（请求成功）
```

```
07      //返回数据内容的类型: text/plain
08      //指定返回的 code 以及形式
09      response.writeHead(200, {'Content-Type': 'text/html'});
10
11      //发送 HTML 文档内容
12      //打印输出一个<h1>元素
13      response.end('<h1>Hello World</h1>');
14 }).listen(3000);
15
16 //通过 console 打印相关的提示信息
17 console.log('Server running at http://127.0.0.1:3000/');
```

使用 cd 命令进入 JavaScript.js 文件所在的文件夹，然后使用 node 命令执行代码，如图 2-15 所示。

如果成功运行，则命令提示符处会出现一个闪动的光标，没有任何的错误和警告提示。此时在浏览器中输入 http://127.0.0.1:3000，可以看到显示效果，如图 2-16 所示。

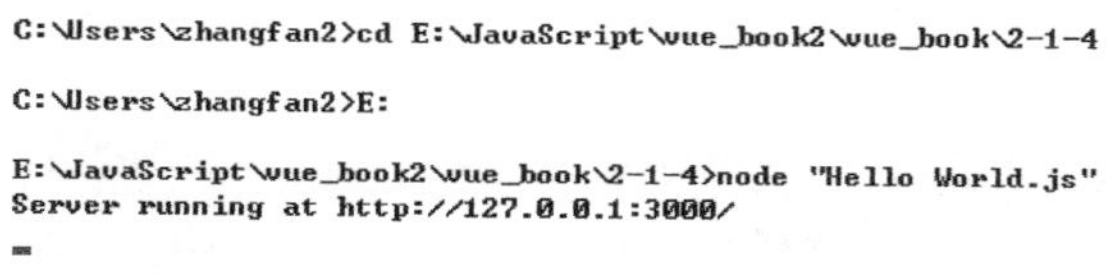

```
C:\Users\zhangfan2>cd E:\JavaScript\vue_book2\vue_book\2-1-4

C:\Users\zhangfan2>E:

E:\JavaScript\vue_book2\vue_book\2-1-4>node "Hello World.js"
Server running at http://127.0.0.1:3000/
```

图 2-15　成功运行 node 命令

←　→　C　① | localhost:3000

Hello World

图 2-16　输出 Hello World

这样就完成了第一个最简单的 Node.js 项目。

2.2　Node.js 后端框架 Express

本节介绍基于 Node.js 的一个流行的后端框架——Express，同时也会使用 Express 进行简单的网站开发。

2.2.1　Express 的发展

2.1.4 节使用 Node.js 开发了一个 Hello World 程序，虽然通过 HTTP 包，用一个简单的文件就能实现一个路由和页面，但这对于一个工程项目的开发来说远远不够。

一个合格的工程从来不是一些简单的文件堆砌，就如同建造一座摩天大楼一样，并不像搭建一个玩具模型的房子，通过简单的拼装就可以完成。建造一座摩天大楼必须拥有坚实的地基和框架，还要有规范和章程才能完成。

Express 框架其实就是这样的一款产品，为工程而生。它基于 Node.js 平台，是一个快速、开放、极简的 Web 开发框架，官网地址为 http://expressjs.com/，如图 2-17 所示。Express 框架从 Node.js 发布之初就存在，至今已有十多年的历史了。开发者可以使用 Express 快速地搭建一个具有完整功能的网站，而不是一个简单的网页。

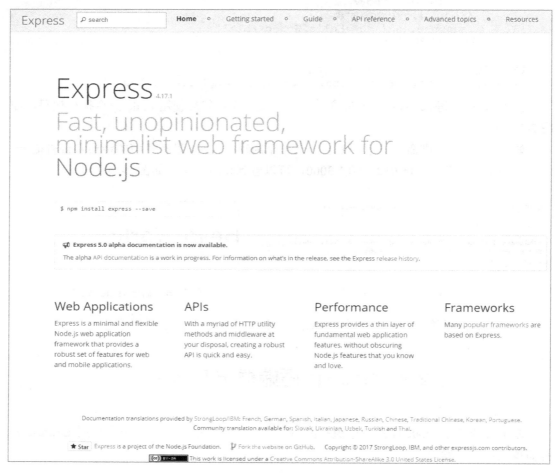

图 2-17　Express 官方网站

简单来说，Express 框架本身是对 Node.js 中的 HTTP 模块进行的一层抽象，就是这层抽象使得开发者可以无须注意细节，直接上手进行页面和业务逻辑的开发。Express 的主要功能包括：

- 设置中间件来响应 HTTP 请求；
- 定义路由表执行不同的 HTTP 请求动作；
- 通过向模板传递参数动态渲染 HTML 页面。

2.2.2　Express 的安装

本小节介绍如何安装 Express。Express 的功能虽然相当于示例 2-1 中使用过的 HTTP 模块，但是不能通过 require 导入，需要按需安装和下载后才能使用。

不仅仅是 Express，作为一个开放的平台，Node.js 社区收入了大量开源的 JavaScript 模块，与安装 Node.js 时自动安装的 HTTP 模块不同，这些模块需要使用 npm 命令按需下载。

注意：如果使用 npm 命令时出现下载非常慢或下载失败的情况，请参照附录 B 中的解决方法。

【示例 2-2】安装 Express。

（1）新建项目文件夹，并且通过命令提示行进入该文件夹，如图 2-18 所示。

```
E:\JavaScript\vue_book2\vue_book>mkdir 2-2-2

E:\JavaScript\vue_book2\vue_book>cd 2-2-2

E:\JavaScript\vue_book2\vue_book\2-2-2>
```

图 2-18　新建文件夹

（2）使用 npm 命令初始化 Node.js 项目，命令如下：

```
npm init
```

如果用户是第一次使用项目初始化命令，这里要特别提示一下，初始化命令并不是一次执行完毕，会提出很多问题让用户选择，如项目名称、描述和作者等，如果不想填写，一直按 Enter 键即可。

初始化命令的执行过程如图 2-19 所示。注意，本例的入口文件没有使用默认的 index.js，而是使用了 app.js。

初始化命令执行成功后会生成一个 package.json 文件，内容如下：

```
{
  "name": "2-2-2",
  "version": "1.0.0",
  "description": "test",
  "main": "app.js",
  "scripts": {
    "test": "echo \"Error: no test specified\" && exit 1"
  },
  "author": "",
  "license": "ISC"
}
```

```
E:\JavaScript\vue_book2\vue_book\2-2-2>npm init
This utility will walk you through creating a package.json file.
It only covers the most common items, and tries to guess sensible defaults.

See `npm help json` for definitive documentation on these fields
and exactly what they do.

Use `npm install <pkg>` afterwards to install a package and
save it as a dependency in the package.json file.

Press ^C at any time to quit.
package name: (2-2-2)
version: (1.0.0)
description: test
entry point: (index.js) app.js
test command:
git repository:
keywords:
author:
license: (ISC)
About to write to E:\JavaScript\vue_book2\vue_book\2-2-2\package.json:

{
  "name": "2-2-2",
  "version": "1.0.0",
  "description": "test",
  "main": "app.js",
  "scripts": {
    "test": "echo \"Error: no test specified\" && exit 1"
  },
  "author": "",
  "license": "ISC"
}


Is this OK? (yes) yes

E:\JavaScript\vue_book2\vue_book\2-2-2>
```

图 2-19　初始化 Node.js 项目

（3）执行 Express 的安装命令如下：

```
//安装 Express
npm install express
```

（4）安装成功后，package.json 文件会自动添加 Express 为依赖项，更改后的内容如下：

```
//自动更改后的 package.json 文件
{
  "name": "2-2-2",
……
 "license": "ISC",
 "dependencies": {
   "express": "^4.17.1"
  }
}
```

至此，当前项目中成功安装了 Express 模块。

注意：老版本的 npm 安装时，如果没有自动将 Express 添加为依赖项，可以使用 save 参数进行添加。

2.2.3　Express 项目示例——Hello World

上一节完成了一个 Express 项目，但它是空白的。本小节在此项目基础上编写一个 Express 版本的 Hello World 程序。

【示例 2-3】Express 版本的 Hello World。

（1）新建一个入口文件 app.js，完整的代码如下：

```
01   //引入 Express 模块和实例化
02   const express = require('express')
03   const app = express()
04
05   //设定根路由显示 Hello World
06   app.get('/', (req, res) => res.send('Hello World!'))
07
08   //监听 3000 端口为 HTTP 服务
09   app.listen(3000, () => console.log(`Example app listening on port
     3000!`))
```

程序内容和示例 2-1 的差别并不大，Express 项目中不需要引入 HTTP 模块，而且写法更简单。实例化 Express 后，所有的操作只需在该实例中指定路由即可。

（2）使用如下命令运行程序，然后在浏览器中输入 http://127.0.0.1:3000，即可访问该页面，如图 2-20 所示。

```
node app.js
```

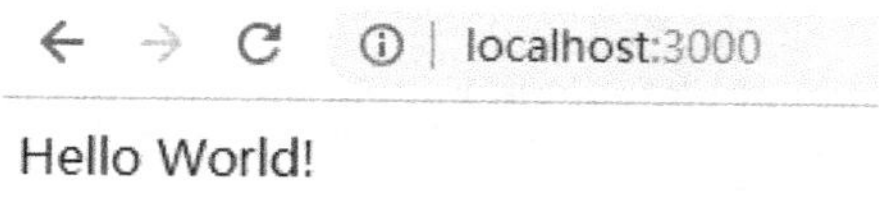

图 2-20　程序运行成功

2.2.4　RESTful API 规范

RESTful API 是一种网络应用程序的设计风格和开发方式。使用 RESTful 风格设计的 API 路由基于 HTTP，支持 XML 与 JSON 等格式的数据回传。这种风格设计的接口本身是通过请求方式的限制实现对网络数据资源状态的标识，类似于 GET 请求某一个路由路径，应当对应的是数据的获取，而使用 POST 方式进行路由路径的请求，应当是对应数据的增加，例如示例 2-3 中的一行代码：

```
app.get('/', (req, res) => res.send('Hello World!'))
```

指定了一个应用于 HTTP 的路由，也是该 Express 项目的根目录，其中"/"是目录地址，即当用户访问 http://127.0.0.1:3000 本身时就是该地址，而 app 实例中的 get 指定了一个状态数据操作接口。

一个 HTTP 请求可能会采用各种不同的请求方式，参考表 2-1。

表 2-1　HTTP请求方式

请 求 方 式	描　　　　述
GET	请求指定的页面信息，并且返回相关的数据
HEAD	类似于GET请求，但返回内容不包含主体，用于获取报头
POST	向后台服务器发送数据
PUT	向服务器发送数据更新内容
DELETE	指定删除内容的操作头
CONNECT	HTTP 1.1中预留管道方式的代理服务器
OPTIONS	获取服务器的性能等
TRACE	测试服务器的可用性，可以用于回显服务器收到的请求
PATCH	新引入对于PUT的补充，对局部内容进行更新

网站的任何操作都有其请求方式，这可以通过浏览器的开发者工具获取。在浏览器中按 F12 键进入开发者工具，如图 2-21 所示，被框选的部分就是访问百度页面时获取的 GET 请求。

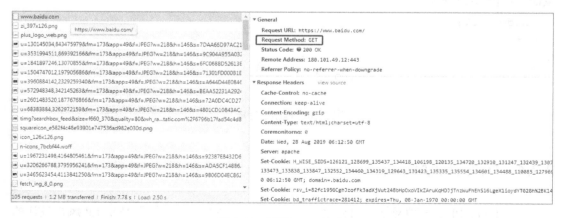

图 2-21　百度 GET 请求

每种请求方式都对应着不同的操作，这些操作提供专门的路由地址，这也是 RESTful API 的本质。RESTful 是目前最流行的 API 设计规范，其核心思想就是对客户端发起的请求进行 5 种划分，不同的操作对应 5 种不同的 HTTP 请求方法，这是以逻辑操作功能为基础进行划分的，而不是传统的 API 设计以路径方式进行划分。RESTful 划分的种类参考表 2-2。

表 2-2　RESTful 划分的种类

请 求 方 式	对 应 操 作
GET	读取数据内容（Read）
POST	新建或插入数据内容（Create）
PUT	更新数据内容（Update）
PATCH	局部数据更新（Update）
DELETE	删除操作（Delete）

符合 RESTful 的 API 设计就是所有的 API 路由符合上述划分。也就是说，相同的请求路径，由于请求方式不同，可能获取的数据结果不同，或执行不同的数据操作。

图 2-21 中的 GET 请求返回了一个标准 Code 为 200，这说明 GET 请求操作成功。任何请求都会返回数字，这些返回数字被称为状态码。状态码标志着这次请求是成功还是出现了什么问题。

不同的请求方式返回的状态码也可能不同，常见的状态码含义见表 2-3。

表 2-3　不同请求方式返回的状态码的含义

请 求 方 式	状 态 码	含 义
GET	200	OK
POST	201	Created
PUT	200	OK
PATCH	200	OK
DELETE	204	No Content

注意：状态码还可以用来表示其他含义，如 300 系列的重定向、400 系列的客户端错误和 500 系列的服务器错误等。通过 HTTP 查看具体的状态码并且了解其含义，可以方便地定位问题所在。

2.3　页面显示框架 Vue.js

本节主要介绍 Vue.js 框架，包括它的下载、安装和简单使用，最后还会简单介绍一下其他页面显示框架，并分析它们的优缺点。

2.3.1　Vue.js 简介

Vue.js 是最近两年前端框架里最耀眼的一个，开发者是尤雨溪。Vue.js 是构建 Web 界面的 JavaScript 库，通过简洁的 API 提供高效的数据绑定和灵活的组件系统。

与其他大型框架不同的是，Vue.js 被设计为自底向上逐层应用。Vue.js 的核心库只关注视图层，方便与第三方库或既有项目整合，非常容易学习。Vue.js 的官方主页为 https://cn.vuejs.org/，如图 2-22 所示。

图 2-22　Vue.js 官方主页

Vue.js 是一个开源项目，截至笔者写作本书时（2020 年年初），Vue.js 项目在 GitHub 上获得了近 15 万颗星的成绩。如果使用 Vue.js，首先需要了解大量相关的生态和一些官方的包，接下来向读者逐一介绍。

⚠注意：Vue.js 不支持 IE 8 及以下版本，因为它使用了 IE 8 无法模拟的 ECMAScript 5 特性，但它支持所有兼容 ECMAScript 5 的浏览器。

2.3.2　Vue.js 的安装

安装 Vue.js 有两种方法：

（1）类似于 Bootstrap 或 jQuery，直接通过 HTML 文件中的\<script\>\</script\>标签引用。

为了方便开发者使用，Vue.js 提供了相关的 CDN，通过如下代码可以引用最新版本的 Vue.js：

```
<script src="https://cdn.jsdelivr.net/npm/vue"></script>
```

通过指定版本号，可以引用不同版本的 Vue.js，这样项目工程不会因为新版本的 Vue.js 而出现不兼容的问题。

```
<script src="https://cdn.jsdelivr.net/npm/vue@2.6.10/dist/vue.js"></script>
```

除了 CDN 方式外，还可以下载源代码直接引入。对于一个大型项目而言，直接引入 JavaScript 文件的方式可能并不便捷，所以笔者采用 npm 的安装方式。

（2）npm 安装方式。

新建项目文件夹，使用 npm init 命令初始化项目，然后使用如下命令安装 Vue.js，与 Express 的安装步骤一样。

```
npm install vue
```

package.json 文件会自动添加 Vue.js 的依赖项，代码如下：

```
{
  "name": "2-3-2",
  "version": "1.0.0",
  "description": "",
  "main": "index.js",
  "scripts": {
    "test": "echo \"Error: no test specified\" && exit 1"
  },
  "author": "",
  "license": "ISC",
  "dependencies": {
    "vue": "^2.6.10"
  }
}
```

2.3.3　用 Vue.js 编写 Hello World——CDN 方式

2.3.2 节介绍了安装 Vue.js 的两种方式，第一种是通过 CDN 方式或引入静态文件，通过 CDN 方式编写 Hello World 程序较为简单，下面直接演示。

【示例 2-4】用 Vue.js 编写 HelloWorld——1。

新建 HTML 文件，命名为 index.html，引入 Vue.js。完整的代码如下：

```
01  <!DOCTYPE html>
02  <html lang="en">
03  <head>
04      <meta charset="UTF-8">
05      <title>Title</title>
06  </head>
07  <body>
08  <div id="app">
09      <!--显示文字内容-->
10          {{text}}
11  </div>
12  <!--引入 Vue-->
13  <script src="https://cdn.jsdelivr.net/npm/vue"></script>
14  <script>
15      <!--实例化 Vue-->
16      var vm = new Vue({
17          el: '#app',                 //指定属性 id 里的 app
```

```
18          //数据内容
19          data: {
20              text: 'hello world!!!'
21          }
22      })
23  </script>
24  </body>
25  </html>
```

通过浏览器打开 index.html，网页效果如图 2-23 所示。

图 2-23   直接通过 CDN 引入 Vue.js 的效果

2.3.4   用 Vue.js 编写 Hello World——Webpack 方式

对于 Vue.js 框架而言，输出一个简单的 Hello World 程序可能并不简单，浏览器本身不识别后缀为 vue 的文件，所以 vue 文件不能通过浏览器直接打开，类似于 HTML 这样的页面也无法直接引入 vue 文件。

如果想要使用 Vue.js 编写程序，需要 Webpack 打包工具将.vue 文件编译成普通的 JavaScript 文件，再通过页面的引入去执行这个 JavaScript 文件。

【示例 2-5】用 Vue.js 编写 HelloWorld——2。

（1）新建项目工程，使用 npm init 初始化项目代码，此时生成 package.json 文件，接着安装 Webpack，命令如下：

```
npm install webpack
```

（2）Webpack 安装后需要再安装 webpack-cli（一个使用 Webpack 的命令行工具），命令如下：

```
npm install webpack-cli
```

（3）安装 Vue.js，命令如下：

```
npm install vue
```

（4）安装 vue-loader 和 vue-template-compiler，这样才可以让 Webpack 识别 Vue.js，安装命令如下：

```
npm install vue-loader
npm install vue-template-compiler
```

安装完成后的 package.json 文件如下：

```
{
  "name": "2-3-2",
```

```
"version": "1.0.0",
"description": "",
"main": "index.js",
"scripts": {
  "test": "echo \"Error: no test specified\" && exit 1"
},
"author": "",
"license": "ISC",
"dependencies": {
  "vue": "^2.6.10",
  "vue-loader": "^15.7.1",
  "vue-template-compiler": "^2.6.10"
},
"devDependencies": {
  "webpack": "^4.39.3",
  "webpack-cli": "^3.3.7"
}
}
```

（5）新建一个 webpack.config.js 文件，用于配置 Webpack 打包工具。Webpack 的配置需要指定入口文件并且引入 vue-loader，完整的代码如下：

```
01  const path = require('path');
02  const VueLoaderPlugin = require('vue-loader/lib/plugin');
03
04  module.exports = {
05      //指定入口文件
06      entry:path.join(__dirname, 'app.js'),
07      //指定输出的文件位置和文件名称
08      output: {
09          path: path.join(__dirname,'dist'),
10          filename: 'build.js'
11      },
12      plugins: [
13          //在使用新版的 vue-loader 时，必须引入这个插件
14          new VueLoaderPlugin()
15      ],
16      module: {
17          //指定不同格式的规则
18          rules: [
19              //解析.vue 文件
20              {
21                  test: /\.vue$/,
22                  loader: 'vue-loader'
23              },
24          ]
25      }
26  }
```

这里指定了入口文件导出的位置和引入模块时的一些规则，通过这个配置让 Webpack 可以编译同级目录中的 app.js 文件，并且在 dist 文件夹中建立新的 build.js 作为导出的文件。

（6）编辑 app.js 中的内容。在 app.js 中需要引入 Vue.js、获取页面中的 body 节点，并

且将所有需要显示的内容挂载在上面，完整的代码如下：

```
01   //引入 vue
02   import Vue from 'vue'
03   import Hello from './helloworld.vue';
04
05   const root = document.createElement('div')
06   document.body.appendChild(root)
07
08   //mount 将 Hello 模块挂载到 root 根节点中
09   new Vue({
10       render: (h) => h(Hello)
11   }).$mount(root)
```

（7）上述代码引入了一个还未建立的 Hello 模块，其文件名为 helloworld.vue，也就是本例的 Vue.js 部分，该文件中指定了一个变量，赋值为 HelloWorld 并显示在页面上。完整的代码如下：

```
01   <template>
02       <div>
03           <p>{{text}}</p>
04       </div>
05   </template>
06
07   <script>
08       export default{
09           name: "Hello",
10           data(){
11               return {
12                   text: 'HelloWorld!!!'
13               }
14           }
15       }
16   </script>
```

其中，{{text}}部分显示下方 script/data 中 text 的值"HelloWorld!!!"，而模板的部分将会被挂载在一个 HTML 文件的 body 节点中，最终将所有的内容显示在页面中。

（8）Hello World 实例到此就完成了。在命令行中使用如下命令打包：

```
webpack --config webpack.config.js
```

也可以将此命令添加到 package.json 中，通过 webpack-cli 的方式使用，这样会更加方便。修改后的代码如下：

```
{
  "name": "2-3-2",
  "version": "1.0.0",
  "description": "",
  "main": "index.js",
  "scripts": {
    "test": "echo \"Error: no test specified\" && exit 1",
    "build": "webpack --config webpack.config.js"
  },
```

```
      "author": "",
......
}
```

在命令行窗口中使用如下命令完成打包操作，执行效果如图 2-24 所示。

```
npm run build
```

```
E:\JavaScript\vue_book2\vue_book\2-3-2>npm run build

> 2-3-2@1.0.0 build E:\JavaScript\vue_book2\vue_book\2-3-2
> webpack --config webpack.config.js

Hash: 6a3b30e2153ffdae5f7e
Version: webpack 4.39.3
Time: 756ms
Built at: 2019-08-29 10:41:17 AM
     Asset      Size  Chunks             Chunk Names
  build.js  69.8 KiB       0  [emitted]  main
Entrypoint main = build.js
[0] (webpack)/buildin/global.js 472 bytes {0} [built]
[5] ./app.js + 6 modules 4.8 KiB {0} [built]
    | ./app.js 269 bytes [built]
    | ./helloworld.vue 1.08 KiB [built]
    | ./helloworld.vue?vue&type=template&id=12c863e4& 200 bytes [built]
    | ./helloworld.vue?vue&type=script&lang=js& 260 bytes [built]
    | ./node_modules/vue-loader/lib/loaders/templateLoader.js??vue-loader-option
s!./node_modules/vue-loader/lib??vue-loader-options!./helloworld.vue?vue&type=te
mplate&id=12c863e4& 251 bytes [built]
    | ./node_modules/vue-loader/lib??vue-loader-options!./helloworld.vue?vue&typ
e=script&lang=js& 135 bytes [built]
    |     + 1 hidden module
    + 4 hidden modules

WARNING in configuration
The 'mode' option has not been set, webpack will fallback to 'production' for th
is value. Set 'mode' option to 'development' or 'production' to enable defaults
for each environment.
You can also set it to 'none' to disable any default behavior. Learn more: https
://webpack.js.org/configuration/mode/

E:\JavaScript\vue_book2\vue_book\2-3-2>
```

图 2-24　打包完成

执行成功后，dist 文件夹中会自动生成一个 build.js 文件。打开该文件后，发现其本身的代码已经经过了完整的编译。下面在 HTML 文件中引入该编译文件来查看效果。

（9）在 dist 文件夹下新建一个 HTML 文件 index.html，用于引入 build.js 文件，代码如下：

```
01  <!DOCTYPE html>
02  <html lang="en">
03  <head>
04      <meta charset="UTF-8">
05      <title>Title</title>
06  </head>
07  <body>
08  <!--注意生成的 JavaScript 文件的地址-->
09  <script src="build.js"></script>
10  </body>
11  </html>
```

在浏览器中打开该 HTML 文件，页面效果如图 2-25 所示，这样就完成了 Vue.js 版本的 Hello World 示例。

图 2-25　Vue.js 版本的 HelloWorld 示例

📢注意：Webpack 还存在很多不同的用法，读者可以参考官方文档 https://webpack.js.org/。

2.3.5　其他页面显示框架

Vue.js 的 API 参考了 AngularJS、KnockoutJS、Ractive.js 和 Rivets.js，因此作为一个后来者，Vue.js 是对上述框架的总结和优化，不仅如此，它还增加了很多新的特性，所以非常流行。

除了 Vue.js 框架之外，值得一提的还有 React.js 框架，如图 2-26 所示。

图 2-26　React.js 界面

React.js 和 Vue.js 这两个框架有许多相似之处，二者都是为了与根库一起使用而构建的，并且都是基于 Virtual DOM 模型，都使用组件化的结构。

Vue.js 框架的优点如下：
- 生态丰富，学习成本低；
- 简单易用；
- 官方库较多，程序开发风格统一且文档全面；
- 轻量、高效；
- 依赖其他开源模块较少，可以简单地实现功能重构。

Vue.js 框架的缺点如下：
- 使用者和贡献者较为单一，GitHub 中的使用者大部分是中文使用者；

- 非官方的小众库不一定支持 Vue.js。

React.js 的优点如下：

- 灵活和优秀的响应性；
- 虚拟 DOM 使性能得到极大提升；
- 丰富的 JavaScript 库，面对全世界的贡献者；
- 丰富、强大的扩展性；
- 有 Facebook 等专业开发人员的支持；
- 多平台的优势，并且 React Native 等技术已广泛使用。

React.js 的缺点如下：

- 功能复杂，体积庞大；
- 学习难度比较高。

2.4 JavaScript 代码编写——IDE 的选择

对于中小型项目的开发工作，除了需要保证代码的运行或编译环境以外，只需要一个简单的文本编写工具就可以完成。计算机自带的"记事本"或"写字板"程序虽然可以编写代码，却不能提供高亮、换行和格式化等功能，所以在真正的项目开发中，一般都会选择一些功能强大的集成开发环境（IDE）。

2.4.1 编写基础的 JavaScript 代码

本书中的代码基本是采用 JavaScript 语言编写的，并且本书中的 JavaScript 代码由于使用场景不同，会在两类环境中运行。

- 基于浏览器中的 JavaScript 代码（也就是传统网站开发中前端使用的 JavaScript 代码）去实现一些样式、动画或 AJAX 请求。
- 基于 Node.js 的 JavaScript 代码。

以上两类代码均基于 JavaScript 语言，但仍有很多不同点，读者不用在意底层的逻辑。

前端的 JavaScript 代码可以选择任意一个文本文档来编写，并在浏览器中运行，演示如下：

（1）建立一个 index.html 文件，使用文本文档打开，如图 2-27 所示。

（2）在文本中编写如下代码：

index.html

```
<script>
console.log(this)
alert("运行代码")
</script>
```

图 2-27 index.html 文件

在浏览器中打开 index.html 文件，效果如图 2-28 所示。

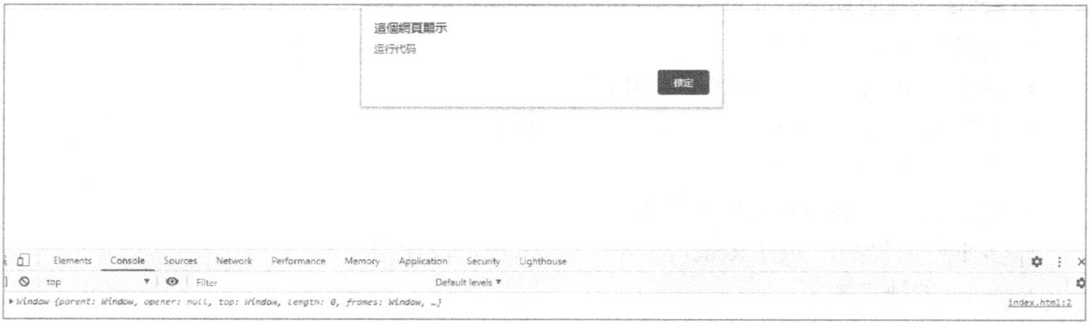

图 2-28　运行代码

执行上面的代码后，浏览器会打印一个 this 对象，该对象指向浏览器中的 Window 顶层对象，并且弹出一个对话框，显示代码正在运行。

上面的代码还可以采用 JavaScript 代码文件的形式，通过<script>标签引入。这样就可以将 JavaScript 代码和 HTML 代码文件进行分离，例如：

```
<script src="./index.js" charset="UTF-8"></script>
```

需要注意的是，此时的 JavaScript 文件不需要在其中包含<script>闭合标签也可以达到一样的运行效果。

在 Node.js 环境中一般通过命令行工具运行代码，不需要浏览器环境。需要注意的是，在 Node.js 环境中并没有实现 alert()方法，需要将该代码注释掉，代码如下：

```
console.log(global)
//如果不注释则会出现错误，Node.js 中没有实现该函数
//alert("运行代码")
```

执行效果如图 2-29 所示。

```
H:\book\book\vue_book\code\2-4>node indexNode.js
Object [global] {
  global: [Circular],
  clearInterval: [Function: clearInterval],
  clearTimeout: [Function: clearTimeout],
  setInterval: [Function: setInterval],
  setTimeout: [Function: setTimeout] { [Symbol(util.promisify.custom)]: [Function] },
  queueMicrotask: [Function: queueMicrotask],
  clearImmediate: [Function: clearImmediate],
  setImmediate: [Function: setImmediate] {
    [Symbol(util.promisify.custom)]: [Function]
  }
}

H:\book\book\vue_book\code\2-4>
```

图 2-29　打印全局对象

图 2-29 中的 global 对象即为 Node.js 中的全局对象(类似于浏览器中的 Window 对象)。

需要注意的是，如果在代码中打印 this，this 会指向该模块本身（module 对象），而其本身并不会指向 global 对象。

注意：关于 this 的指向，几乎在所有的前端面试中都会有所提及，而 JavaScript 中的 this 指向并不是一成不变的，通过 this 指向的变化可以实现一些特别的应用，所以读者应当了解这些内容。

2.4.2　JavaScript 开发利器——WebStorm

2.4.1 节使用了文本文档编写 JavaScript 代码，本节使用更加专业、更加强大的智能 IDE 来编写代码。

JavaScript 拥有大量的 IDE，甚至一些并非专门为 JavaScript 准备的开发工具都支持它（如 Eclipse、NetBeans 等）。还有一些常见的 IDE，如 VSCode 或 Notepad++也提供了大量的扩展和自定义选项来实现 JavaScript 专用 IDE 的效果。本节介绍一款开发利器——来自 JetBrains 系列的 WebStorm，官方网址为 https://www. jetbrains.com/webstorm/，用户可以免费试用 30 天。

注意：如果是在校学生，可以通过邮箱申请教育版本，免费试用 WebStorm。

WebStorm 的官网页面如图 2-30 所示。

图 2-30　WebStorm 官网页面

单击 DOWNLOAD 按钮直接下载，下载完成后进行安装，最终打开的效果如图 2-31 所示。WebStorm 不需要安装任何插件，直接支持 JavaScript 代码。

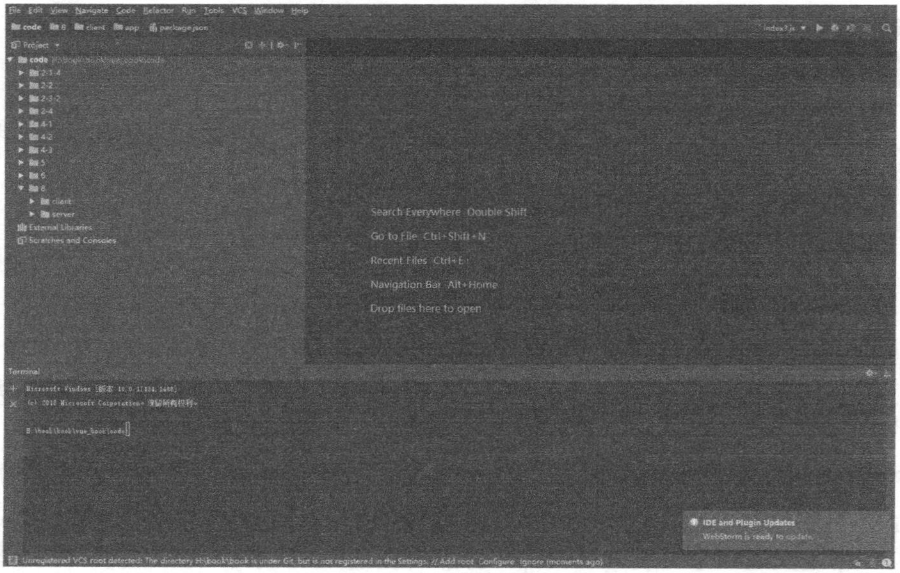

图 2-31　WebStorm 界面

2.5　小结与练习

2.5.1　小结

本章主要介绍了工程网站需要的两个关键技术：Node.js 和 Vue.js。其中，Node.js 分为两部分来介绍：纯 Node.js 和 Node.js 框架（Express），这两部分都演示了一个 Hello Word 示例，并比较了二者的不同。Vue.js 部分也通过两个 Hello Word 示例进行了演示。这 4 个 Hello Word 示例帮助读者完美地搭建了一个工程网站需要的开发环境。

对于没有开发基础的读者来说，2.3.4 节 Vue.js 版 Hello World 的程序开发会有点难度，涉及大量的技术细节和相关的工具配置。如果读者不能立刻理解也无须担心，之后的章节会对 Vue.js 和 Express.js 技术进行更加详细的介绍。

2.5.2　练习

有条件的读者可以在本机上安装 Node.js，并且使用 npm 安装各个框架。尝试以下练习：

（1）在本机或服务器、虚拟机中安装 Node.js。

（2）使用 npm 安装 Vue.js 及 Express.js。

（3）完成本章的 4 个 Hello World 示例。

第 3 章　项目开发准备

本章主要介绍 NoSQL 数据库、数据持久层、常用的版本控制器及测试工具等内容。
本章涉及的知识点如下：

- 数据库的基本概念；
- SQL 和 NoSQL 数据库简介；
- 版本控制的概念和基本使用；
- 使用发起请求的方式测试项目 API；
- 常见的网页开发测试工具。

3.1　初识数据库

本节属于理论知识，介绍数据库的相关知识点，包括数据库的概念、SQL 和 NoSQL
的不同之处。

3.1.1　数据库简介

数据库是以一定方式储存在一起，并能与多个用户共享，并具有尽可能小的冗余度，
且与应用程序彼此独立的数据集合。可将其视为电子化的文件柜——存储电子文件的场
所，用户可以对文件中的数据进行新增、查询、更新、删除等操作。

数据库是存放数据的仓库，它的存储空间很大，可以存放百万条、千万条、上亿条数
据。数据库中的数据并不是随意存放的，而具有一定规则，否则查询的效率会很低，这也
是数据库"索引"这个概念的由来。

对于一般用户来说，微软的 Excel 就类似于数据库，用来存放数据。不过从专业角度
来看，Excel 只是用于处理一些表格，实际开发中更常使用的数据库是微软的 SQL Server，
如图 3-1 所示。这里对 SQL Server 不多做介绍。

What you'll love about SQL Server 2019

SQL Server 2019 brings innovative security and compliance features, industry-leading performance, mission-critical availability, and advanced analytics to all your data workloads, now with support for big data built-in.

Intelligence over any data	Choice of language and platform	Industry-leading performance	Advanced security features	Make faster, better decisions
SQL Server is a hub for data integration. Deliver transformational insights over structured and unstructured data with the power of SQL Server and Spark.	Build modern applications with innovative features using your choice of language and platform. Now on Windows, Linux, and containers.	Take advantage of breakthrough scalability, performance, and availability for mission-critical, intelligent applications, data warehouses, and data lakes.	Protect data at rest and in use. SQL Server has been the least vulnerable database over the last 8 years in the NIST vulnerabilities database.	Power BI Report Server gives your users access to rich, interactive Power BI reports, and the enterprise reporting capabilities of SQL Server Reporting Services.

图 3-1　SQL Server 页面

对于网页开发者来说，经常使用的是开源数据库，原因有两点：

- 省去了商业使用方面的巨额费用；
- 能够获取数据库本身的源码，方便业务的优化和更改。

常见的开源数据库有 MySQL、MariaDB、PostgreSQL、SQLite、MongoDB 和 Redis 等，不同的数据库有自身的优点和不足，也有产品本身适用和不适用的场景，所以按需选择合适的数据库也是项目能否成功的关键点。

3.1.2　SQL 数据库和 NoSQL 数据库

一般而言，数据库分为两类：SQL 数据库和 NoSQL 数据库。

1．SQL数据库

SQL（Structured Query Language，结构化查询语言）数据库称为关系型数据库，存储的格式可以直观地反映实体间的关系。关系型数据库和常见的表格比较相似，它的表与表之间有很多复杂的关联。常见的关系型数据库有 MySQL、SQL Server 和 PostgreSQL 等。

在轻量级或小型应用中，使用不同的关系型数据库对系统的性能影响不大，但是在构建大型应用时，则需要根据应用的业务需求和性能需求选择合适的数据库。

　注意：平常所说的 SQL 是关系型数据库的数据操作查询语言，不同的关系型数据库对 SQL 的支持程度不一样。

如图 3-2 所示为关系型数据库 PostgreSQL。从图中可以看出，关系型数据库可以非常简单地反映出数据之间的关系、数据表之间的联系。这样的设计对结构化查询（如联合查询）来说，速度非常快。

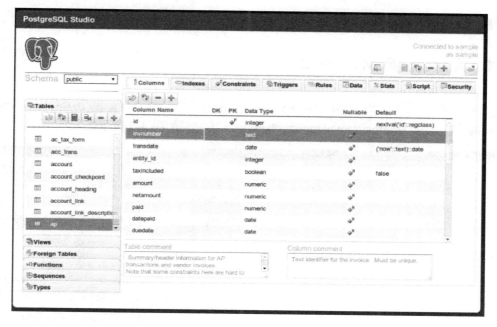

图 3-2　关系型数据库 PostgreSQL

2. NoSQL数据库

　　NoSQL 数据库（非关系型数据库）是出于简化数据库的结构、避免冗余、摒弃复杂的分布式目的而设计的。MongoDB、Redis 和 Memcache 都是 NoSQL 类型的数据库。

　　NoSQL 数据库本身并不一定遵循 ACID 原则，其通过对一些特性的协调，极大地提高了海量数据的读取和存储性能，非常适合大数据和可扩展性业务多变的应用场景。NoSQL 数据库使用 Key-Value 形式操作非结构化数据的效率很高，但操作结构化数据的效率很低。

说明：ACID 原则是数据库事务正常执行的 4 个要素，分别指原子性、一致性、独立性及持久性。

3.2　MongoDB 介绍

本节讲解 MongoDB 数据库的使用，包括它的安装和启动。MongoDB 也提供了云端版本，即直接采用指定 IP 地址的形式访问线上服务器的 MongoDB 资源。这种方式非常便捷，不需要自行维护和搭建运行环境就能使用 MongoDB，有兴趣的读者可以去官网体验。

说明：本节仅介绍 MongoDB 的安装，具体的使用示例请参考 4.2 节。

3.2.1　为什么选择 MongoDB

MongoDB 使用 BSON 结构（Binary JSON）存储数据，是一种类似于 JSON 的存储格式。它的官网地址为 https://www.mongodb.com/，其主页如图 3-3 所示。

mongoDB.
Products
Solutions
Customers
Resources
Learn
What is MongoDB?
Contact
Search
Sign In
Try Free
The database for
modern applications
MongoDB is a general purpose, document-based, distributed database built for modern application developers and for the cloud era. No database is more productive to use.
Try MongoDB free in the cloud!
Your Work Email
Get Started

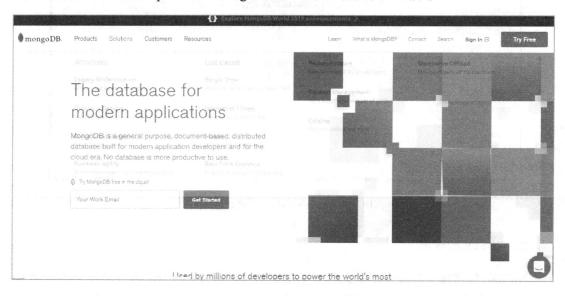

图 3-3　MongoDB 主页

使用 MongoDB 的科技公司非常多，图 3-4 只是列出了部分公司。

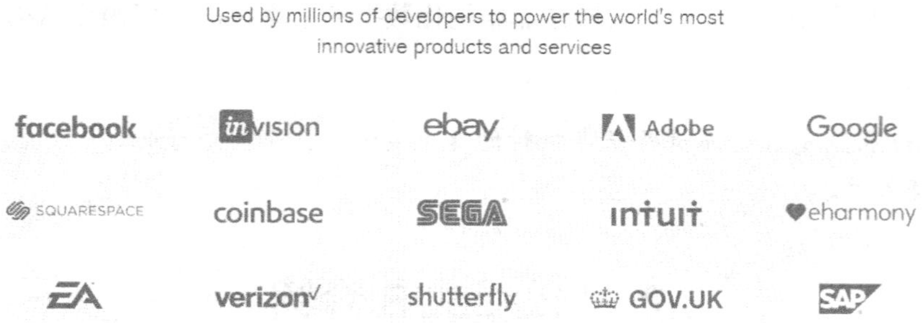

Used by millions of developers to power the world's most
innovative products and services
facebook
invision
ebay
Adobe
Google
SQUARESPACE
coinbase
SEGA
intuit
eharmony
EA
verizon
shutterfly
GOV.UK
SAP

图 3-4　使用 MongoDB 的部分公司

3.2.2　在 Windows 中安装 MongoDB

MongoDB 在 Windows 中的安装较为便捷，具体步骤如下：

（1）在 MongoDB 官网下载 Windows 版本的安装包，地址为 https://mongodb.com/download-center/community?jmp=docs。选择相应的操作系统和 MongoDB，单击图 3-5 中的 Download 按钮，浏览器会自动下载 MongoDB 对应的安装包。

图 3-5　下载 MongoDB

（2）下载的是一个标准的 Windows 安装文件，双击后打开安装对话框，如图 3-6 所示。

（3）单击 Next 按钮进入下一步，勾选同意复选框，单击 Next 按钮继续下一步，如图 3-7 所示。

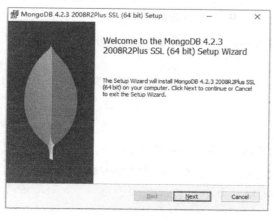

图 3-6　欢迎对话框

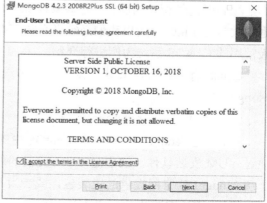

图 3-7　License 授权对话框

（4）安装期间有一些选项不需要选择，一直单击 Next 按钮。当进入安装目录配置选项时要填写软件的安装目录，还要填写数据库文件和日志文件的存放目录。安装时要注意，磁盘的剩余空间，一般不建议将占用大量空间的数据库文件存放在系统盘中，如图 3-8 所示。

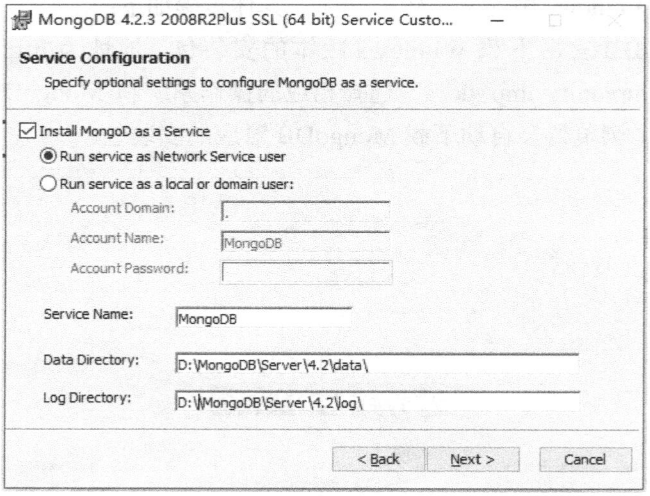

图 3-8　选择相关的路径

注意：如果本机已经安装了一些开发语言，如 Python 或类似于 PyCharm 的编辑器，在安装 MongoDB 时可能会提示"关闭相关软件"。

3.2.3　在 Linux 中安装 MongoDB

很多时候，开发者本地的数据库无法满足线上业务的需求，动态 IP 的变动也不适合绑定域名或提供相关的服务，这时就需要一台云服务器作为数据库服务器。服务器的操作系统大多是 Linux，所以我们必须学会如何在 Linux 系统中搭建 MongoDB 服务。本节以最常用的 CentOS 系统为例进行介绍。

Linux 有多种方法安装数据库，笔者选择其中最简单的一种，即使用如下命令安装 MongoDB：

```
yum install mongodb-org
```

YUM 是 Fedora、RedHat 和 CentOS 中的 Shell 前端软件包管理器。在 CentOS 中可以通过 YUM 安装软件，缺点是 YUM 提供的软件版本比较老。如果需要安装新版本，可以下载 MongoDB 官网提供的安装包，或者为 YUM 添加新的软件源。

MongoDB 安装成功后如图 3-9 所示。

```
Installing:
  mongodb-org                        x86_64           4.0.16-1.el7                        mongodb-org-4.0              5.8 k
Installing for dependencies:
  mongodb-org-mongos                 x86_64           4.0.16-1.el7                        mongodb-org-4.0               12 M
  mongodb-org-server                 x86_64           4.0.16-1.el7                        mongodb-org-4.0               21 M
  mongodb-org-shell                  x86_64           4.0.16-1.el7                        mongodb-org-4.0               13 M
  mongodb-org-tools                  x86_64           4.0.16-1.el7                        mongodb-org-4.0               46 M

Transaction Summary
================================================================================================================================
Install  1 Package (+4 Dependent packages)

Total download size: 93 M
Installed size: 258 M
Downloading packages:
warning: /var/cache/yum/x86_64/7/mongodb-org-4.0/packages/mongodb-org-4.0.16-1.el7.x86_64.rpm: Header V3 RSA/SHA1 Signature, key ID e52529d4: NOKEY:-- ETA
Public key for mongodb-org-4.0.16-1.el7.x86_64.rpm is not installed
(1/5): mongodb-org-4.0.16-1.el7.x86_64.rpm                                                                 | 5.8 kB  00:00:03
(2/5): mongodb-org-mongos-4.0.16-1.el7.x86_64.rpm                                                          |  12 MB  00:00:20
(3/5): mongodb-org-shell-4.0.16-1.el7.x86_64.rpm                                                           |  13 MB  00:00:15
(4/5): mongodb-org-server-4.0.16-1.el7.x86_64.rpm                                                          |  21 MB  00:00:38
(5/5): mongodb-org-tools-4.0.16-1.el7.x86_64.rpm                                                           |  46 MB  00:00:17
--------------------------------------------------------------------------------------------------------------------------------
Total                                                                                              1.7 MB/s |  93 MB  00:00:54
Retrieving key from https://www.mongodb.org/static/pgp/server-4.0.asc
Importing GPG key 0xE52529D4:
 Userid     : "MongoDB 4.0 Release Signing Key <packaging@mongodb.com>"
 Fingerprint: 9da3 1620 334b d75d 9dcb 49f3 6881 8c72 e525 29d4
 From       : https://www.mongodb.org/static/pgp/server-4.0.asc
Running transaction check
Running transaction test
Transaction test succeeded
Running transaction
  Installing : mongodb-org-server-4.0.16-1.el7.x86_64                                                                     1/5
Created symlink from /etc/systemd/system/multi-user.target.wants/mongod.service to /usr/lib/systemd/system/mongod.service.
  Installing : mongodb-org-mongos-4.0.16-1.el7.x86_64                                                                     2/5
  Installing : mongodb-org-tools-4.0.16-1.el7.x86_64                                                                      3/5
  Installing : mongodb-org-shell-4.0.16-1.el7.x86_64                                                                      4/5
  Installing : mongodb-org-4.0.16-1.el7.x86_64                                                                            5/5
  Verifying  : mongodb-org-shell-4.0.16-1.el7.x86_64                                                                      5/5
  Verifying  : mongodb-org-tools-4.0.16-1.el7.x86_64                                                                      1/5
  Verifying  : mongodb-org-mongos-4.0.16-1.el7.x86_64                                                                     2/5
  Verifying  : mongodb-org-server-4.0.16-1.el7.x86_64                                                                     3/5
  Verifying  : mongodb-org-4.0.16-1.el7.x86_64                                                                            4/5
                                                                                                                         5/5

Installed:
  mongodb-org.x86_64 0:4.0.16-1.el7

Dependency Installed:
  mongodb-org-mongos.x86_64 0:4.0.16-1.el7          mongodb-org-server.x86_64 0:4.0.16-1.el7          mongodb-org-shell.x86_64 0:4.0.16-1.el7
  mongodb-org-tools.x86_64 0:4.0.16-1.el7

Complete!
```

图 3-9　MongoDB 安装成功

如果服务器中的源版本非常老，可以使用 vim 编辑器编写下载地址，增加新的安装源，具体命令如下：

```
vim /etc/yum.repos.d/mongodb-org-4.0.repo
[mongodb-org-4.0]
name=MongoDB Repository
baseurl=https://repo.mongodb.org/yum/redhat/$releasever/mongodb-org/4.0
/x86_64/
gpgcheck=1
enabled=1
gpgkey=https://www.mongodb.org/static/pgp/server-4.0.asc
```

保存完成之后，使用如下命令安装新版本的 MongoDB：

```
yum install mongodb-org
```

vim 编辑器是在终端中经常会用到的文本编辑器，其所有的保存和修改操作都需要通过键盘实现。在 vim 编辑器中通过使用 Esc 键进行"编辑"/"操作"切换。在操作模式下，使用 i 进行文本插入操作。如果需要保存并退出正在编辑的文本文件，则通过在操作模式下使用命令":wq"进行保存并退出。在操作模式下的其他命令可以查询 vim 编辑器相关的操作手册进行获取。

3.3　Redis 简介

Web 开发领域近几年最活跃的数据库非 Redis 莫属。和 MongoDB 同为 NoSQL 数据库的 Redis，采用了更为简单的文档结构，以优异的性能和处理速度被众多互联网公司认可。

💭 说明：本节仅介绍 Redis 的安装，具体的使用示例请参考 4.2 节。

3.3.1　为什么选择 Redis

相比于 MongoDB，Redis 提供了更加易用的键-值对（Key-Value）存储模式，完全不同于 SQL 数据库中的数据结构。但这也存在一个很大的缺点，即对于习惯使用 SQL 的用户来说，Redis 的学习成本远远大于 MongoDB。

Redis 是使用 ANSI C 语言编写的开源的、支持网络、可基于内存亦可持久化的日志型 Key-Value 数据库。基于内存的设计使得 Redis 的性能远远高于其他不使用内存的 NoSQL 数据库，当然这一点在一些内存小的计算机上所发挥的作用有限。

Redis 采用常驻内存的方式，以内存作为存储数据的位置。也就是说，数据的读写不会有存储设备的 I/O 过程，这就是其处理速度极快的原因。

Redis 采用读取和写入内存的方式虽然使数据读取速度大幅度上升，但却面临一个致命的问题：如果断电，整个内存中的数据会放电清空，内存颗粒并不保存断电前的状态，这就会导致数据完全丢失。好在 Redis 提供了持久化的操作。

Redis 支持 RDB、AOF 和 diskstore 这 3 种持久化机制，持久化功能有效地避免了因机房断电或应用进程内存清理造成的数据丢失问题。

- RDB 持久化：将当前数据库生成的数据快照备份到硬盘中，触发机制可以选择手动或自动方式。备份会生成一个压缩数据的二进制文件，代表当前 Redis 运行的内存状态。但是备份并不能做到实时地将数据进行持久化，而且在备份命令运行的过程中也会影响数据库的性能。
- AOF 持久化：采用数据日志的方式对每次数据的改变进行备份，恢复日志信息后，就可以将 Redis 数据库恢复至最新的内容。这是现阶段最流行的持久化方式。
- diskstore 持久化：该方式仅支持最新版本的 Redis，单一的键值对应的 value 采用文件方式保存，在内存中没有相应数据的情况下从硬盘中找到数据，并读取到内存中。

从应用场景来看，一些高并发或要求高 I/O 性能的场景使用 Redis 是最佳选择，这也是为什么近几年的 Web 开发人员招聘中，要求开发者具备 Redis 技能。

3.3.2　在 Windows 中安装 Redis

Redis 官网支持的操作系统只有 Linux，该版本是 C 源代码包，可以自行编译后再安装到 Windows 系统中。

（1）Redis 官网地址为 https://redis.io/，如图 3-10 所示，单击 Download it 按钮下载最新版本的 Redis 安装包。

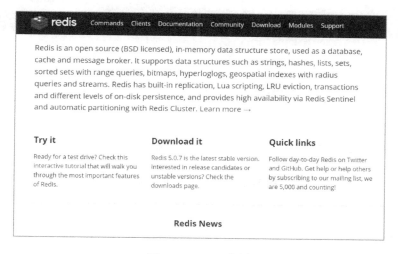

图 3-10　Redis 官网

（2）解压下载的 Redis 最新版本后会自行下载 Cygwin 3，使用 make 命令编译安装 Cygwin 3，具体安装步骤可以参考 Linux 平台中 Redis 的安装方法。

提示：使用这种方式安装 Redis，在使用过程或安装过程中可能会出现一些问题，并且 Redis 在 Windows 平台上的运行效果和效率并不如 Linux 平台，一般不建议这样安装。

微软为了让众多开发者可以在 Windows 平台使用 Redis，开发了 Redis 的 Windows 版本，并开源在 GitHub 中，网址为 https://github.com/MicrosoftArchive/redis。该版本的问题在于更新缓慢，如今最新的 Releases 版本依旧是 2016 年发布的 3.2.1 版本，可以在其发布的版本分支中下载相关的程序，网址为 https://github.com/MicrosoftArchive/redis/releases，如图 3-11 所示。

单击想要下载的版本，在所有的版本标签中都提供了源码包、安装版本和绿色版下载，读者可以根据自己的喜好选择不同的版本，如图 3-12 所示。

下载完成后，双击该安装程序，打开安装对话框，如图 3-13 所示，单击 Next 按钮等待安装完成即可。

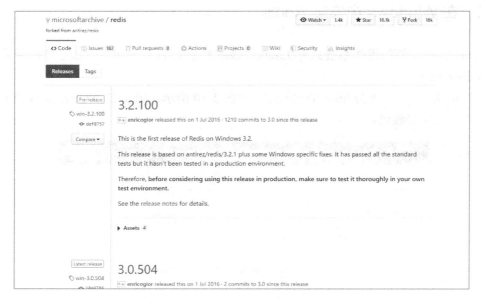

图 3-11　Releases 发布的版本

图 3-12　下载 Windows Redis

图 3-13　安装 Redis

3.3.3　在 Linux 中安装 Redis

如果需要在 Linux 中安装相应的 Redis 版本，可以使用 YUM 的方式安装，也可以使用命令方式安装。

（1）使用 wget 命令下载安装包，命令如下：

```
wget http://download.redis.io/releases/redis-5.0.7.tar.gz
```

在 http://download.redis.io/releases/中有很多不同版本的 Redis 安装包，可自行选择合适的版本，如图 3-14 所示。

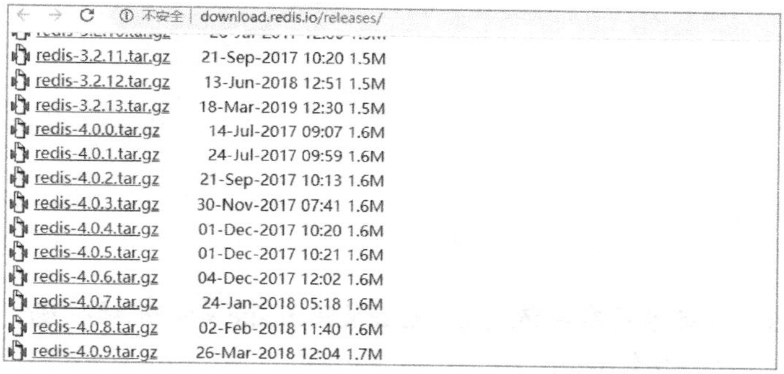

图 3-14　不同版本的 Redis 安装包

使用 wget 命令可以从网络上下载支持 HTTP 链接方式的资源，其下载目录为当前所处的目录。使用 wget 命令下载 Redis 的过程如图 3-15 所示。

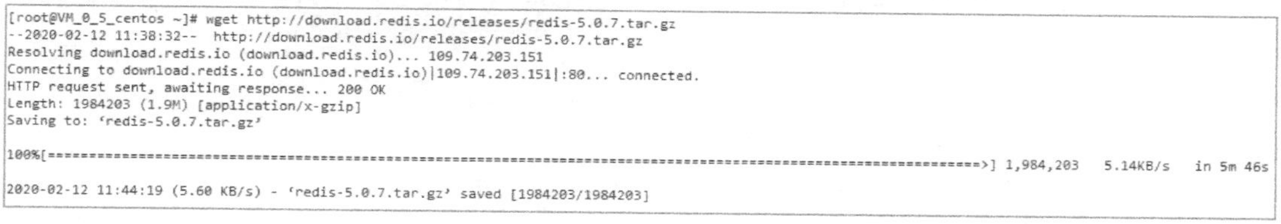

图 3-15　通过 wget 下载 Redis

（2）使用如下命令解压压缩包。

```
tar -zxvf 下载文件名称
```

等待解压完毕才可以安装。

（3）使用 cd 命令进入解压后对应的代码包，然后使用 make 命令编译安装，命令如下：

```
cd src
make test
```

使用 make test 命令可以测试该安装包是否能正确操作，如果出现图 3-16 所示的提示，则证明缺少 tcl 组件，需使用如下命令安装该组件。

```
yum install tcl
```

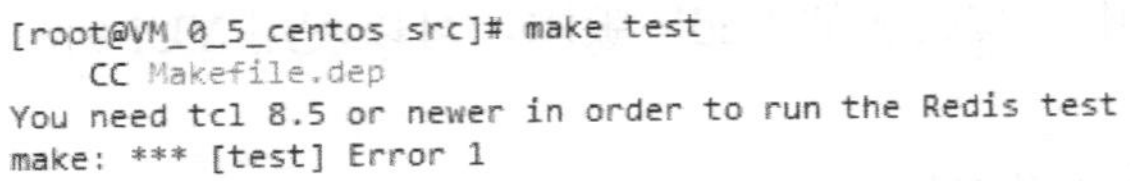

```
[root@VM_0_5_centos src]# make test
    CC Makefile.dep
You need tcl 8.5 or newer in order to run the Redis test
make: *** [test] Error 1
```

图 3-16　缺少 tcl 组件

（4）使用如下命令正式安装 Redis，最终结果如图 3-17 所示，即表示安装成功。

```
make install
```

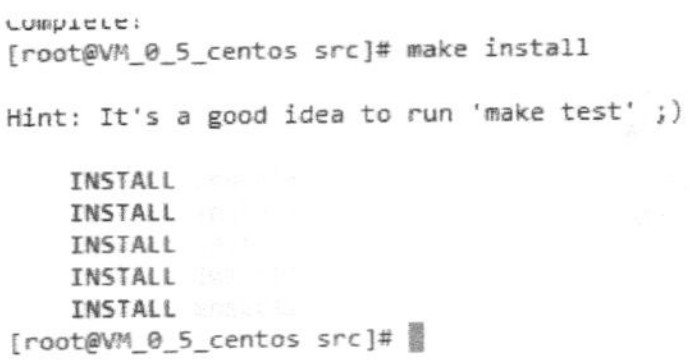

```
Complete:
[root@VM_0_5_centos src]# make install

Hint: It's a good idea to run 'make test' ;)

    INSTALL
    INSTALL
    INSTALL
    INSTALL
    INSTALL
[root@VM_0_5_centos src]#
```

图 3-17　安装完成

注意：有些 CentOS 版本没有安装 gcc，无法使用 make 命令编译代码，需要先使用 yum install gcc 命令安装 gcc。

安装完成后，在 src 文件夹下输入如下命令启动 Redis，效果如图 3-18 所示。

```
./redis-server
```

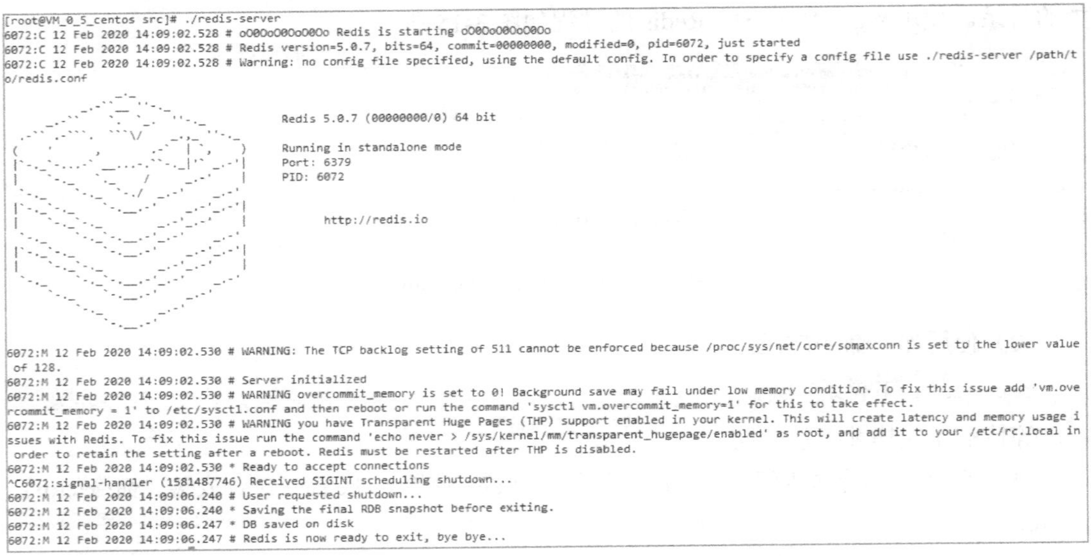

```
[root@VM_0_5_centos src]# ./redis-server
6072:C 12 Feb 2020 14:09:02.528 # oO0OoO0OoO0Oo Redis is starting oO0OoO0OoO0Oo
6072:C 12 Feb 2020 14:09:02.528 # Redis version=5.0.7, bits=64, commit=00000000, modified=0, pid=6072, just started
6072:C 12 Feb 2020 14:09:02.528 # Warning: no config file specified, using the default config. In order to specify a config file use ./redis-server /path/to/redis.conf

                Redis 5.0.7 (00000000/0) 64 bit

                Running in standalone mode
                Port: 6379
                PID: 6072

                http://redis.io

6072:M 12 Feb 2020 14:09:02.530 # WARNING: The TCP backlog setting of 511 cannot be enforced because /proc/sys/net/core/somaxconn is set to the lower value of 128.
6072:M 12 Feb 2020 14:09:02.530 # Server initialized
6072:M 12 Feb 2020 14:09:02.530 # WARNING overcommit_memory is set to 0! Background save may fail under low memory condition. To fix this issue add 'vm.overcommit_memory = 1' to /etc/sysctl.conf and then reboot or run the command 'sysctl vm.overcommit_memory=1' for this to take effect.
6072:M 12 Feb 2020 14:09:02.530 # WARNING you have Transparent Huge Pages (THP) support enabled in your kernel. This will create latency and memory usage issues with Redis. To fix this issue run the command 'echo never > /sys/kernel/mm/transparent_hugepage/enabled' as root, and add it to your /etc/rc.local in order to retain the setting after a reboot. Redis must be restarted after THP is disabled.
6072:M 12 Feb 2020 14:09:02.530 * Ready to accept connections
^C6072:signal-handler (1581487746) Received SIGINT scheduling shutdown...
6072:M 12 Feb 2020 14:09:06.240 # User requested shutdown...
6072:M 12 Feb 2020 14:09:06.240 * Saving the final RDB snapshot before exiting.
6072:M 12 Feb 2020 14:09:06.247 * DB saved on disk
6072:M 12 Feb 2020 14:09:06.247 # Redis is now ready to exit, bye bye...
```

图 3-18　启动 Redis

3.4　版 本 控 制

实际项目开发中均会采用 Git 方式进行版本控制，这是多人合作项目必须注意的一个环节。合理的软件版本控制可以优化各个产品版本的生命周期，同时，当项目增加新的功能或对现有系统进行优化和 Bug 修复时，所有参与同项目开发的人员都会知道。

3.4.1　版本控制简介

版本控制是对软件开发过程中各种程序代码、配置文件、说明文档等文件变更的管理，是软件配置管理的核心思想之一。

版本控制最主要的功能就是追踪文件的变更。它将什么时候、什么人更改了文件的什么内容等信息忠实地记录下来。每次文件改变时，文件的版本号都会增加。除了记录版本变更外，版本控制的另一个重要功能是并行开发。软件开发往往是多人协同作业，版本控制可以有效地解决版本的同步和不同开发者之间的通信问题，提高协同开发的效率。

我们以常见的大型网络游戏为例来说明一下版本号。游戏在开发基本完成后会进行内测，该版本为"内测版本"，一般为 int.int.int（0.1.0）这样的版本号；内测发现问题后会进行二次改进，改进后的"封测版本"会在"内测版本"的版本号基础上升级，例如 0.3.0；最终没有问题的话则进行"公测"，发布正式的"公测版本"，版本号为 1.0.0。

1.0.0 正式版确定下来后，其他的如 0.1.0、0.3.0 版本去哪儿了呢？其实，各个版本的游戏都应当存放在游戏开发库中，使用版本控制工具进行版本管理。版本号的设定一般使用 3 个数字：

- 第 1 个数字一般认为是重大的正式版本或重大重构；
- 第 2 个数字一般是重大的功能改进和更新；
- 第 3 个数字一般是小升级或 Bug 问题的修复。

例如，软件产品刚发布时的正式版本号一般为 1.0.0，如果之后进行了一次小的 Bug 修复，则版本号定义为 1.0.1。

🔔**注意**：版本号可能会出现 0.×.× 的形式，一般认为该软件并没有一个正式的版本，也就是说该软件尚处于开发或测试阶段。

3.4.2　Git 和 GitHub 简介

Git 是一个开源的分布式版本控制系统，也是目前最流行的版本管理工具，其他的还有 SVN 等。

使用 Git 时，开发内容存在于分布式的任何一个节点中，独立且相互关联。用户将修改后的文件上传至远程仓库时，可以被所有跟踪该远程代码仓库的用户所拉取。

项目开发者的开发代码均有单独的分支。在一些标准的工作流中，项目内部分为几个必要的分支，每一个分支代表一个时期的项目代码。Git 中常见的分支是 master 和 develop。master 分支一般指当前开发的可发布版本；develop 分支代表全体工作人员开发合并的分支，所有新功能的开发代码都会合并在该分支中，经过测试后，由专人再合并至 master 分支中。一些工作流中还有单独的 release 分支，代表项目的可发布版本，一般会从 master 分支的某一时期分离出来。

图 3-19　分支查看

所有的版本控制都会提供分支查看功能，如图 3-19 所示。

如果在 Windows 平台中使用 Git，需安装相关的命令行工具。Git 的官方网址为 https://git-scm.com/，如图 3-20 所示。

图 3-20　Git 官网页面

单击图 3-20 中的 Downloads 按钮，切换到图 3-21，可以在其中下载一款喜欢的 GUI 工具，或者仅下载基本的命令行。下一节会介绍如何使用 SourceTree 作为代码控制工具。

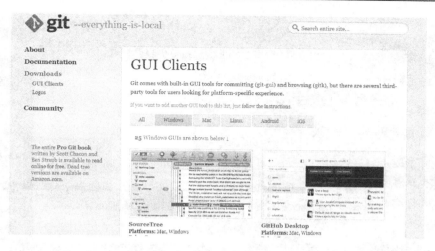

图 3-21　Git 客户端下载

如果是在 Linux 中使用 Git，无须任何安装，因为 Git 就是为 Linux 开发而生的，所有的 Linux 版本都会预装 Git，可以直接使用。

注意：部分老版本的 Linux 中 Git 版本太旧，此时可以安装更新的版本。

开发人员应该都听说过"开源软件"，而 GitHub 在开源界可谓是一枝独秀，因为它包含众多优秀的开源项目，为全世界的软件生态做出了不可替代的贡献。

GitHub 是一个面向开源或私有软件项目的托管平台，因为只支持 Git 作为唯一的版本格式进行托管，故名 GitHub。2018 年 6 月 4 日，微软收购了 GitHub，并且保证 GitHub 会独立运营。GitHub 的 Logo 是章鱼猫（Octocat），如图 3-22 所示。

图 3-22　GitHub 的 Logo——章鱼猫

GitHub 的网站地址为 https://github.com/，如图 3-23 所示。

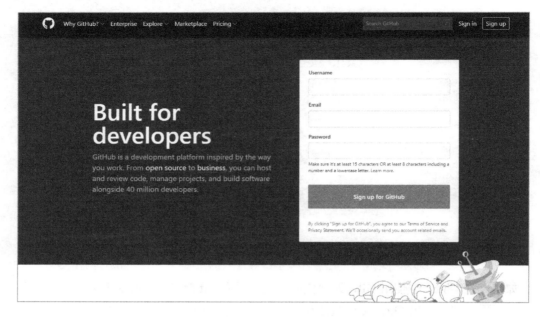

图 3-23　GitHub 主页

注册且登录后，会自动进入个人主页。单击右上角的"+"按钮，再选择 New repository 命令，如图 3-24 所示，就能创建新的代码仓库了。

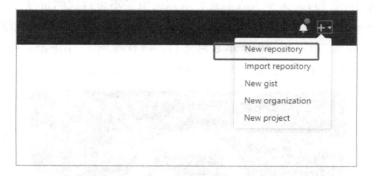

图 3-24　建立远程仓库

在本地项目中使用如下命令拉取仓库，项目文件中任何代码的编写都将自动进行差别匹配，最终可以选择忽略或提交到代码仓库中。

```
git clone https://GitHub 远程仓库地址
```

3.4.3　安装和使用 Git

使用 Git 命令就能实现对一个项目的版本进行控制管理，基本操作参见表 3-1。

表 3-1 Git的基本操作

命 令	说 明
git init	初始化Git项目
git clone *****	克隆远程库。需要使用$ git clone命令克隆一个本地库。该命令会自动克隆一个master分支，通过新建本地分支之后再同步
git checkout -b dev origin/dev	将远程origin的dev分支拉取到本地的dev分支中
git pull	本地同步远程分支中的代码
git branch	查看当前分支
git branch -a	查看当前的远程分支
git branch -d <filename>	删除一个分支
git checkout -b feature	创建一个feature分支，然后切换到此分支
git add+git commit -m ""git	git add 是暂存文件命令，git commit是提交代码命令，""中的内容是本次提交的说明
git merge feature	合并feature分支
git branch -d feature	删除相关分支

如果读者对 Git 命令不熟悉，还有为初学者准备的 Git GUI。SourceTree 是版本控制工具中最常见的 GUI 程序，提供 mac OS 和 Windows 版本的下载包，官网为 https://www.sourcetreeapp.com/，如图 3-25 所示。如果读者使用的是 Windows 系统，可以单击 Download for Windows 按钮下载对应的版本。

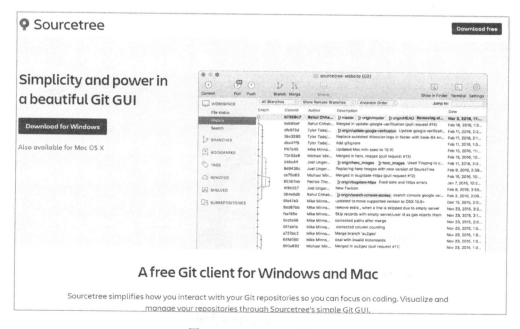

图 3-25 SourceTree 下载包

然后需要在弹出的页面中勾选同意条款复选框才能下载，如图 3-26 所示。

图 3-26　下载提示

等待下载完成后，双击安装包安装。在安装过程中会提示是否安装 Git 的相关功能，如果系统已经安装了 Git 的相关功能，则不需要再次安装。安装完成后，启动界面如图 3-27 所示。

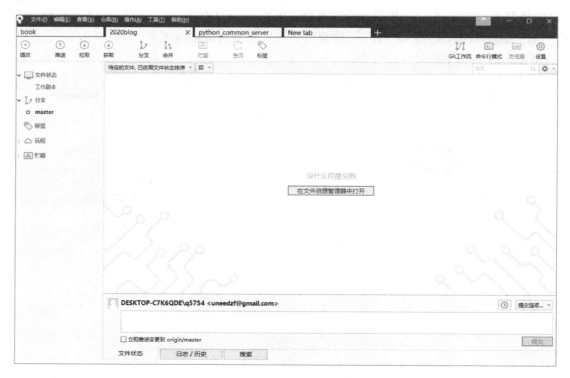

图 3-27　SourceTree 界面

对于已经初始化的 Git 项目或从 GitHub 远程平台克隆的仓库,都可以使用 SourceTree 将其打开。该软件能够查看所有的提交和分支变动,如果相关的内容修改过,也会实时体现在软件上。

通过对更新文件的暂存、提交并推送至远程仓库,就可以完成一次完整的 Git 版本控制。

注意:Git 版本控制工具不仅可以用于代码类的工程中,而且对于文档、项目图表等内容也可以提供版本控制和云端同步的功能。本书在编写的过程中就使用 Git 进行章节的管理,如图 3-28 所示。

图 3-28 更改项目内容

3.5 测 试 工 具

测试工具非常重要,这不仅是对软件是否完成需求所做出的评测,而且是对功能的验证。本节将介绍两款在开发中经常使用的测试工具:浏览器自带的开发者工具和 Postman。

3.5.1 浏览器自带的开发者工具

大多数浏览器都为开发者提供了易用的开发者工具,通过开发者工具可以方便地查看

页面中的网站样式，还能调试 JavaScript、监听网络请求等。在浏览器中，按 F12 键可以
调用该工具，如图 3-29 所示。

图 3-29　开发者工具

开发者工具中有多个不同的选项，不同的浏览器选项有所不同，但都有一些通用的
选项。

- Elements 选项：查看当前页面的元素，最左侧的元素（DOM）按钮可以选择网页
  中的节点，然后在右侧的样式面板中可以修改该节点的一些属性、样式和代码，这
  些修改均会及时显示在页面中。图 3-30 所示为修改百度页面背景颜色（选择 body
  节点并改变 background 样式，可以看到整个页面背景变为黑色）为黑色的效果。
- Console 选项：用来调试 JavaScript，JavaScript 输出的所有内容（包括 console.log()
  的输出）和报错信息都在该窗口中显示。不仅如此，在该选项卡的最下方可以执行
  任意的 JavaScript 代码。
- Network 选项：执行当前页面的监听任务，所有的请求将会出现在该选项的界面中，
  包括静态文件的请求、动态接口、AJAX 等异步请求（包含每次的请求头部、请求
  体及最终的返回内容）。如果进行翻页、刷新、重定向（30X 系列重定向等）处理，
  会主动刷新页面。
- Sources 选项：查看网页的源代码，可以调试和更改 JavaScript、CSS 及图片等文件，
  支持断点操作和静态资源预览。不仅如此，在该选项的界面中可以查看 JavaScript
  代码执行过程中中间变量的值。
- Application 选项：查看网页中的缓存和 Cookie。在左侧的节点选择面板中可以打开

相应的内容，选择节点后在右侧可以进行该节点的删除或修改操作，这个操作可以更改 Cookie 或 HTML 5 中的缓存值。

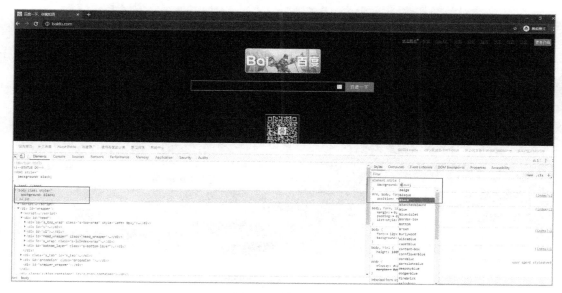

图 3-30　修改样式

3.5.2　Postman 插件

上一节介绍的浏览器自带的开发者工具都是对前端的测试，如果 Web 请求数据中涉及服务器接口该如何测试呢？这里笔者推荐一款专门用于测试 API 的小工具——Postman。

Postman 本身是 Chrome 中的一个 API 测试插件，但由于 Chrome 取消了相应的插件应用，所以官方将其封装为小软件供开发者下载，官网地址为 https://www.postman.com/。单击下方的 Download the App 按钮即可下载，如图 3-31 所示。

下载的 Postman 软件可以直接安装，安装完成后打开的界面如图 3-32 所示。Postman 必须登录才能使用，登录后会自动同步该用户在其他设备上测试的相关 API 请求及返回结果。

Postman 可以请求任意 Web 类型的 API，支持 HTTP、HTTPS 等 URL 进行 GET、POST 和 PUT 等方式的请求。可以在配置请求时填写需要测试的数据，或者是模拟请求的头部信息。

例如，图 3-32 中的请求地址为 https://baidu.com/s，该地址为百度搜索中的搜索地址，在下方的配置中填写请求的参数是 wd，值为 HelloWorld。因为是使用 GET 请求并在 Params 选项中填写参数，所以 Postman 会自动将整个请求拼接成一个 URL，即 https://baidu.com/

s?wd=HelloWorld，单击 Send 按钮可以发送请求。在该工具的下方就是这次请求的结构，包括返回的 HTML 代码、请求收到的 Header 和服务器所分配的 Cookie。

图 3-31　下载 Postman

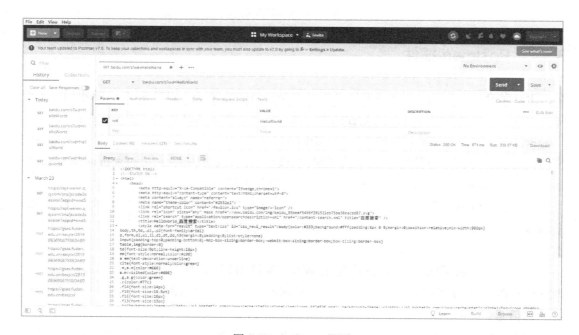

图 3-32　Postman 界面

为了方便 API 调试，在 Postman 中，返回的数据可以直接修改为 JSON 模式，如图 3-33 所示，该模式自动验证 JSON 格式，不符合的数据不会显示，同时给出提示。

⌂**注意**：本书所有的 API 返回结果或客户端传递的参数、接收的参数，均默认以 JSON 格式进行传输。

图 3-33　JSON 格式转换

3.6　小结与练习

3.6.1　小结

本章首先介绍的是数据库系统，通过本章的学习，读者知道了 SQL 和 NoSQL 的区别；其次介绍了 MongoDB 和 Redis 数据库在 Linux 和 Windows 平台的安装方法；最后介绍了几款实际项目开发中要用到的工具，包括版本控制工具、浏览器自带的开发者工具和 Postman，这些工具需要读者熟练掌握。

3.6.2　练习

有条件的读者可以尝试以下练习：

（1）在虚拟机或本机中安装数据库，可以在 MongoDB 或 Redis 中任选一个进行安装。

（2）安装数据库后，练习命令行的启动和停止等指令。不喜欢使用命令行的读者可以安装 GUI 工具进行数据库的管理和配置。

（3）对自己的项目进行版本控制，练习基本的 Git 操作和相关命令，并且尝试使用 SourceTree 进行代码版本控制。

（4）登录 GitHub，搜索并学习自己感兴趣的项目。

第 4 章　项目后台技术 Express

对于一个项目来说，服务器端的稳定性决定了项目是否能够高效地处理逻辑事务，是否能够及时返回相应的结果。本章介绍的 Express 就是一款在服务器端使用的稳定型框架。

目前，大量的网站仍然采用模板引擎，直接通过后端服务器渲染输出结果，但大型互联网企业往往采用前后端分离的方式进行网站开发。也就是说，服务器端仅提供访问数据的 API，并不负责渲染显示。Express 就是一款支持前后端分离方式的开发框架。

本章涉及的知识点如下：

- Express 的安装和使用；
- Express 项目的路由定义；
- Express 项目的静态资源管理。

4.1　开发 Express 应用程序

Express 是一款基于 Node.js 平台的 Web 应用开发框架，也是 JavaScript Web 应用开发框架中最适合新手的一款极简开发框架。本节就来使用 Express 开发相应的后台接口。

4.1.1　Express 应用程序生成器

第 2 章已经对 Express 框架做了简单介绍，并采用手动建立程序项目的方法实现了 Hello Word 示例。实际项目开发中并不会手动建立程序，而是采用官方提供的应用程序生成器 express-generator 来快速创建一个应用的框架。

打开命令行管理工具，输入如下命令安装 express-generator。

```
npm install express-generator -g
```

执行结果如图 4-1 所示，安装成功。

安装成功后，使用 express 命令可以进行项目操作。express 命令有不同的参数，例如，使用-h 查看帮助信息，如图 4-2 所示。

```
E:\>cnpm install express-generator -g
Downloading express-generator to C:\Users\zhangfan2\AppData\Roaming\npm\node_mod
ules\express-generator_tmp
Copying C:\Users\zhangfan2\AppData\Roaming\npm\node_modules\express-generator_tm
p\_express-generator@4.16.1@express-generator to C:\Users\zhangfan2\AppData\Roam
ing\npm\node_modules\express-generator
Installing express-generator's dependencies to C:\Users\zhangfan2\AppData\Roamin
g\npm\node_modules\express-generator\node_modules
[1/5] commander@2.15.1 installed at node_modules\_commander@2.15.1@commander
[2/5] ejs@2.6.1 installed at node_modules\_ejs@2.6.1@ejs
[3/5] sorted-object@2.0.1 installed at node_modules\_sorted-object@2.0.1@sorted-
object
[4/5] mkdirp@0.5.1 installed at node_modules\_mkdirp@0.5.1@mkdirp
[5/5] minimatch@3.0.4 installed at node_modules\_minimatch@3.0.4@minimatch
All packages installed (9 packages installed from npm registry, used 563ms(netwo
rk 551ms), speed 184.18kB/s, json 9(16.88kB), tarball 84.61kB)
[express-generator@4.16.1] link C:\Users\zhangfan2\AppData\Roaming\npm\express@
-> C:\Users\zhangfan2\AppData\Roaming\npm\node_modules\express-generator\bin\exp
ress-cli.js

E:\>
```

图 4-1　安装生成器

```
E:\>express -h

  Usage: express [options] [dir]

  Options:

        --version        output the version number
    -e, --ejs            add ejs engine support
        --pug            add pug engine support
        --hbs            add handlebars engine support
    -H, --hogan          add hogan.js engine support
    -v, --view <engine>  add view <engine> support (dust|ejs|hbs|hjs|jade|pug|tw
ig|vash) (defaults to jade)
        --no-view        use static html instead of view engine
    -c, --css <engine>   add stylesheet <engine> support (less|stylus|compass|sa
ss) (defaults to plain css)
        --git            add .gitignore
    -f, --force          force on non-empty directory
    -h, --help           output usage information

E:\>_
```

图 4-2　Express 的帮助信息

【示例 4-1】不通过手动方式建立 JavaScript 文件，而直接采用命令行的方式新建 Express 应用。

```
express --no-view myapp
```

上面这条命令构建了一个不包含模板显示功能的 Express 服务器端应用。考虑到项目并不需要 Express 渲染页面，而仅仅需要其提供对应的接口，所以选择了 no-view 模式。如果读者需要使用服务器端渲染模板的话，可以使用-view <模板引擎>的方式构建应用。

注意：Express 支持强大的模板引擎，默认为 jade，也支持 ejs、hbs、hjs、pug、twig 和 vash 等。同样，对于 CSS 也支持 less、stylus、sass 和 compass 等。

上述命令执行结果如图 4-3 所示，即通过命令行搭建了一个完整的项目框架，也为使用者提供了后续的操作提示。

```
E:\JavaScript\vue_book2\4-1>express --no-view myapp

   create : myapp\
   create : myapp\public\
   create : myapp\public\javascripts\
   create : myapp\public\images\
   create : myapp\public\stylesheets\
   create : myapp\public\stylesheets\style.css
   create : myapp\routes\
   create : myapp\routes\index.js
   create : myapp\routes\users.js
   create : myapp\public\index.html
   create : myapp\app.js
   create : myapp\package.json
   create : myapp\bin\
   create : myapp\bin\www

   change directory:
     > cd myapp

   install dependencies:
     > npm install

   run the app:
     > SET DEBUG=myapp:* & npm start

E:\JavaScript\vue_book2\4-1>
```

图 4-3　自动搭建项目框架

根据提示的命令进入文件夹，使用 npm install 命令安装依赖项，此时获得一个可运行的项目框架，文件内容如图 4-4 所示。

bin	2019/6/5 15:52	文件夹	
public	2019/6/5 15:52	文件夹	
routes	2019/6/5 15:52	文件夹	
app.js	2019/6/5 15:52	JScript Script 文件	1 KB
package.json	2019/6/5 15:52	Adobe After Effe...	1 KB
node_modules	2019/6/5 15:55	文件夹	

图 4-4　自动生成的文件

等到依赖项安装完毕，接下来通过如下命令启动项目。

```
set DEBUG=myapp:* & npm start
```

项目启动结果如图 4-5 所示，系统自动生成了一个 node_modules 文件夹，用来存放下载的依赖包。

```
E:\JavaScript\vue_book2\4-1>cd myapp

E:\JavaScript\vue_book2\4-1\myapp>cnpm install
√ Installed 4 packages
√ Linked 48 latest versions
√ Run 0 scripts
√ All packages installed (53 packages installed from npm registry, used 924ms(network 871ms), speed 227.31kB/s, json 52(120.65kB), tarball 77.33kB)

E:\JavaScript\vue_book2\4-1\myapp>set DEBUG=myapp:* & npm start

> myapp@0.0.0 start E:\JavaScript\vue_book2\4-1\myapp
> node ./bin/www

  myapp:server Listening on port 3000 +0ms
```

图 4-5　启动项目

⌂注意：在不同的操作系统中启动项目的命令不同。在 mac OS、UNIX 或 Linux 的发行版中，启动命令是 DEBUG =myapp:* npm start。

上述命令在本机的 3000 端口启动了一个服务，通过浏览器访问 http://localhost:3000，效果如图 4-6 所示。同时，在命令行界面会打印用户的访问记录。

Express

Welcome to Express

图 4-6　项目启动

4.1.2　Express 提供的路由

Express 提供了路由，通过定义路由，可以设计不同的 URI 地址，可以支持 HTTP 的各个不同方法（包括 GET、POST 和其他请求方式）。路由的基本定义如下：

```
//基本形式的 app.METHOD(PATH, HANDLER)
//例如
app.get('/', function (req, res) {
  res.send('Hello World!')
})
```

上述代码定义了项目的根路由，当访问路径是 localhost 时（使用 GET 方式），执行第 2 个参数中的方法，即向请求输出一句"Hello World！"。

除了 HTTP 的几种常见请求方式外，Express 还提供了一种可以捕获所有请求的方法 app.all()，它会在所有该地址的请求前执行。

```
app.all('/secret', function (req, res, next) {
  console.log('Accessing the secret section ...')
  next() //pass control to the next handler
})
```

Express 请求支持的所有 HTTP 方法参见表 4-1。

表 4-1　Express请求支持的常用HTTP方法

请 求 方 法	说　　　明
get()	请求指定的页面信息，并返回实体主体
post()	向指定资源提交数据处理请求（例如提交表单或者上传文件）。数据包含在请求体中。POST请求可能会创建新资源或修改已有资源
head()	类似于GET请求，只不过返回的响应中没有具体的内容，用于获取报头
put()	从客户端向服务器传送的数据取代指定的文档内容
delete()	请求服务器删除指定的页面
options()	允许客户端查看服务器的性能
trace()	回显服务器收到的请求，主要用于测试和诊断

Express 定义的路由地址支持字符串模式和正则表达式。也就是说，对于如下形式的

路由，以 a 开头并以 b 结尾的任何地址的 GET 请求都会被执行。

```
app.get('/a*b', function (req, res) {
  res.send('Hello World!')
})
```

正则表达式的编写可以参考专业资料，此处不再赘述。

路由的路径可以传递参数。在定义路径时，通过 ":" 标记来确定参数的名称，之后可以通过 res 参数中的 params 对象获取该参数，代码如下：

```
app.get('/users/:userId/books/:bookId', function (req, res) {
  //req 为请求，而 res 为响应
res.send(req.params)
})
```

上述代码的路由路径中包含两个参数：一个参数代表用户的 ID，命名为 userId；另一个参数是获取书本的 ID，命名为 bookId。这两个参数都会被用户的请求（Request）所包含，可以通过 Request.params 对象获取这两个参数传递的值。下面通过示例 4-2 进行说明。

【示例 4-2】使用生成器创建新的项目，安装相应的依赖，步骤参考示例 4-1。打开位于 routes 文件夹中的 index.js，在其中增加新代码，具体如下：

```
01  var express = require('express');
02  var router = express.Router();
03
04  /* GET home page. */
05  router.get('/', function(req, res, next) {
06    res.render('index', { title: 'Express' });
07  });
08  //响应相关请求
09  router.get('/username/:userName/say/:sayText', function (req, res) {
10    //req 为请求，而 res 为响应
11    //访问路径为/username/Tom/say/Hello
12      //res.send(req.params)
13      res.send(req.params.userName+'说: '+req.params.sayText)
14  })
15  module.exports = router;
```

通过命令启动该项目，当在浏览器中访问 http://localhost:3000/username/tom/say/Hello 页面时，会显示路径携带参数处理后的结果，如图 4-7 所示。

Express 框架还为接口开发者提供了传输 JSON 的方式：Response.json 或 Response.jsonp。可以通过访问该接口获取数据，代码如下：

```
router.get('/json', function (req, res) {
    //返回 JSON 数据
    let data ={
        name:"Tom",
        say:"Hello"
    }
    res.json(data)
})
```

最终的返回效果如图 4-8 所示。

图 4-7　访问结果　　　　　　　　　图 4-8　返回 JSON

Response 有很多方法，具体参见表 4-2，这里不再一一举例。

表 4-2　Response的方法

方　　法	说　　明
res.download()	下载一个文件
res.end()	结束一个请求的过程
res.json()	返回一个JSON串
res.jsonp()	以JSONp的形式返回一个JSON
res.redirect()	重定向一个页面，页面跳转
res.render()	渲染一个模板视图
res.send()	以各种形式返回一个任意的数据类型
res.sendFile()	发送一个文件流
res.sendStatus()	定义一个返回的状态和代码

4.1.3　使用 Express 托管静态文件

Express 项目无论是否使用模板渲染文件，都会涉及静态文件，如图像、CSS 文件或 JavaScript 等。配置这些 Express 中的静态资源文件，需要使用 express.static 对象的内置中间件函数。以下代码就是将 public 目录下的图片、CSS 文件和 JavaScript 文件对外开放，可以直接访问。

```
//开放 public 目录
app.use(express.static('public'))
```

如果需要使用多个文件夹作为静态资源文件夹，可以多次调用中间件函数。静态资源还可以用"别名"的方式开放文件夹，代码如下：

```
//赋予别名
app.use('/static', express.static('public'))
```

也就是说，当 URI 中的地址是/static/请求时，自动转发到实际名称为 public 的文件夹中。

注意：文件夹如果不指定别名，就不需要出现在 URI 的路径中。也就是说，指定 image
文件夹中的图片，只需要使用"http://域名/文件名"就可以访问到。

【示例 4-3】Express 图片展示。

具体方法如下：

（1）新建 Express 工程，安装该项目的依赖项，编辑 app.js 文件，代码如下：

```
01  var express = require('express');
02  var path = require('path');
03  var cookieParser = require('cookie-parser');
04  var logger = require('morgan');
05  //引入路由文件
06  var indexRouter = require('./routes/index');
07  var usersRouter = require('./routes/users');
08
09  var app = express();
10  //引用相关插件
11  app.use(logger('dev'));
12  app.use(express.json());
13  app.use(express.urlencoded({ extended: false }));
14  app.use(cookieParser());
15  //原本定义的 public 目录为静态资源目录
16  app.use(express.static(path.join(__dirname, 'public')));
17  //定义的 image 目录为静态图片资源目录
18  app.use(express.static(path.join(__dirname, 'image')));
19  //赋予别名
20  app.use('/static', express.static(path.join(__dirname, 'public')))
21  //引用相关的路由
22  app.use('/', indexRouter);
23  app.use('/users', usersRouter);
24
25  module.exports = app;
```

（2）在 public 文件夹中放入图片，并且在项目中创建 image 文件夹，在其中也放入相
同的图片。

（3）运行该项目，可以通过如下地址访问添加的这张图片，如图 4-9 所示。

- http://localhost:3000/1.png
- http://localhost:3000/images/1.png
- http://localhost:3000/static/images/1.png

注意：这里的路径采用 path.join(__dirname, 'public')的形式，是为了保证目录的可用性，
如果不采用这样的路径形式，就必须采用相对路径的形式。

图 4-9　访问静态资源

4.2　Express 和数据库交互

大部分项目都会用到数据库，Express 框架也提供了简单易用的数据库连接和操作方法。本节没有选择 SQL 数据库，而是使用两个 NoSQL 型数据库：MongoDB 和 Redis。

4.2.1　连接 MongoDB 数据库

第 3 章已经介绍过 MongoDB 数据库安装和启动的方法，本节使用 Express 连接数据库。

【示例 4-4】在 Express 中使用 MongoDB 数据库。

具体方法如下：

（1）对于安装 MongoDB 数据库时用到的中间件，官方推荐的是 mongodb 包，执行如下命令进行安装，效果如图 4-10 所示。

```
npm install mongodb -save
```

图 4-10　安装 mongodb 包

（2）使用如下命令启动 MongoDB。启动成功后如图 4-11 所示。

```
命令：D:\mongo\bin\mongodb -depath E:\mongoDB\dbs
```

注意： 启动 MongoDB 时应当将 mongodb 包的存放路径更改为安装路径，并在-depath 参数后指定生成的数据库的存储位置。

```
2019-06-06T14:33:38.125+0800 I CONTROL  [initandlisten] Hotfix KB2731284 or late
r update is not installed, will zero-out data files.
2019-06-06T14:33:38.127+0800 I CONTROL  [initandlisten]
2019-06-06T14:33:38.133+0800 I STORAGE  [initandlisten] createCollection: admin.
system.version with provided UUID: 094ef5d8-76a3-43d6-9ff2-b5bea87ef890
2019-06-06T14:33:38.870+0800 I COMMAND  [initandlisten] setting featureCompatibi
lityVersion to 4.0
2019-06-06T14:33:38.878+0800 I STORAGE  [initandlisten] createCollection: local.
startup_log with generated UUID: 0c400ae1-9a64-4c85-837b-ac9a154f731b
2019-06-06T14:33:41.126+0800 I FTDC     [initandlisten] Initializing full-time d
iagnostic data capture with directory 'E:/mongoDB/dbs/diagnostic.data'
2019-06-06T14:33:41.143+0800 I STORAGE  [LogicalSessionCacheRefresh] createColle
ction: config.system.sessions with generated UUID: ccd438d8-ca94-4cee-bf0f-8048b
1cdd368
2019-06-06T14:33:41.147+0800 I NETWORK  [initandlisten] waiting for connections
on port 27017
2019-06-06T14:33:41.179+0800 I INDEX    [LogicalSessionCacheRefresh] build index
 on: config.system.sessions properties: { v: 2, key: { lastUse: 1 }, name: "lsid
TTLIndex", ns: "config.system.sessions", expireAfterSeconds: 1800 }
2019-06-06T14:33:41.179+0800 I INDEX    [LogicalSessionCacheRefresh]     buildin
g index using bulk method; build may temporarily use up to 500 megabytes of RAM
2019-06-06T14:33:41.182+0800 I INDEX    [LogicalSessionCacheRefresh] build index
 done.  scanned 0 total records. 0 secs
```

图 4-11　启动数据库成功

（3）新建一个项目文件，安装其依赖包，安装成功后在 app.js 中更新代码，将连接数据库的代码加入其中，具体代码如下：

```
//建立一个客户端连接
var MongoClient = require('mongodb').MongoClient
MongoClient.connect('mongodb://localhost:27017/animals', function
(err, client) {
    if(err){
        //打印输出错误
        console.log('Connection Error:' + err)
    }else{
        //如果连接成功，打印出提示
        console.log('Connection success!')
    }
})
```

（4）使用命令行启动该项目，输出内容如图 4-12 所示，表示连接成功。

```
E:\JavaScript\vue_book2\4-2-1\myapp>express --version
4.16.1

E:\JavaScript\vue_book2\4-2-1\myapp>set DEBUG=myapp:* & npm start

> myapp@0.0.0 start E:\JavaScript\vue_book2\4-2-1\myapp
> node ./bin/www

(node:6368) DeprecationWarning: current URL string parser is deprecated, and wi
l be removed in a future version. To use the new parser, pass option { useNewUr
Parser: true } to MongoClient.connect.
  myapp:server Listening on port 3000 +0ms
Connection success!
```

图 4-12　连接成功

4.2.2　使用对象模型驱动连接 MongoDB

上一节的 MongoDB 连接只提供了简单的连接方法，本小节介绍如何使用对象模型驱动连接 MongoDB。这需要另一个相关的依赖包 mongoose，该包提供了编写 MongoDB 验证和业务逻辑等功能，通过数据对象的形式处理数据。

【示例 4-5】在 Express 中使用 mongoose 操作数据库。具体方法如下：

（1）创建项目，安装相应的依赖项，然后执行如下命令安装 mongoose 包。

注意：使用 mongoose 时应当先安装 mongodb 包。

```
npm install mongoose -save
```

（2）安装成功后，在代码中引用 mongodb 包，修改项目的 app.js 文件，代码如下：

```
01  //getting-started.js
02  var mongoose = require('mongoose');
03  //返回一个持续的连接状态
04  mongoose.connect('mongodb://localhost:27017/animals');
05
06  var db = mongoose.connection;
07  //监控是否出现错误
08  db.on('error', console.error.bind(console, 'connection error:'));
09  //成功时的输出
10  db.once('open', function() {
11    //we're connected!
12    console.log("connect successful!")
13  });
```

（3）使用命令启动项目，在 MongoDB 开启状态下，连接成功的效果如图 4-13 所示。此时便可以通过操作数据对象的形式对数据库进行插入和删除操作了。

```
E:\JavaScript\vue_book2\4-2-2\myapp>set DEBUG=myapp:* & npm start

> myapp@0.0.0 start E:\JavaScript\vue_book2\4-2-2\myapp
> node ./bin/www

(node:15496) DeprecationWarning: current URL string parser is deprecated, and wi
ll be removed in a future version. To use the new parser, pass option ( useNewUr
lParser: true ) to MongoClient.connect.
  myapp:server Listening on port 3000 +0ms
mongoose connect successful!
```

图 4-13　mongoose 连接成功

总结：对象模型驱动就是将 MongoDB 这样的 NoSQL 数据库，以类似于 MySQL 的方式进行操作。下一节将介绍如何定义一个数据模型。

4.2.3　如何定义模型

数据模型（Model）在传统的 MVC 开发模式中是非常重要的一个组成部分，代表该数据本身的"模型"。对于 MongoDB 这样的 NoSQL 型数据库来说，本质上没有必要设计专用的数据模型，甚至使用数据模型可能会导致性能下降，但是数据模型化的真正作用是使开发过程更加工程化，同时还能减少开发者的工作量。

简单来说，设计一个数据模型需要确定该模型的数据组合，确定该数据组合的各种数据的类型。如果需要的话，可以添加关联的表名或与其他数据模型的关系。假设存在一个 student 表用来存储"学生"的相关数据，那么"学生"数据模型该如何定义呢？

"学生"数据集（Model）拥有的数据及对应的数据类型如下.

- 姓名：string（字符串形式）；
- 性别：int（1、2 代表男、女，也可以使用字符串的形式）；
- 学号：int（符合规则和长度的学号，可能是数据库中的索引）；
- 专业：string（字符串形式）；
- 绩点：float（综合成绩浮点数）；
- 单科成绩：关联其他数据模型（成绩模型）；
- 关联表：student。

注意：数据集定义方式可能会根据数据库或语言、框架的不同而不同，并不是一套固定的写法。

mongoose 也支持数据模型定义，但 MongoDB 中没有表的定义，而是采用 Schema。mongoose 中的所有数据操作都通过 Schema 实现,每一个 Schema 都会映射至一个 MongoDB 的 collection（数据集）中，代码如下：

```
var mongoose = require('mongoose');
var Schema = mongoose.Schema;

var studentSchema = new Schema({
    name:  String,
    stuStaff: Number,
    sex: Number,
    ......
});
```

数据模型是通过 Schema()编译的构造函数,通过 Model 的定义可以将数据库的所有操作生成 document，代码如下：

```
var Student= mongoose.model("student", studentSchema);
var st1 = new Student({
    name:"张三",
    stuStaff:12990056,
    sex:1,
    ......
})
st1.save(function(e){
    if(e) return e
})
```

上述代码完成的是对 student 的存储。

4.2.4 Node.js 和 Redis 集成

工程项目中使用 Redis 一般是为了提高系统的 I/O 吞吐量，优化性能。Redis 是常驻内存的数据库，对于海量数据的存储并不合适，所以 Redis 的经典应用场景是一些数据量较少、查询频率较高的环境。

使用 Redis 时需要安装 Node.js，命令如下：

```
npm install redis -save
```

安装效果如图 4-14 所示。

```
H:\book\book\vue_book\code\4-2-4>cnpm install redis --save
√ Installed 1 packages
√ Linked 4 latest versions
√ Run 0 scripts
√ All packages installed (5 packages installed from npm registry. used 2s(network 2s). speed 45.66kB/s. json 5(11.65kB)
  tarball 69.17kB)
```

图 4-14　安装 Redis 支持

Redis 不需要指定数据的格式，只要使用 set()方法将键/值对存入数据库，使用 get()方法通过键获取对应的值即可。

【示例 4-6】连接本地的 Redis 数据库（没有指定密码默认端口），添加一个键为 Hello、值为 Hello Redis 的键-值对。通过 get()方法获取该值并打印到控制台中。get()方法需要传入一个回调函数，完整代码如下：

```
01  var redis = require('redis');
02  //连接数据库，默认本地 6379 没有密码
03  var client = redis.createClient(6379, 'localhost');
04  //添加键-值对为 hello=>Hello Redis
05  client.set('hello', 'Hello Redis');
06  //使用键获取值
07  client.get('hello', function (err, v) {
```

```
08    if (err) {
09        console.log(err)
10    } else {
11        console.log(v)
12    }
13    //关闭数据库连接
14    client.end(true);
15 })
```

```
H:\book\book\vue_book\code\4-2-4>node index.js
Hello Redis

H:\book\book\vue_book\code\4-2-4>
```

执行效果如图 4-15 所示。

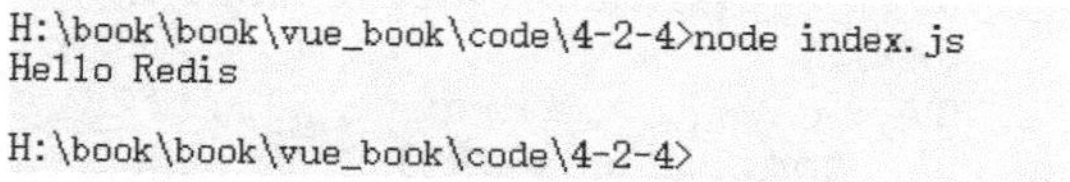

图 4-15　连接 Redis

4.3　Express 高级应用

本节将介绍 Express 的一些基础功能，包括中间件、程序运行中出现错误后的错误处理等内容。

4.3.1　Express 中的中间件

在一些新的 Web 框架中，经常会出现"中间件"的概念。中间件是介于应用系统和系统软件之间的一类软件，它使用系统软件提供的基础服务（功能），衔接网络上应用系统的各个部分，达到资源共享、功能共享的目的。Express 框架中的中间件也提供了类似的功能，其处于路由请求与主要逻辑处理中间，如图 4-16 所示。

中间件可以做很多事情，例如对所有请求的日志进行记录，类似于记录日志，这种功能拥有一定的通用性，但又不是逻辑主程序的组成部分，这类通用且非业务逻辑的功能适合使用中间件进行处理。

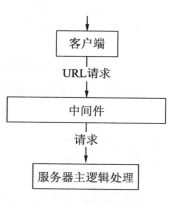

图 4-16　前置中间件

不仅如此，中间件也可以用于身份验证。例如传统的用户登录状态的判定，需要在服务器的 Session 中存放一些该用户的信息，用户在访问某些需要权限控制的路由时通过 Session 查看是否登录，该逻辑操作也可以使用中间件进行判断。中间件仅仅查询用户是否登录（Session 是否存在且没有过期），如果登录，则执行主程序，如果没有登录，则阻止用户，这样就无须在所有的路由中判断用户的状态了。

【示例 4-7】Express 中间件的使用。

使用 Express 路由功能编写代码，输出"Hello World！"。程序如下：

```
01  var express = require('express')

02  var app = express()
03
04  app.get('/', function (req, res) {
05     res.send('Hello World!')
06  })
07
08  app.listen(3000)
```

编写一个简单的中间件，命名为 checkUser，提供用户请求信息的控制台打印功能，最终完成的代码如下：

```
01  var express = require('express')
02  var app = express()
03
04  //编写中间件，用于打印用户的头信息
05  var checkUser = function (req, res, next) {
06     console.log(req.headers)
07     next()
08  }
09  //全局使用中间件
10  app.use(checkUser)
11  app.get('/', function (req, res) {
12     res.send('Hello World!')
13  })
14
15  app.listen(3000)
```

运行程序，当用户进行路由访问时，自动打印用户的头信息，效果如图 4-17 所示。

```
H:\book\book\vue_book\code\4-3\4-3-1>node index.js
{
  host: 'localhost:3000',
  connection: 'keep-alive',
  'cache-control': 'max-age=0',
  'upgrade-insecure-requests': '1',
  'user-agent': 'Mozilla/5.0 (Windows NT 10.0; Win64; x64) AppleWebKit/537.36 (KHTML, like Gecko) Chrome/80.0.3987.132 Safari/537.36',
  'sec-fetch-dest': 'document',
  accept: 'text/html,application/xhtml+xml,application/xml;q=0.9,image/webp,image/apng,*/*;q=0.8,application/signed-exchange;v=b3;q=0.9',
  'sec-fetch-site': 'none',
  'sec-fetch-mode': 'navigate',
  'sec-fetch-user': '?1',
  'accept-encoding': 'gzip, deflate, br',
  'accept-language': 'zh-TW,zh;q=0.9,en-US;q=0.8,en;q=0.7',
  cookie: 'Webstorm-4452a256=8eeb86ee-ae0b-4209-91f3-cc97cc0dcbed',
  'if-none-match': 'W/"c-Lve95gjOVATpfV8EL5X4nxwjKHE"'
}
```

图 4-17　打印头信息

针对上例，如果使用如下代码，则表示整个 App 中的所有路由均使用 checkUser 中间件。

```
//全局使用中间件
app.use(checkUser)
```

但是某些中间件并不需要所有的路由都使用，例如用户登录状态的检测，不是所有的页面都要进行检测，这类中间件可以通过路由指定。例如下面的代码，/user/:id 路由中的所有请求 URL 均调用 checkLogin 中间件，而其他的路由则不调用。

```
01  var express = require('express')
02  var app = express()
03
04  //编写中间件，用于打印用户的头信息
05  var checkUser = function (req, res, next) {
06      console.log(req.headers)
07      next()
08  }
09  //全局使用中间件
10  app.use(checkUser)
11  //新的中间件，用来检测用户的登录状态
12  var checkLogin = function (req, res, next) {
13      if (req.params.id === '1') {
14          console.log("用户登录成功")
15          next()
16      } else {
17          console.log("用户未登录")
18          res.send("error")
19      }
20  }
21  //对于路由调用中间件
22  app.use('/user/:id', checkLogin)
23
24  //路由定义
25  app.get('/', function (req, res) {
26      res.send('Hello World!')
27  })
28  //新的路由定义
29  app.get('/user/:id', function (req, res) {
30      res.send('Hello' + req.params.id)
31  })
32  app.listen(3000)
```

上述代码定义了新的路由'/user/:id'，它通过 GET 方式传递一个 id 参数，该参数使用 req.params.id 来获取。

在中间件中，如果 id 不是字符串 1（这里使用了严格相等），则不将该请求发送至路由处理，而是直接返回 error 错误信息，并且在控制台打印用户登录失败提示。如果 id 参数是正确的，则执行 next()将请求下发至路由处理，返回的信息是 Hello 字符串加上该参数。

运行代码，访问根目录"/"时打印用户的头信息，不执行 checkLogin 中间件，效果如图 4-18 所示。

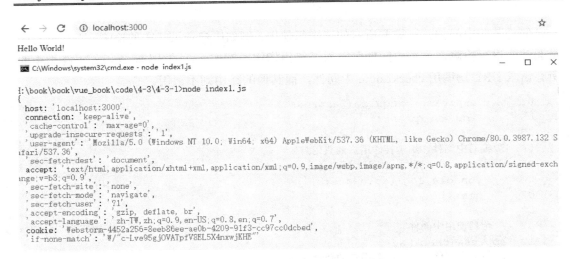

图 4-18　访问根目录

如果访问 http://localhost:3000/user/2，则返回用户请求头文件的同时打印登录失败的提示，如图 4-19 所示。

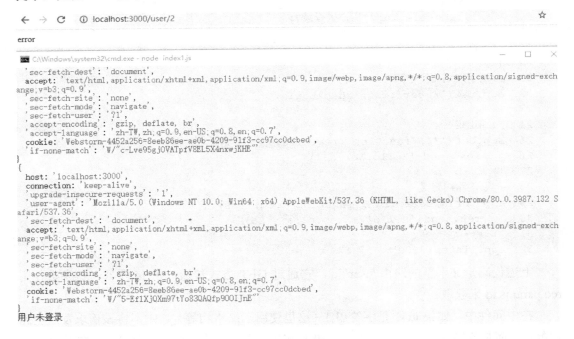

图 4-19　返回登录失败提示

如果将上述连接中的 id 参数改为 1 即访问 http://localhost:3000/user/1 地址，则返回正常的内容，并且提示登录成功，如图 4-20 所示。

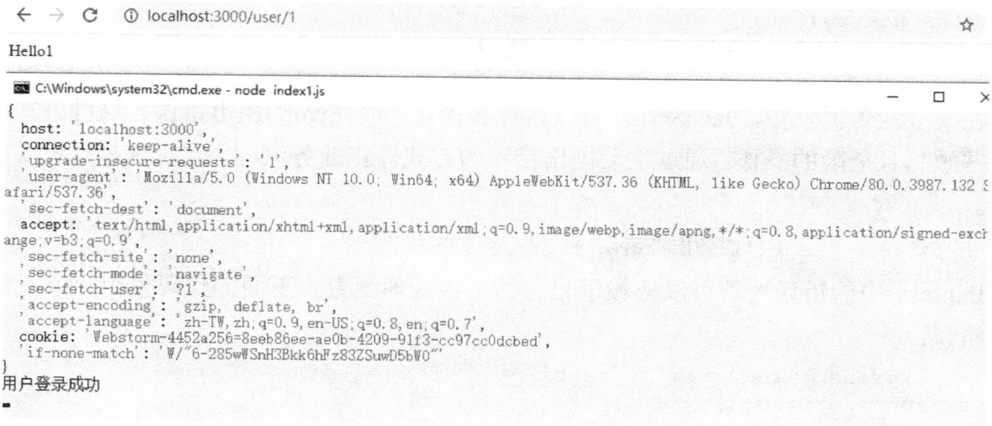

图 4-20 正确的参数

4.3.2 Express 错误处理

一个程序出现错误是不可避免的，无论是用户输入的错误，还是开发者某处的功能逻辑设计不对所引发的错误，这些都会导致程序宕机。对于 JavaScript 这样的单线程语言来说，错误处理应当更加谨慎。Node.js 中出现的错误可以采用 try…catch 语句进行处理，格式如下：

```
try {
    //可能会出现错误的操作
} catch (err) {
    //错误发生时处理
}
```

如果对每一个特定的错误都进行处理，无疑会出现非常多的冗余代码，所以一般采用统一的方式处理错误。Express 提供了非常方便的错误处理方式：中间件。Express 会捕获所有可能出现的错误，确保所有的错误都通过错误处理中间件来处理。

中间件不一定非要处于用户请求与逻辑处理的中间层，在所有的 Express 路由处理中包含第 3 个参数 next，该参数用于调用执行完中间件的逻辑代码之后的下一个中间件。如果用于错误处理，自然也可以将产生的错误传递给错误处理中间件。

Express 一般使用如下代码进行错误传输：

```
next(err)
```

Express 提供了一个内置的方法用来处理可能出现的任何错误，其代码如下：

```
function errorHandler (err, req, res, next) {
  if (res.headersSent) {
    return next(err)
  }
```

```
    res.status(500)
    res.render('error', { error: err })
}
```

在某些业务需求中，JavaScript 可以自行实例化一个 Error()抛出错误，这种方式多用于某些敏感且危险的操作，通过主动抛出错误的方式停止业务流程，宕机也是一种及时的止损。

```
throw new Error('服务出现错误')
```

Express 中的错误处理可以依赖于自身的错误处理函数，下面的代码使用 throw 抛出一个错误：

```
var express = require('express')
var app = express()

app.get('/', function (req, res, next) {
    //新建错误
    try {
        throw new Error('抛出一个错误')
    } catch (err) {
        next(err)
    }
})

app.listen(3000)
```

这样就可以调用默认的统一错误处理函数即 errorHandler()函数，返回一个服务器错误，状态码为 500，如图 4-21 所示。

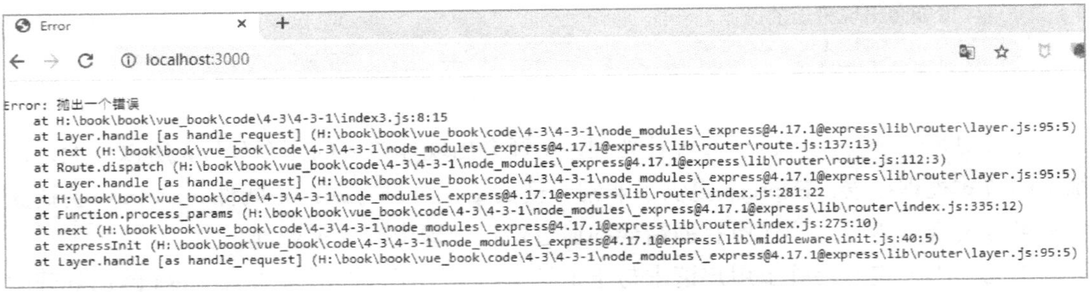

图 4-21　错误处理

当然，也可以不使用 Express 中的错误处理中间件，自主定义其他的错误处理中间件进行处理。

【示例 4-8】使用 Express 编写错误处理中间件。

```
01  var express = require('express')
02  var app = express()
03
04  //路由定义
05  app.get('/', function (req, res, next) {
```

```
06        //新建错误
07        try {
08            throw new Error('抛出一个错误')
09        } catch (err) {
10            next(err)
11        }
12    })
13    //自定义的错误处理中间件
14    app.use((err, req, res, next) => {
15        res.send('出现错误！')
16    })
17    app.listen(3000)
```

上述代码并不返回状态码为 500 的服务器错误，只是返回一个简单的提示语句。需要注意的是，在错误处理中间件中，使用 next()函数可以传递错误，这个错误会传递给默认的错误处理函数。

4.4　小结与练习

4.4.1　小结

本章着重介绍了 Express 中数据库的连接操作，主要涉及两种数据库：MongoDB 和 Redis。

NoSQL 型数据库提供了性能更优的扩展功能，开发者无须纠结于传统的数据库设计和各类范式，这就是本章选择 Web 框架进行介绍，而不是从基础的 CGI 技术进行讲解的原因。

4.4.2　练习

有条件的读者可以尝试以下练习：

（1）在本机或远程服务器中安装数据库，使用 Node.js 代码进行连接时，不一定需要在 Express 中进行连接。

（2）使用 Redis 或 MongoDB 实现一些简单的应用，例如没有界面的登录系统等。

（3）使用 Express 搭建基本的 Web 站点，思考是否有更好的技术替代。

第 5 章　项目前端开发之 Vue.js 基础知识

第 2 章只介绍了 Vue.js 的安装和简单示例，处于简单认识 Vue.js 的阶段。本章将介绍如何使用 Vue.js 编写前端页面，涵盖其逻辑语句和组件等内容。

本章涉及的知识点如下：

- Vue.js 的渲染；
- 事件监听；
- 组件与组件化；
- 生命周期；
- Vue.js 的模板语法。

5.1　Vue.js 开发基础

本节介绍基本的 Vue.js 开发，包括 Webpack 配置、逻辑语句和事件监听等内容。本节的所有代码均采用 .vue 单文件的形式，这就需要使用 Webpack 打包构建成 HTML 才能测试，所以 5.1.1 节和 5.1.2 节会详细介绍 Webpack 的基本使用和相关配置。

5.1.1　安装 Vue.js 与 Webpack

Vue.js 的官方示例一般是 JS 文件，使用<script>标签引入。本小节示例采用 .vue 文件的方式，首先需要使用如下命令安装 vue 模块：

```
npm install vue --save
```

执行结果如图 5-1 所示。

```
H:\book\book\vue_book\code\5>cnpm install vue --save
√ Installed 1 packages
√ Linked 0 latest versions
√ Run 0 scripts
√ All packages installed (1 packages installed from npm registry, used 1s(network 1s), speed 11.06kB/s, json 1(28.26kB),
  tarball 0B)

H:\book\book\vue_book\code\5>_
```

图 5-1　安装 vue 模块

后缀为 .vue 的文件无法直接在浏览器端访问，而需要打包构建，笔者选择 Webpack 进行构建处理。

💧 **提示**：实际上，Vue.js 也提供了命令行构建工具，该工具包含 Webpack，不需要单独打包构建。

使用如下命令全局安装 Webpack，结果如图 5-2 所示。

```
npm install webpack -g
```

```
H:\book\book\vue_book\code\5>cnpm install webpack -g
Downloading webpack to C:\Users\q5754\AppData\Roaming\npm\node_modules\webpack_tmp
Copying C:\Users\q5754\AppData\Roaming\npm\node_modules\webpack_tmp\_webpack@4.42.0@webpack to C:\Users\q5754\AppData\Ro
aming\npm\node_modules\webpack
Installing webpack's dependencies to C:\Users\q5754\AppData\Roaming\npm\node_modules\webpack\node_modules
[1/23] chrome-trace-event@^1.0.2 installed at node_modules\_chrome-trace-event@1.0.2@chrome-trace-event
[2/23] json-parse-better-errors@^1.0.2 installed at node_modules\_json-parse-better-errors@1.0.2@json-parse-better-error
s
[3/23] @webassemblyjs/helper-module-context@1.8.5 installed at node_modules\_@webassemblyjs_helper-module-context@1.8.5@
@webassemblyjs\helper-module-context
[4/23] loader-runner@^2.4.0 installed at node_modules\_loader-runner@2.4.0@loader-runner
[5/23] eslint-scope@^4.0.3 installed at node_modules\_eslint-scope@4.0.3@eslint-scope
[6/23] acorn@^6.2.1 installed at node_modules\_acorn@6.4.1@acorn
[7/23] memory-fs@^0.4.1 installed at node_modules\_memory-fs@0.4.1@memory-fs
[8/23] @webassemblyjs/wasm-edit@1.8.5 installed at node_modules\_@webassemblyjs_wasm-edit@1.8.5@@webassemblyjs\wasm-edit
[9/23] enhanced-resolve@^4.1.0 installed at node_modules\_enhanced-resolve@4.1.1@enhanced-resolve
[10/23] mkdirp@^0.5.1 installed at node_modules\_mkdirp@0.5.1@mkdirp
[11/23] tapable@^1.1.3 existed at node_modules\_tapable@1.1.3@tapable
[12/23] @webassemblyjs/wasm-parser@1.8.5 installed at node_modules\_@webassemblyjs_wasm-parser@1.8.5@@webassemblyjs\wasm
-parser
[13/23] @webassemblyjs/ast@1.8.5 installed at node_modules\_@webassemblyjs_ast@1.8.5@@webassemblyjs\ast
[14/23] ajv-keywords@^3.4.1 installed at node_modules\_ajv-keywords@3.4.1@ajv-keywords
[15/23] neo-async@^2.6.1 installed at node_modules\_neo-async@2.6.1@neo-async
[16/23] schema-utils@^1.0.0 installed at node_modules\_schema-utils@1.0.0@schema-utils
[17/23] webpack-sources@^1.4.1 installed at node_modules\_webpack-sources@1.4.3@webpack-sources
[18/23] loader-utils@^1.2.3 installed at node_modules\_loader-utils@1.4.0@loader-utils
[19/23] ajv@^6.10.2 installed at node_modules\_ajv@6.12.0@ajv
[20/23] node-libs-browser@^2.2.1 installed at node_modules\_node-libs-browser@2.2.1@node-libs-browser
[21/23] micromatch@^3.1.10 installed at node_modules\_micromatch@3.1.10@micromatch
[22/23] terser-webpack-plugin@^1.4.3 installed at node_modules\_terser-webpack-plugin@1.4.3@terser-webpack-plugin
platform unsupported watchpack@1.6.0 › chokidar@2.1.8 › fsevents@^1.2.7 Package require os(darwin) not compatible with y
our platform(win32)
[fsevents@1.2.7] optional install error: Package require os(darwin) not compatible with your platform(win32)
[23/23] watchpack@^1.6.0 installed at node_modules\_watchpack@1.6.0@watchpack
Recently updated (since 2020-03-10): 2 packages (detail see file C:\Users\q5754\AppData\Roaming\npm\node_modules\webpack
\node_modules\.recently_updates.txt)
  Today:
    → terser-webpack-plugin@1.4.3 › terser@^4.1.2(4.6.7) (22:29:25)
  2020-03-13
    → loader-utils@1.4.0 › json5@1.0.1 › minimist@^1.2.0(1.2.5) (06:16:19)
All packages installed (295 packages installed from npm registry, used 22s(network 21s), speed 225.27kB/s, json 269(500.
09kB), tarball 4.21MB)
[webpack@4.42.0] link C:\Users\q5754\AppData\Roaming\npm\webpack@ -> C:\Users\q5754\AppData\Roaming\npm\node_modules\web
pack\bin\webpack.js
```

图 5-2　安装 Webpack

新版本的 Webpack 中没有命令行工具，因此还需要安装 webpack-cli 才可以执行命令。安装结果如图 5-3 所示。

443........true.........3, curl.npm.taobao.org.443........true.........1, registry.npm.taobao.org.443........true..
::::::::":1},"requests":[]}, socketHandledRequests: 1, socketHandledResponses: 1)
headers: {"server":"Tengine","content-type":"application/json; charset=utf-8","content-length":"852","connection":"keep-
alive","date":"Tue, 17 Mar 2020 15:25:29 GMT","x-current-requests":"1","vary":"accept, accept-encoding","etag":"W/\"d4d6
cb2409f4ccbb919fde160e5d3e26\"","x-hit-cache":"list-v8-compile-cache-v1","cache-control":"max-age=0, s-maxage=120, must-
revalidate","x-readtime":"1","via":"cn1478.11, kunlun4.cn1478, 12cm9-5.12, cache26.12cm9-5, izbp11dsagbzylz6yon5vvz, cac
he26.12cm9-5[80,304-0,H], cache29.12cm9-5[83,0], kunlun4.cn1478[224,200-0,H], kunlun9.cn1478[13277,0]","content-encoding
":"gzip","ali-swift-global-savetime":"1567053344","age":"0","x-cache":"HIT TCP_REFRESH_HIT dirn:0:174794396","x-swift-sa
vetime":"Tue, 17 Mar 2020 15:25:29 GMT","x-swift-cachetime":"120","timing-allow-origin":"*","eagleid":"70366c1d158445872
96088248e"}
      at Zlib.zlibOnError [as onerror] (zlib.js:180:17)
[9/11] yargs@13.2.4 installed at node_modules_yargs@13.2.4@yargs
[10/11] v8-compile-cache@2.0.3 installed at node_modules_v8-compile-cache@2.0.3@v8-compile-cache
[11/11] findup-sync@3.0.0 installed at node_modules_findup-sync@3.0.0@findup-sync
Recently updated (since 2020-03-10): 2 packages (detail see file C:\Users\q5754\AppData\Roaming\npm\node_modules\webpack
-cli\node_modules\.recently_updates.txt)
  2020-03-14
    → yargs@13.2.4 › yargs-parser@^13.1.0(13.1.2) (05:21:02)
  2020-03-13
    → loader-utils@3.3.1 › json5@1.0.1 › minimist@^1.2.0(1.2.5) (06:16:19)
All packages installed (177 packages installed from npm registry, used 1m(network 1m), speed 16.02kB/s, json 161(228.25k
B), tarball 1.01MB)
[webpack-cli@3.3.11] link C:\Users\q5754\AppData\Roaming\npm\webpack-cli@ -> C:\Users\q5754\AppData\Roaming\npm\node_mod
ules\webpack-cli\bin\cli.js

图 5-3　安装 webpack-cli

安装完成后，使用如下命令查看 Webpack 的版本号，结果如图 5-4 所示。

```
webpack -v
```

此时就可以使用 Webpack 进行全局操作了。因为使用 Webpack 打包的 Vue.js 并不正式输出可以上线的内容，所以可以安装 webpack-dev-server 模块加快对 Vue.js 文件的测试。

```
H:\book\book\vue_book\code\5>webpack -v
4.42.0
```

图 5-4　Webpack 版本

webpack-dev-server 模块启动一个基本的 HTTP 服务器，该服务器基于 Express 模块。使用 Webpack 打包测试的内容被放入内存中，可以直接访问，而不是生成文件后才能访问。

使用如下命令安装 webpack-dev-server 模块，结果如图 5-5 所示。

```
npm install -g webpack-dev-server
```

H:\book\book\vue_book\code\5>cnpm install -g webpack-dev-server
Downloading webpack-dev-server to C:\Users\q5754\AppData\Roaming\npm\node_modules\webpack-dev-server_tmp
Copying C:\Users\q5754\AppData\Roaming\npm\node_modules\webpack-dev-server_tmp_webpack-dev-server@3.10.3@webpack-dev-se
rver to C:\Users\q5754\AppData\Roaming\npm\node_modules\webpack-dev-server
Installing webpack-dev-server's dependencies to C:\Users\q5754\AppData\Roaming\npm\node_modules\webpack-dev-server/node_
modules
[1/33] connect-history-api-fallback@^1.6.0 installed at node_modules_connect-history-api-fallback@1.6.0@connect-history
-api-fallback
[2/33] html-entities@^1.2.1 installed at node_modules_html-entities@1.2.1@html-entities
[3/33] ansi-html@0.0.7 installed at node_modules_ansi-html@0.0.7@ansi-html
[4/33] debug@^4.1.1 installed at node_modules_debug@4.1.1@debug
[5/33] ip@^1.1.5 installed at node_modules_ip@1.1.5@ip
[6/33] is-absolute-url@^3.0.3 installed at node_modules_is-absolute-url@3.0.3@is-absolute-url
[7/33] killable@^1.0.1 installed at node_modules_killable@1.0.1@killable
[8/33] compression@^1.7.4 installed at node_modules_compression@1.7.4@compression
[9/33] loglevel@^1.6.6 installed at node_modules_loglevel@1.6.7@loglevel
[10/33] opn@^5.5.0 installed at node_modules_opn@5.5.0@opn
[11/33] express@^4.17.1 installed at node_modules_express@4.17.1@express
[12/33] del@^4.1.1 installed at node_modules_del@4.1.1@del
[13/33] p-retry@^3.0.1 installed at node_modules_p-retry@3.0.1@p-retry
[14/33] semver@^6.3.0 installed at node_modules_semver@6.3.0@semver
[15/33] import-local@^2.0.0 installed at node_modules_import-local@2.0.0@import-local
[16/33] internal-ip@^4.3.0 installed at node_modules_internal-ip@4.3.0@internal-ip
[17/33] serve-index@^1.9.1 installed at node_modules_serve-index@1.9.1@serve-index
[18/33] selfsigned@^1.10.7 installed at node_modules_selfsigned@1.10.7@selfsigned
[19/33] strip-ansi@^3.0.1 installed at node_modules_strip-ansi@3.0.1@strip-ansi
[20/33] supports-color@^6.1.0 installed at node_modules_supports-color@6.1.0@supports-color
[21/33] sockjs@0.3.19 installed at node_modules_sockjs@0.3.19@sockjs
[22/33] sockjs-client@1.4.0 installed at node_modules_sockjs-client@1.4.0@sockjs-client

图 5-5　安装 webpack-dev-server 模块

注意：新版本的 Webpack 4 并不推荐全局安装，因为安装后可能会出现无法加载 Webpack 包的情况。使用-D 参数或-dev 参数安装在项目的开发环境中可以解决这个问题。

5.1.2　Webpack 常用配置详解

Webpack 实现的 HTML 构建其实是通过本身提供的加载功能（loader 对象）加载不同的解释器实现的，它将原本不能被浏览器识别的代码转换为 JavaScript 代码。这个转换过程还需要配置 Webpack，具体方法如下：

（1）在项目文件夹中建立基本的 Webpack 配置项，命名为 webpack.config.js，内容如下：

```
01  var path = require('path');
02  var webpack = require('webpack');
03
04  module.exports = {
        //入口文件，Webpack 从 main.js 开始读取项目中包含 JavaScript 文件
05      entry: './main.js',
06      output: {
            //打包文件路径，需要建立 dist 文件夹
07          path: path.resolve(__dirname, './dist'),
08          publicPath: '/dist/',          //通过 devServer 访问路径
09          filename: 'build.js'           //打包后生成的 JavaScript 文件
10      },
11      module: {
12          rules: [
13
14          ]
15      }
16  };
```

（2）在最新版本的 Webpack 中，如果要对 CSS 和 Vue.js 打包，则需要安装相应的文件模块或编译软件包。首先安装 Webpack 支持 CSS 样式的工具，命令如下：

```
npm i css-loader vue-style-loader --save-dev
```

提示：上述命令把 css-loader 安装在开发环境中，如果使用 Sass 或 Less 等，也需要安装相应的加载解释器。

（3）配置 webpack.config.js，增加 module 的 rules，代码如下：

```
module: {
    rules: [
        {
            test: /\.css$/,
            use: [
                'vue-style-loader',
                'css-loader'
```

```
            ],
        }
    ]
}
```

（4）继续安装 Webpack 支持.vue 单文件的工具，命令如下：

```
npm install vue-loader vue-template-compiler --save-dev
```

（5）针对.vue 文件进行基本配置：

```
        {
            test: ∧.vue$/,
            loader: ' vue-loader '
        }
```

（6）Vue.js 中可能出现的样式文件也可以配置，代码如下：

```
    {
        test: ∧.vue$/,
        loader: 'vue-loader',
        options: {
            loaders: {
                'scss': [
                    'vue-style-loader',
                    'css-loader',
                    'sass-loader'
                ],
                'sass': [
                    'vue-style-loader',
                    'css-loader',
                    'sass-loader?indentedSyntax'
                ]
            }
        }
    }
```

如果需要使用最新的JavaScript语法，又担心部分浏览器不支持，则可以安装JavaScript的编译器 Babel，将 ES 6 版本以上的 JavaScript 代码转化为老版本的 JavaScript 代码，命令如下：

```
npm i babel-core babel-loader babel-preset-env babel-preset-stage-3 -
save-dev
```

最终的完整配置如下，如果需要打包某些插件和文件，则可以在其中增加相应的配置项。

```
01  var path = require('path');
02  var webpack = require('webpack');
03  const VueLoaderPlugin = require('vue-loader/lib/plugin')
04
05  module.exports = {
        //入口文件，Webpack 从 main.js 开始打包引用的 JavaScript 文件
06      entry: './main.js',
07      output: {
            //打包文件路径，需要建立 dist 文件夹
08          path: path.resolve(__dirname, './dist'),
```

```
09          publicPath: '/dist/',        //通过 devServer 访问路径
10          filename: 'build.js'         //打包后生成的 JavaScript 文件
11      },
12      devServer: {
13          historyApiFallback: true,
14          overlay: true
15      },
16      resolve: {
17          //省略的扩展名
18          extensions: [ '.js', '.vue']
19      },
20      module: {
21          rules: [
22              {
23                  test: ∧.css$/,
24                  use: [
25                      'vue-style-loader',
26                      'css-loader'
27                  ],
28              },
29              {
30                  test: ∧.vue$/,
31                  loader: 'vue-loader',
32                  options: {
33                      loaders: {
34                          'scss': [
35                              'vue-style-loader',
36                              'css-loader',
37                              'sass-loader'
38                          ],
39                          'sass': [
40                              'vue-style-loader',
41                              'css-loader',
42                              'sass-loader?indentedSyntax'
43                          ]
44                      }
45                  }
46              }
47          ]
48      },
49      plugins: [
50          new VueLoaderPlugin()
51      ]
52  };
```

（7）编写用于测试的 index.html 文件，该文件是基础的 HTML 页面，提供整体的页面框架，引入经过编译的 JavaScript 文件控制页面显示，包含一个\<div id="app"\>根节点标签用于挂载 Vue.js。index.html 的完整代码如下：

```
01  <!DOCTYPE html>
02  <html lang="en">
03  <head>
04      <meta charset="UTF-8">
05      <title>Vue</title>
```

```
06  </head>
07  <body>
08  <div id="app"></div>
09  <script src="/dist/build.js"></script>
10  </body>
11  </html>
```

index.html 存放在根目录中，因为 Webpack 打包时会将生成的 JavaScript 代码打包存放到 dist 目录下的 build.js 中，所以第 9 行中引入了该 JavaScript 文件。

（8）编写 main.js，在其中引入 vue 文件并指定根节点。其中还引入了全局的 CSS 文件，如果没有需求，可以不引入。代码如下：

```
01  import Vue from 'vue';
02  import App from './5-1-1';
03
04  import './common.css';
05
06  new Vue({
07      render: h => h(App)
08  }).$mount("#app")
```

需要注意的是，上述搭建的 Webpack 配置与 HTML 文件、main 文件在本节示例中是通用的，每次测试时只需更改上述代码的第 2 行，引入对应的 vue 文件即可。例如，上述代码引入的是 5-1-1，其名称实际上对应的是 5-1-1.vue，该文件位于同级目录中，读者可以下载本书的示例查看其源码。

（9）使用 webpack-dev-server 命令测试项目：

```
webpack-dev-server --open -hot
```

或者使用如下 webpack 命令直接打包项目：

```
webpack --progress --hide-modules
```

还有一种配置方式就是编写快捷启动脚本，使用 npm run 命令调用。修改根目录下 package.json 文件中的 script 对象指定别名，完整的代码和对应的版本号如下：

```
{
  "dependencies": {
    "vue": "^2.6.11"
  },
  "scripts": {
    "dev": "webpack-dev-server --open --hot",
    "build": "webpack --progress --hide-modules"
  },
  "devDependencies": {
    "css-loader": "^3.4.2",
    "node-sass": "^4.13.1",
    "sass-loader": "^8.0.2",
    "vue-loader": "^15.9.0",
    "vue-style-loader": "^4.1.2",
    "vue-template-compiler": "^2.6.11",
    "webpack": "^4.42.0",
```

```
    "webpack-cli": "^3.3.11"
  }
}
```

完成上述代码后，可以使用如下命令进行开发测试或启动构建打包。

```
npm run dev
npm run build
```

注意：前端构建工具更新太快，上述配置有可能会发生变化，读者测试代码时可根据实际提示进行修改。

5.1.3　Vue.js 条件渲染

条件渲染就是根据不同的条件显示不同的内容。Vue.js 中的条件渲染使用 v-if 命令，该命令判定结果是一个布尔类型，true 代表条件判定正确，元素显示在界面中，false 代表元素被隐藏。

注意：JavaScript 不是一门强类型语言，因此类似于非空字符串、非 0 数字和 Object 对象都被认为是 true，而 0 和 undefined 则被认为是 false。

【示例 5-1】指定页面 data 中的两个变量：一个 showItem 变量为 true，另一个 noShowItem 变量为 false。

```
01  <template>
02    <div id="app">
03      <h1 v-if="showItem">显示第一条</h1>
04      <h1 v-if="noShowItem">显示第二条</h1>
05    </div>
06  </template>
07
08  <script>
09    export default {
10      name: 'app',
11      data() {
12        return {
13          showItem: true,
14          noShowItem: false
15        }
16      },
17      created(){
18        console.log("Hello Vue")
19      }
20    }
21  </script>
22
23  <style scoped>
24
25  </style>
```

在 main.js 中引入该文件，代码如下：

```
import App from './5-1-3';
```

然后使用 npm run dev 命令启动开发测试服务器，将会打开一个 http://localhost:8080/浏览器页面（保证 8080 端口没有被占用），如图 5-6 所示。

图 5-6　显示效果

🔔注意：本节的测试代码均需在 main.js 中引入，然后才可以使用 Webpack 打包构建。

5.1.4　Vue.js 列表渲染

Vue.js 也提供用于列表渲染的 v-for 语句，和其他编程语言一样，for 提供的迭代功能可以逐条输出一些重复出现的内容。v-for 语句需要配合 in 关键字一起使用，语法如下：

```
v-for="item in items"
```

其中，items 为已经定义的数据名称和内容，item 为使用 v-for 语句时的变量别名。

【示例 5-2】v-for 列表渲染示例。

```
01  <template>
02    <div id="app">
03      <div v-for="item in items">
04        {{item}}
05      </div>
06    </div>
07  </template>
08
09  <script>
10    export default {
11      name: 'app',
12      data() {
13        return {
14          items: [
15            "第一条数据", "第二条数据", "第三条数据"
16          ]
17        }
18      }
19    }
20  </script>
```

该代码循环输出 3 个字符串，效果如图 5-7 所示。

【示例 5-3】除了循环输出数据本身外，v-for 还可以输出对象的值，也可以嵌套标准 HTML 元素的输出，还可以循环输出自定义的组件，代码如下：

图 5-7　循环输出

```
01  <template>
02    <div id="app">
03      <div v-for="item in items">
```

```
04                  <h3>{{item.title}}</h3>
05                  <p>{{item.context}}</p>
06              </div>
07          </div>
08      </template>
09
10      <script>
11          export default {
12              name: 'app',
13              data() {
14                  return {
15                      items: [
16                          {title: '文章1', context: '第一条数据'},
17                          {title: '文章2', context: '第二条数据'},
18                          {title: '文章3', context: '第三条数据'}
19                      ]
20                  }
21              }
22          }
23      </script>
24
25      <style scoped>
26          h3, p {
27              text-align: center;
28          }
29      </style>
```

上述代码循环输出一个对象，该对象包含 title 和 context 元素，并且嵌套了<h3>标签和<p>标签。对象输出效果如图 5-8 所示。

图 5-8　对象输出效果

5.1.5　Vue.js 输入监听

在所有的 Web 服务中，输入信息的功能是必须具备的。不管是用户填写表单，还是执行搜索，都需要输入文本框，这些输入文本框在网页中通常称为表单标签。

在常见的 HTML 网页中，表单类标签使用<form>标签包裹，当用户单击"提交"按钮时，<form>中所有标签的键（name 属性）和值（value 属性）都会被发送到指定的后台路径中进行处理。但在 Vue.js 中需要将每个标签与对应的值（变量）进行绑定，然后通过 JavaScript 中的变量获取用户输入的值。下面这段 JavaScript 代码实际上起到的作用就是输入监听。

【示例 5-4】Vue.js 使用 v-model 属性绑定值，基本代码如下：

```
01  <template>
02    <div id="app">
03      <input placeholder="输入想在下方显示的内容" v-model="inputValue"/>
04      <p>{{inputValue}}</p>
05    </div>
06  </template>
07
08  <script>
09    export default {
10      name: 'app',
11      data() {
12        return {
13          inputValue: "
14        }
15      }
16    }
17  </script>
```

上述代码提供了一个文本框用于输入，当用户输入内容时，下方的<p>标签同步显示用户的输入内容，如图 5-9 所示。

图 5-9　输入绑定

不仅是文本框，任何一个符合表单输入的标签都可以使用 v-model 绑定，这些标签包括选择框、多行文本、单选按钮和复选框等。

【示例 5-5】具体的输入标签类型通过<input>标签中的 type 属性指定。

```
01  <template>
02    <div id="app">
03      <input type="checkbox" placeholder="输入想在下方显示的内容"
                v-model="inputValue" />
04      <p>{{inputValue}}</p>
05    </div>
06  </template>
07
08  <script>
09    export default {
10      name: 'app',
11      data() {
12        return {
13          inputValue: ''
14        }
15      }
16    }
17  </script>
```

上述代码第 3 行指定的输入框是 CheckBox（复选框）形式，该值依然通过绑定变量 inputValue 来获取。变量初始值为空字符串，它不是 CheckBox 支持的布尔值类型。显示效果如图 5-10 所示，通过单击该复选框，可以看出值会变成 true（选择）和 false（未选）的文字形式。

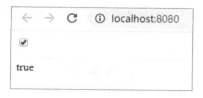

图 5-10　复选框

v-model 属性支持.lazy、.number 和.trim 修饰符，这些修饰符的作用如下：

- .lazy：懒输入，不会在同步输入时更新，只有当输入发生改变时（change 事件发生时）才更新绑定变量的值。
- .number：自动将所有的输入转换为 Number 形式，如果不能被正确解析，则返回原来的字符串形式。
- .trim：消除用户输入的首尾空格。

修饰符的作用是减少不必要的值的格式转化，从而减轻基本的页面的性能压力。

【示例 5-6】修饰符的使用。

```
01  <template>
02    <div id="app">
03      <input placeholder="输入想在下方显示的内容" v-model.lazy=
        "inputValue1" />
04      <p>{{inputValue1}}</p>
05      <input placeholder="输入想在下方显示的内容" v-model.number=
        "inputValue2" />
06      <p>{{inputValue2}}</p>
07      <input placeholder="输入想在下方显示的内容" v-model.trim=
        "inputValue3" />
08      <p>{{inputValue3}}</p>
09    </div>
10  </template>
11
12  <script>
13    export default {
14      name: 'app',
15      data() {
16        return {
17          //绑定修饰符.lazy
18          inputValue1: ",
19          //绑定修饰符.number
20          inputValue2: ",
21          //绑定修饰符.trim
22          inputValue3: "
23        }
24      }
25    }
26  </script>
```

以上代码执行效果如图 5-11 所示。

图 5-11　修饰符

需要注意的是，不同表单元素的初始值和事件是不同的，具体参见表 5-1。

表 5-1　表单输入属性和事件

元 素 类 型	值 属 性	事 件
text	value	input事件
textarea	value	input事件
checkbox	checked	change事件
radio	checked	change事件
select	value	change事件

5.1.6　Vue.js 事件处理——v-on 绑定

v-on 命令作用于所有的 DOM，它的主要功能是实现事件的监听。v-on 绑定的事件被触发时，将执行已经定义的代码。

在 Web 中最常见的事件就是按钮的 click 事件，表单提交以及网页与用户的交互都通过这类按钮事件实现。不仅是按钮的单击事件，包括上一节中提到的 change 事件和 input 事件等均属于 DOM 中的事件。Vue.js 的这类事件都通过 v-on 进行绑定。

【示例 5-7】click 事件绑定。

```
01  <template>
02      <div id="app">
03          <button v-on:click="jump">单击弹窗</button>
04      </div>
05  </template>
06
07  <script>
08      export default {
09          name: 'app',
10          data() {
11              return {}
12          },
13          //v-on 绑定方法
14          methods: {
15              //jump 方法执行页面弹窗
16              jump: () => {
17                  alert("发生了按钮的单击")
18              }
19          }
20      }
21  </script>
```

上述代码的第 3 行通过 v-on 指令绑定了一个标准的 click（单击）事件，事件发生时调用第 16～18 行定义的 jump()方法，该方法执行页面弹窗的操作。

需要注意的是，jump()方法定义在 methods 对象中，这不是和 data 平级的方法。v-on 绑定的方法还可以调用定义在 methods 对象内部的其他方法。例如：

```
01  <script>
02      export default {
03          name: 'app',
04          data() {
05              return {}
06          },
07          //v-on 绑定方法
08          methods: {
09              //jump()方法执行页面弹窗
10              jump: function () {
11                  this.jump2()
12              },
13              jump2: () => {
14                  alert("发生了按钮的单击")
15              }
16          },
17
18      }
19  </script>
```

上述代码的执行效果和前面的代码一致，均会弹出一个窗口，如图 5-12 所示。

图 5-12　按钮单击事件

当然也可以在事件绑定过程中传递参数。

【示例 5-8】Vue.js 的按钮绑定事件。

```
01  <template>
02      <div id="app">
03          <button v-on:click="jump(1)">单击按钮 1</button>
04          <button v-on:click="jump(2)">单击按钮 2</button>
05      </div>
06  </template>
07
08  <script>
09      export default {
10          name: 'app',
11          data() {
12              return {}
13          },
14          //v-on 绑定方法
```

```
15          methods: {
16              //jump()方法执行页面弹窗
17              jump: function (num) {
18                  console.log(num)
19              }
20          },
21      }
22  </script>
```

上述示例使用两个按钮分别传递了 1 和 2 两个数值型参数，两个事件调用的是同一个方法。在控制台中打印参数，效果如图 5-13 所示。

除了 click 事件外的其他事件也可以使用相应的方法进行绑定。

【示例 5-9】将一个<input>标签实现的文本输入框通过 v-on 命令绑定 input()方法，以实现输入内容的实时监听。代码如下：

```
01  <template>
02      <div id="app">
03          <input placeholder="输入想在下方显示的内容" v-on:input="textInput"
              v-model="inputValue"/>
04          <p>{{inputValue}}</p>
05      </div>
06  </template>
07
08  <script>
09      export default {
10          name: 'app',
11          data() {
12              return {
13                  inputValue: ''
14              }
15          },
16          methods:{
17              textInput:function(){
18                  console.log(this.inputValue)
19              }
20          }
21      }
22  </script>
```

上述代码的第 3 行绑定了 input 事件，调用 textInput()方法，这样每次输入都会自动打印在控制台中，效果如图 5-14 所示。

关于 v-on 命令的语法可以总结为如下 3 种形式：

```
<!-- 完整语法 -->
<a v-on:click="doSomething">...</a>

<!-- 缩写 -->
<a @click="doSomething">...</a>
```

```
<!-- 动态参数的缩写 (2.6.0+) -->
<a @[event]="doSomething"> ... </a>
```

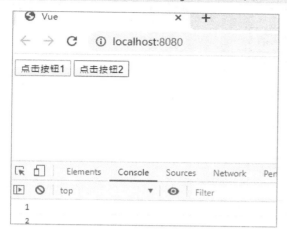

图 5-13　传递参数

图 5-14　input 事件绑定

感兴趣的读者可以将前面的示例分别改为上面的这 3 种形式测试一下。

5.2　Vue.js 的生命周期

在 Vue.js 中，单文件的生命周期是所有方法的调用过程，即从实例的初始化开始，直到页面关闭。本节将介绍 Vue.js 的生命周期。

5.2.1　生命周期与钩子函数

Vue.js 为开发者提供了生命周期钩子函数，方便用户在不同阶段添加自己的代码。生命周期和钩子函数的执行过程如图 5-15 所示，接下来详细介绍。

Vue.js 的生命周期是从一个组件或一个项目本身的初始化开始（new Vue()），之后调用 beforeCreate()钩子函数初始化 Vue.js 实例，然后调用 created()钩子函数，该函数包含组件或 Vue.js 项目初始化需要执行的内容。接下来挂载实例，执行 beforeMount()钩子函数，并且在实例挂载后执行 mounted()钩子函数。当页面数据更新时，调用 beforeUpdate()钩子函数进行处理，数据更新完成后调用 updated()钩子函数显示更新后的数据。整个 Vue.js 实例被销毁时调用 beforeDestroy()钩子函数来完成，实例被销毁后调用 destroyed()钩子函数。

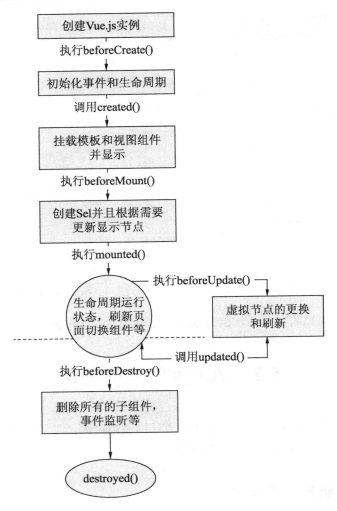

图 5-15　Vue.js 实例的生命周期

简单来说，生命周期中的钩子函数主要有以下 8 个：

- beforeCreate()（组件创建之前）；
- created()（组件创建完成）；
- beforeMount()（组件挂载之前）；
- mounted()（组件挂载完成）；
- beforeUpdate()（组件更新之前）；
- updated()（组件更新完成）；
- beforeDestroy()（组件销毁之前）；
- destroyed()（组件销毁完成）。

⏰**注意：**生命周期中的钩子函数不只上述 8 个，读者可查看官网中的钩子函数了解更多
内容。

5.2.2　演示 Vue.js 的生命周期

【示例 5-10】编写生命周期不同状态的钩子函数，通过命令行的打印效果可以查看本
例的生命周期执行情况。代码如下：

```
01  <template>
02     <div id="app">
03     </div>
04  </template>
05
06  <script>
07     export default {
08        name: 'app',
09        data() {
10           return {
11              showItem: true,
12              noShowItem: false
13           }
14        },
15        beforeCreate() {
16           console.log("Vue beforeCreate")
17        },
18        created() {
19           console.log("Vue created")
20        },
21        beforeMount(){
22           console.log("Vue beforeMount")
23        },
24        mounted(){
25           console.log("Vue mounted")
26        },
27        beforeUpdate() {
28           console.log("Vue beforeUpdate")
29        },
30        updated() {
31           console.log("Vue updated")
32        },
33        beforeDestroy() {
34           console.log("Vue beforeDestroy")
35        },
36        destroyed() {
37           console.log("Vue destroyed")
38        }
39     }
40  </script>
```

```
41
42  <style scoped>
43
44  </style>
```

需要注意的是，命令行的输入代码，即 console.log()本身需要被浏览器（宿主环境）控制。在一些浏览器环境中这是一个异步方法。也就是说，在实例生命周期非常紧密的情况下，打印顺序可能会不同。

上面的这段代码没有出现此类问题，如果将示例 5-10 修改为调用 destroyed()和 before-Destroy()这两个钩子函数，此时 Vue.js 实例将自动发送热更新，该过程会调用 destroyed()钩子函数。

页面销毁时才执行的 destroyed()和 beforeDestroy()这两个钩子函数，其输出可能和下一页面的 created()或 beforeCreated()等函数输出顺序不一致。本例的执行结果如图 5-16 所示。

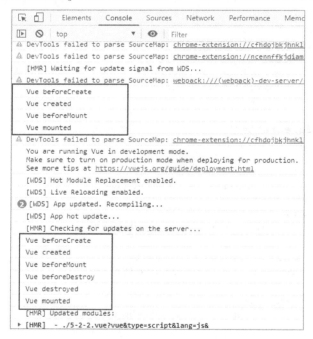

图 5-16　执行结果

5.3　Vue.js 的模板语法

Vue.js 的模板语法用来在页面中显示一些内容，还能完成简单的控制和计算。本节就来学习模板语法的使用。

5.3.1　文本

Vue.js 使用基于 HTML 的模板标签，允许开发者声明式地将 DOM 绑定至 Vue.js 的实例中。不同于 React.js，Vue.js 提供的模板标签都是标准的 HTML 标签，可以直接被浏览器解析。

文本标签最基本的语法是两层花括号{{}}（Mustache 模板语法），如示例 5-11 所示。该例通过两层花括号取得对象的值。

【示例 5-11】Vue.js 文本显示。

```
01  <template>
02    <div id="app">
03      <div v-for="item in items">
04        <h3>{{item.title}}</h3>
05        <p>{{item.context}}</p>
06      </div>
07    </div>
08  </template>
09
10  <script>
11    export default {
12      name: 'app',
13      data() {
14        return {
15          items: [
16            {title: '文章1', context: '第一条数据'},
17            {title: '文章2', context: '第二条数据'},
18            {title: '文章3', context: '第三条数据'}
19          ]
20        }
21      }
22    }
23  </script>
```

需要注意的是，上述{{}}形式只获取文本或 JavaScript 支持的对象。如果输出一段 HTML 代码，并且希望被浏览器渲染成可以显示的 HTML 标签，采用上述形式就无法满足要求了。例如以下代码：

```
01  <template>
02    <div id="app">
03      {{htmlText}}
04    </div>
05  </template>
06
07  <script>
08    export default {
09      name: 'app',
10      data() {
11        return {
```

```
12                  htmlText:'<h1 style="color:red">Hello Vue.js</h1>'
13              }
14          }
15      }
16  </script>
17
18  <style scoped>
19
20  </style>
```

以上代码将 data 中的文本在页面中显示，是一段代码，却不能被浏览器解析成 HTML 标签（如果解析成功，应该输出红色字体的 Hello Vue.js），如图 5-17 所示。这是为了保证数据的安全，默认输出文字字符串。实际上，Vue.js 支持输出 HTML 标签，这就要用到 v-html 了，代码如下：

```
01  <template>
02      <div id="app">
03          <p v-html="htmlText"></p>
04      </div>
05  </template>
06
07  <script>
08      export default {
09          name: 'app',
10          data() {
11              return {
12                  htmlText: '<h1 style="color:red">Hello Vue.js</h1>'
13              }
14          }
15      }
16  </script>
17
18  <style scoped>
19
20  </style>
```

以上程序的运行效果如图 5-18 所示，显示了一个<h1>标签，文字的颜色为红色，此时浏览器正确解析出了 HTML 标签。

图 5-17　HTML 文本输出

图 5-18　显示 HTML

🔔注意：显示在页面中的 HTML 代码应当明确不包含恶意代码，对于不信任的内容进行 HTML 解析很可能会造成 XSS 攻击。

5.3.2　JavaScript 表达式

Vue.js 模板支持原生 JavaScript 表达式来完成一些简单的操作或匿名函数，只需要在 {{}}中编写相应的 JavaScript 代码即可。

【示例 5-12】Vue.js 使用 JavaScript 表达式。

```
01  <template>
02    <div id="app">
03      <p>您单击的次数为：{{num}}</p>
04      <p>您单击的次数+1 为：{{num+1}}</p>
05      <button v-on:click="clickBtn">单击按钮</button>
06    </div>
07  </template>
08
09  <script>
10    export default {
11      name: 'app',
12      data() {
13        return {
14          num: 0
15        }
16      },
17      methods: {
18        clickBtn: function () {
19          this.num = this.num + 1
20        }
21      }
22    }
23  </script>
24
25  <style scoped>
26
27  </style>
```

每次单击按钮，num 变量都会执行+1 操作，第 19 行采用了简单的 JavaScript +1 表达式，效果如图 5-19 所示。

Vue.js 支持的 JavaScript 表达式并不只是数值的计算这么简单，还支持三元表达式或简单的字符串处理。但需要注意的是，每个绑定只能包含单个表达式，多个表达式的情况不被支持。

图 5-19　JavaScript 表达式

5.3.3　v-bind 绑定动态属性

Vue.js 支持对所有的标签进行动态数据绑定。也就是说，可以通过 v-bind 指令控制 DOM。data 中的值不仅可以用于数据的输出或显示，而且还可以用于节点属性的增加或修改。

【示例 5-13】通过简单地控制 display 属性，可以隐藏或显示节点，完成类似于 v-if 指令的效果，代码如下：

```
01  <template>
02    <div id="app">
03      <p :style="iShow">显示第一条</p>
04      <p :style="i2Show">显示第二条</p>
05      <button v-on:click="clickBtn">单击按钮</button>
06    </div>
07  </template>
08
09  <script>
10    export default {
11      name: 'app',
12      data() {
13        return {
14          iShow: 'display:none',
15          i2Show: 'display'
16        }
17      },
18      methods: {
19        clickBtn: function () {
20          if (this.iShow === 'display:none') {
21            //两者交换
22            this.i2Show = 'display:none'
23            this.iShow = 'display'
24          } else {
25            //两者交换
26            this.iShow = 'display:none'
27            this.i2Show = 'display'
28          }
29        }
30      }
31    }
32  </script>
33
34  <style scoped>
35
36  </style>
```

上述代码通过单击事件控制文本是否显示，每次页面只显示一条文字信息，而单击"单击按钮"可以在两条信息之间切换。本例效果如图 5-20 所示。

需要注意的是，上述代码使用 v-bind 指令才能

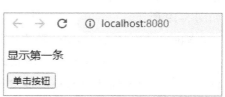

图 5-20　内容显示

将值绑定在 HTML 标签中。v-bind 指令可以写为如下 3 种形式：

```
<!-- 完整语法 -->
<a v-bind:href="url">...</a>

<!-- 缩写 -->
<a :href="url">...</a>

<!-- 动态参数的缩写 (2.6.0+) -->
<a :[key]="url"> ... </a>
```

5.4　Vue.js 的组件化

在 Vue.js 实现的单页面应用中，最重要的就是组件，因为单一页面实现的关键就是通过切换引入的组件来达到"页面切换"的效果。

5.4.1　组件化简介

组件本身是一个可以被复用的 Vue.js 实例，带有 name 属性。在前面介绍的所有单页面实例代码中，Vue.js 实例本质上也是一个"组件"，不同的是页面只有一个组件，并且被挂载到了根节点上，没有实现复用。

在一个复杂的站点中，将能复用的部分提取出来单独写成.vue 文件，这就是 Vue.js 的组件化。前面说.vue 文件，后面说组件，读者可能会被"绕晕"。简单来说，一个 Vue.js 实现的页面可能因为功能不同被划分为很多不同的模块，尤其是一些被重复使用的模块，这类模块就可以被编写成组件，通过全局注册，这些组件在所有的页面中都能被随时使用。

例如图 5-21 所示的淘宝网，其中搜索框和下方的"我的淘宝"菜单总是会出现在几乎所有的页面中，并且功能基本一致，样式也类似，这就是被复用的模块。

又例如，在同一个网站中，一个页面的头部（header）、底部（footer）或主菜单的样式与其他页面中基本雷同，

图 5-21　淘宝网

那么头部、底部、主菜单也都是被复用的模块。

这些被复用的模块都可以写成组件。在 Vue.js 中，每个自定义组件都需要继承 Vue. component。Vue.component 本身也拥有 Vue.js 实例的所有属性，包括完整的生命周期、 v-bind 的传值形式，以及 v-if、v-on 等指令的模板支持。

5.4.2　组件的创建

Vue.js 创建一个新的组件应当基于 Vue.component 进行相应的实例化，该组件不一定 在一个独立的.vue 文件中。

【示例 5-14】创建一个名为 button-counter、功能为单击按钮显示单击次数的组件。代 码如下（编写在 main.js 文件中）：

```
01  import Vue from 'vue';
02  import App from './5-4-2';
03
04  import './common.css';
05
06  Vue.component('button-counter', {
07      name: 'button-counter',
08      data: function () {
09          return {
10              count: 0
11          }
12      },
13      template: '<button v-on:click="count++">You clicked me {{ count }}
        times.</button>'
14  })
15  new Vue({
16      render: h => h(App)
17  }).$mount("#app")
```

上述代码来自 Vue.js 官方文档，目的是创建一个名为 button-counter 的组件。

5.4.3　组件的注册

组件创建后还需要注册。Vue.js 支持两种形式的注册：全局注册和局部注册。

1．全局注册

如果是全局注册，组件可以在所有的页面和组件中使用，类似于自行建立了一个内置 的 HTML 标签。

编辑 webpack.config.js，增加测试环境中对 Vue.js 运行版本的支持，更改 resolve 参数， 代码如下：

```
resolve: {
    //省略的扩展名
    extensions: ['.js', '.vue'],
    alias: {
        //别名
        vue$: "vue/dist/vue.esm.js",          //定义生成规则
    }
},
```

编写一个页面，内容如下，无须任何引入，直接使用示例 5-14 在 main.js 中定义的组件。

```
<template>
    <div id="app">
        <button-counter></button-counter>
    </div>
</template>

<script>

export default {
    name: 'app',
    data() {
    },
    methods: {}
}

</script>

<style scoped>

</style>
```

重新运行 dev 服务器，页面如图 5-22 所示。每单击一次按钮，次数就加 1。

2. 局部注册

以全局方式注册的组件，虽然可以在任何地方使用，但

图 5-22　运行组件

大量注册可能会出现启动缓慢的情况，并且很多组件（类似于只在文章页面出现的评论组件）并不需要全局注册。Vue.js 提供了第 2 种注册方式：局部注册，只在进入需要该组件的页面时才注册组件。

【示例 5-15】创建一个名为 text-show.vue 的文件，并将该文件写成一个单独的组件，代码如下：

```
01  <template>
02      <div>
03          <h3>这是标题</h3>
```

```
04              <p>这是评论内容，这是评论内容，这是评论内容，这是评论内容。</p>
05          </div>
06      </template>
07
08      <script>
09          export default {
10              name: "text-show",
11              data() {
12                  return {}
13              },
14              created: function () {
15                  //实例化组件的提示
16                  console.log("组件被创建")
17              }
18          }
19      </script>
20
21      <style scoped>
22
23      </style>
```

新建一个项目，引入该组件，代码如下，在组件注册后可以正常使用。

```
<template>
    <div id="app">
        <text-show></text-show>
    </div>
</template>

<script>
    import textShow from './text-show'

    export default {
        name: 'app',
        data() {
            return {}
        },
        components: {
            'text-show': textShow
        },
        methods: {}
    }

</script>

<style scoped>

</style>
```

显示效果如图 5-23 所示。

图 5-23　局部注册组件

5.4.4　组件间的数据传递

组件中数据的传递最常见的是父组件传值给子组件，常用于可循环类数据的显示，如列表、评论等内容的展示。例如 5.4.3 节最后的评论组件，可以通过 v-bind 传输数据。需要注意的是，子组件中必须声明 props 接收数据的变量。

更改示例 5-15，不再使用假数据，而是增加对文本数据的绑定。

【示例 5-16】父子组件的传值。

```
01  <template>
02    <div>
03      <h3>{{title}}</h3>
04      <p>{{context}}</p>
05    </div>
06  </template>
07
08  <script>
09    export default {
10      name: "text-show",
11      data() {
12        return {}
13      },
14      created: function () {
15        //实例化组件的提示
16        console.log("组件被创建")
17      },
18      props: ['title', 'context'],
```

```
19        }
20  </script>
21
22  <style scoped>
23
24  </style>
```

在父组件中需要定义和传递数据，这里结合 v-for 指令循环输出组件，同时将数据传入子组件，代码如下：

```
01  <template>
02      <div id="app">
03          <div v-for="item in contexts">
04              <text-show :title="item.title" :context="item.context">
                </text-show>
05          </div>
06
07      </div>
08  </template>
09
10  <script>
11      import textShow from './text-show2'
12
13      export default {
14          name: 'app',
15          data() {
16              return {
17                  contexts: [
18                      {title: '你好', context: '这是第一条评论内容。'},
19                      {title: '你也好呀', context: '这是第 2 条评论内容。'},
20                      {title: '第三条', context: '这是第 3 条评论内容。'},
21                      {title: '哈哈哈', context: '这是第 4 条评论内容。'},
22                      {title: '第五条', context: '这是第 5 条评论内容。'},
23                  ]
24              }
25          },
26          components: {
27              'text-show': textShow
28          },
29          methods: {}
30      }
31
32  </script>
33
34  <style scoped>
35
36  </style>
```

显示效果如图 5-24 所示，所有评论内容都出现在页面中。

图 5-24　评论显示

5.4.5　监听子组件事件

示例 5-15 中，虽然子组件可以通过父组件传递值，但是子组件并不能更改来自父组件的数组。例如，如果需要为每一条评论设置删除按钮，应该如何处理呢？

【示例 5-17】为每条评论设置删除按钮，代码如下：

```
01  <template>
02    <div>
03      <h3>{{title}}</h3>
04      <p>{{context}}</p>
05      <button v-on:click="del(title)">删除该评论</button>
06    </div>
07  </template>
08
09  <script>
10    export default {
11      name: "text-show",
12      data() {
13        return {}
14      },
15      methods: {
16        del:function (title) {
17
18        }
19      },
20      props: ['title', 'context'],
```

```
21      }
22  </script>
```

运行效果如图 5-25 所示，每条内容下面都设计了"删除该评论"按钮（当然现在是无效的），单击该按钮后会调用 del()方法并且传递一个 title 参数，该参数是当前评论中默认传入的 title。

图 5-25 增加删除评论按钮

如果只是在子组件内操作，自然没有办法操作父组件内的数据，也不能在父组件对子组件调用时通过 v-on()指令绑定 click()方法，因为这样的话无论单击任何地方都会执行删除方法。

Vue.js 为了解决这个问题提供了$emit 对象，作用就是子组件向父组件暴露方法，修改后的组件代码如下：

```
<template>
    <div>
        <h3>{{title}}</h3>
        <p>{{context}}</p>
        <button v-on:click="del(title)">删除该评论</button>
    </div>
</template>

<script>
    export default {
        name: "text-show",
        data() {
            return {}
        },
        methods: {
            del: function (title) {
                console.log(title)
                this.$emit('del', title)
            }
        },
        props: ['title', 'context'],
```

```
    }
</script>
```

向上级组件暴露一个 del()方法，并且传递 title 参数，该方法需要在父组件调用子组件时进行 v-on 属性的绑定声明，循环使用子组件时该父组件代码如下：

```
<template>
    <div id="app">
        <div v-for="item in contexts">
            <text-show v-on:del="delItem" :title="item.title" :context=
"item.context"></text-show>
        </div>

    </div>
</template>
```

这里使用 v-on 属性绑定了两个方法，其中 delItem()是父组件中定义的方法，用来删除数组，完整的业务逻辑代码如下：

```
<template>
    <div id="app">
        <div v-for="item in contexts">
            <text-show v-on:del="delItem" :title="item.title" :context=
"item.context"></text-show>
        </div>

    </div>
</template>

<script>
    import textShow from './text-show3'

    export default {
        name: 'app',
        data() {
            return {
                contexts: [
                    {title: '你好', context: '这是第一条评论内容。'},
                    {title: '你也好呀', context: '这是第2条评论内容。'},
                    {title: '第三条', context: '这是第3条评论内容。'},
                    {title: '哈哈哈', context: '这是第4条评论内容。'},
                    {title: '第五条', context: '这是第5条评论内容。'},
                ]
            }
        },
        components: {
            'text-show': textShow
        },
        methods: {
            delItem: function (title) {
                let that = this
                this.contexts.map(function (item, index, arr) {
                    if (item.title === title) {
                        arr.splice(index, 1);
```

```
                    that.contexts= arr
                }
            })
        }
    }
}
</script>
```

最终的代码执行效果如图 5-26 所示。

图 5-26　删除评论后的效果

💭注意：Vue.js 提供了很多以$开头的对象，尤其是实例部分，这些对象可以完成很多不
同的功能，阅读官方的 API 文档可以查看具体的实例与介绍。

5.4.6　通过插槽分发内容

Vue.js 不仅提供了组件，还提供了内容分发的 API，这套 API 实现了组件的插槽功能。
那么什么是插槽呢？

插槽其实就是一组<slot></slot>元素，该元素可以被放置在任何组件中，渲染组件时，
它可以被替换成任何包含模板的代码，包括 HTML、文本或其他自定义组件。使用插槽，
可以实现一些需要全局显示的警告、通知或消息提示等内容。

【示例 5-18】在子组件中增加一组<slot></slot>元素作为插槽，并且在父组件调用子组
件时进行传值。代码如下：

```
01  <template>
02    <div>
03      <p>这是子组件的插槽</p>
04      <slot>这是子组件默认值</slot>
05    </div>
06  </template>
07
08  <script>
09    export default {
10      name: "slot-test",
```

```
11          data() {
12             return {}
13          },
14          created: function () {
15             //实例化组件的提示
16             console.log("组件被创建")
17          }
18       }
19   </script>
```

子组件在<slot></slot>元素中的内容是默认值，即当该插槽没有被定义时，其本身会显示的内容。如果插槽中显示的内容被定义，则默认内容不会显示。

引入该组件的父组件代码如下：

```
<template>
   <div id="app">
      <slot-test name="text"><h1>父组件显示内容</h1></slot-test>
   </div>
</template>

<script>
   import sTest from './slot-test'

   export default {
      name: 'app',
      data() {
         return {}
      },
      components: {
         'slot-test': sTest
      }
   }
</script>
```

上述代码中引入了子组件 slot-test.vue，并且对其中的插槽进行了内容填充，页面最终效果如图 5-27 所示。

图 5-27　插槽内容

5.5　小结与练习

5.5.1　小结

本章介绍了大量 Vue.js 的基础知识，包括渲染、生命周期、模板语法、组件的创建和注册等。通过本章的学习，读者可以了解什么是 Vue.js 的组件化、如何创建组件，以及组件的整个生命周期都有哪些函数。

5.5.2　练习

有条件的读者可以尝试以下练习：

（1）阅读本章的示例代码，尝试编写完成这些例子。

（2）如果读者感兴趣，可以使用 TypeScript 编写本书中的代码，这也是非常流行的一种编程语言。

（3）编写 Vue.js 组件，理解组件化的意义和全局注册、局部注册的使用场景。

（4）理解 Vue.js 的生命周期，熟悉模板语法与 v-on、v-bind 等指令的使用。

第 6 章　Vue.js 高级应用

第 5 章介绍的 Vue.js 内容偏基础，用来引导读者入门。本章将深入介绍 Vue.js 的一些高级应用，包括路由和状态管理，最后介绍一些 UI 库，帮助我们开发精美的应用界面。

本章涉及的知识点如下：

- 动态路由匹配，以及路由的嵌套和跳转；
- 单页面应用如何通过路由进行访问；
- 状态管理 Vuex；
- 常用的 UI 库，如 Element 和 iView 等。

6.1　Vue.js 的 vue-router 库

本节主要学习路由管理，包括什么是路由，为什么需要通过路由访问页面，以及 Vue.js 中的 vue-router 库。

6.1.1　Vue.js 的页面路由实现

Vue.js 是对前端技术的革新，是为了提升传统 HTML 中 DOM 节点的性能而出现的技术，它和 React.js 框架一样，都是为了让单页面应用能够极速地载入和响应。

现代的浏览器为开发者提供了一个可以使用的"操作系统"，各类网页本身就是浏览器中的应用。这类应用实现了打开即用，能达到和本地应用一样的性能和用户体验。这种体验归功于前端技术的不断改进。也就是说，Vue.js 和 React.js 等框架打造了新时代的网页"应用（App）"。

Vue.js 使用虚拟 DOM 处理单页面，然后使用 Webpack 打包。通过第 5 章的示例，读者也许已经发现，无论语法和写法如何不同，Vue.js 程序打包后都是一个单一的 HTML 文件，同时会引入一个标准的 JavaScript 文件。

也就是说，Vue.js 中编写的所有代码都被 Webpack 自动打包成可以被浏览器解析的 HTML 和 JavaScript 代码，并且项目本身就只有一个页面。这意味着所有的用户对服务器发出进入页面的请求时，只会对服务器发出一次请求。

🔔注意：一个应用只有一个页面是不切实际的，将所有功能堆积在一个页面中，不仅影响
用户体验，还影响开发的效率（大量代码叠加在一起）。

传统的 HTML 网页应用如果进行页面跳转，会根据网页地址（URL）来刷新页面，
在网速极大提高的今天，这类跳转仍会不可避免地出现"白屏"现象，这显然不是 Vue.js
单页面应用想要的效果。而应用本身又需要 URL 来控制页面，在这种情况下，Vue.js 提
供了 vue-router 来实现页面跳转，如图 6-1 所示。

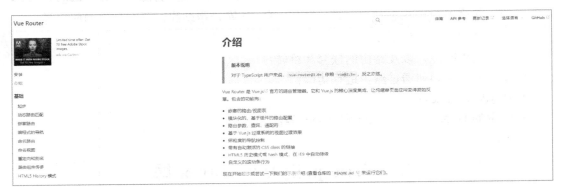

图 6-1　vue-router 库介绍页面

vue-router 提供了两种模式模拟 URL：hash 模式和 history 模式。

（1）hash 模式是默认模式，使用网页的 URL 模拟一个完整的 URL，当 URL 改变时，
重新获取 hash 对应的页面（在 Vue.js 中是需要显示的组件），并将这些内容显示在页面
中，这样模拟的 URL 不会让整个页面重新加载。也就是说，页面只在首次加载时刷新。
这样就在无刷新的情况下，通过控制组件的显示，完成页面的切换。

vue-router 如果采用默认的 hash 模式，会自动产生"#"。

（2）history 模式针对的是支持 HTML 5 新特性 history 的浏览器，其本身就是用户访
问页面时浏览记录的堆栈，HTML 5 允许操作 history 栈中的内容。

🔔注意：无论采用何种方式配置 vue-router，Vue.js 单页面应用都不会刷新页面。

6.1.2　使用 vue-cli 初始化 Vue.js 项目

从本小节开始，所有的 Vue.js 项目都采用 vue-cli（官方提供的命令行管理工具）构建，
这比前面介绍的手动配置 Webpack 等方式要简单得多。

【示例 6-1】 使用 vue-cli 配置 Vue.js 项目。

（1）使用如下命令安装 vue-cli。

```
npm install -g @vue/cli
```

⚠**注意**：第 5 章没有选择 vue-cli 构建项目的一个原因是，Webpack 是大多数框架构建的通用工具，了解 Webpack 的配置非常重要。

vue-cli 安装完成后如图 6-2 所示，没有出现错误即为安装成功。

```
→ jscodeshift@0.7.0 › @babel/core@^7.9.0 › @babel/helper-module-transforms@^7.9.0(7.9.0) (23:39:40)
→ jscodeshift@0.7.0 › @babel/parser@^7.1.6(7.9.0) (23:39:24)
→ jscodeshift@0.7.0 › @babel/core@7.9.0 › @babel/generator@^7.9.0(7.9.0) (23:39:46)
→ jscodeshift@0.7.0 › @babel/core@7.9.0 › @babel/traverse@^7.9.0(7.9.0) (23:40:00)
→ jscodeshift@0.7.0 › @babel/preset-env@7.9.0 › @babel/plugin-transform-classes@^7.9.0(7.9.0) (23:39:08)
→ jscodeshift@0.7.0 › @babel/preset-env@7.9.0 › @babel/types@^7.9.0(7.9.0) (23:39:32)
→ jscodeshift@0.7.0 › @babel/preset-env@7.9.0 › @babel/plugin-transform-for-of@^7.9.0(7.9.0) (23:39:24)
→ jscodeshift@0.7.0 › @babel/preset-env@7.9.0 › @babel/plugin-transform-modules-amd@^7.9.0(7.9.0) (23:39:48)
→ jscodeshift@0.7.0 › @babel/preset-env@7.9.0 › @babel/plugin-transform-modules-commonjs@^7.9.0(7.9.0) (23:39:45)
→ jscodeshift@0.7.0 › @babel/preset-env@7.9.0 › @babel/plugin-transform-modules-systemjs@^7.9.0(7.9.0) (23:39:45)
→ jscodeshift@0.7.0 › @babel/preset-env@7.9.0 › @babel/plugin-transform-modules-umd@^7.9.0(7.9.0) (23:39:45)
→ jscodeshift@0.7.0 › @babel/preset-env@7.9.0 › @babel/plugin-transform-regenerator@7.8.7 › regenerator-transform@0
.14.4 › @babel/runtime@^7.8.4(7.9.0) (23:39:32)
→ @vue/cli-ui@4.2.3 › rss-parser@^3.7.4(3.7.6) (04:36:37)
2020-03-19
→ globby@9.2.0 › @types/glob@7.1.1 › @types/node@*(13.9.2) (05:15:58)
→ jscodeshift@0.7.0 › @babel/preset-env@7.9.0 › @babel/helper-compilation-targets@7.8.7 › browserslist@^4.9.1(4.10.
0) (11:47:10)
→ jscodeshift@0.7.0 › flow-parser@0.*(0.121.0) (02:13:17)
→ jscodeshift@0.7.0 › @babel/preset-env@7.9.0 › @babel/plugin-transform-regenerator@7.8.7 › regenerator-transform@^
0.14.2(0.14.4) (00:43:03)
→ @vue/cli-ui@4.2.3 › vue-cli-plugin-apollo@0.21.3 › nodemon@1.19.4 › chokidar@2.1.8 › fsevents@^1.2.7(1.2.12) (17:
14:58)
2020-03-18
→ cmd-shim@3.0.3 › mkdirp@^0.5.0(0.5.3) (00:28:33)
→ isbinaryfile@^4.0.0(4.0.5) (03:29:13)
2020-03-17
→ jscodeshift@0.7.0 › @babel/core@7.9.0 › json5@^2.1.2(2.1.2) (03:50:09)
All packages installed (1001 packages installed from npm registry, used 2m(network 2m), speed 303.57kB/s, json 881(2.23M
B), tarball 35.59MB)
[@vue/cli@4.2.3] link C:\Users\q5754\AppData\Roaming\npm\vue@ -> C:\Users\q5754\AppData\Roaming\npm\node_modules\@vue\cl
i\bin\vue.js
```

图 6-2　vue-cli 安装成功

（2）在命令行工具中使用 vue 相关命令。首先使用如下命令新建一个项目，名称为 router-test。

```
vue create router-test
```

（3）上述命令会要求使用者配置项目。Vue.js 构建工具为开发提供了很多功能模块，例如实现 JavaScript 转换的 Babel，实现 JavaScript 格式标准的 EsLint 等，这些不一定都需要，可以按需配置，如图 6-3 所示。

本小节会用到 vue-router 库，但项目并没有默认安装，所以应当选择配置 Manually select features，勾选该模块（通过空格键勾选）并且按 Enter 键确认，如图 6-4 所示。

（4）确认之后，会询问是否使用 history 模式，这里选择是（Y）。接下来配置 EsLint 等选项，可以选择默认选项。

```
Vue CLI v4.2.3
? Please pick a preset:
> default (babel, eslint)
  Manually select features
```

图 6-3　配置安装包

（5）安装完成后如图 6-5 所示，可以看到，成功创建了项目。

```
Vue CLI v4.2.3
? Please pick a preset: Manually select features
? Check the features needed for your project:
>(*) Babel
 ( ) TypeScript
 ( ) Progressive Web App (PWA) Support
 (*) Router
 ( ) Vuex
 ( ) CSS Pre-processors
 (*) Linter / Formatter
 ( ) Unit Testing
 ( ) E2E Testing
```

```
added 73 packages from 42 contributors in 46.074s

40 packages are looking for funding
  run `npm fund` for details

↳  Running completion hooks...

📝  Generating README.md...

📦  Successfully created project router-test.
📦  Get started with the following commands:

 $ cd router-test
 $ npm run serve
```

图 6-4　配置 vue-router　　　　　　　　图 6-5　创建项目成功

使用 vue-cli 创建了一个包含 vue-router 的项目，其中配置了相应的启动和构建打包指令。项目的 package.json 代码如下：

```json
{
  "name": "router-test",
  "version": "0.1.0",
  "private": true,
  "scripts": {
    "serve": "vue-cli-service serve",
    "build": "vue-cli-service build",
    "lint": "vue-cli-service lint"
  },
  "dependencies": {
    "core-js": "^3.6.4",
    "vue": "^2.6.11",
    "vue-router": "^3.1.5"
  },
  "devDependencies": {
    "@vue/cli-plugin-babel": "~4.2.0",
    "@vue/cli-plugin-eslint": "~4.2.0",
    "@vue/cli-plugin-router": "~4.2.0",
    "@vue/cli-service": "~4.2.0",
    "babel-eslint": "^10.0.3",
    "eslint": "^6.7.2",
    "eslint-plugin-vue": "^6.1.2",
    "vue-template-compiler": "^2.6.11"
  }
}
```

最新版本的 vue-cli 提供了图形化的项目创建页面，需要通过浏览器配置项目。在命令行工具中使用如下命令启动 vue-cli：

```
vue ui
```

上面的命令会启动一个小服务器，同时打开一个项目配置页面，如图 6-6 所示，可以在其中更改已创建的项目或创建新的项目。

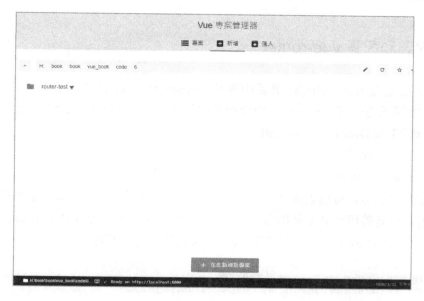

图 6-6　图形化新建项目

（6）创建完项目后，使用 cd 命令进入项目文件夹，使用如下命令启动服务：

```
npm run serve
```

启动页面，如图 6-7 所示。

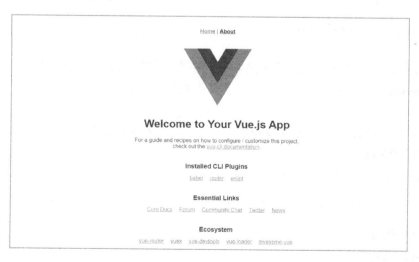

图 6-7　启动页面

🔔注意：使用 vue-cli 构建的项目没有 Webpack 的相关配置，这并不意味着项目没有使用 Webpack，因为 vue-cli 本身就是一个基于 Webpack 构建的 Vue.js 专属构建工具。

6.1.3　安装和配置 vue-router

如果需要在现有的 Vue.js 项目中使用 vue-router，或者在构建项目时没有添加 vue-router，则需要像在 Express 框架中使用其他模块一样，通过 npm 命令安装 vue-router。

【示例 6-2】安装和配置 vue-router。

（1）安装命令如下：

```
npm install vue-router
```

（2）安装完成后，可以直接在 main.js 中定义路由并引用，或编写一个单独的文件用来定义路由。笔者采用单独文件的方式，在 src 文件夹中新建一个文件夹并命名为 router，然后定义一个 JavaScript 文件，命名为 index.js（名称自定义即可）。代码如下：

```
01    import Vue from 'vue'
02    import VueRouter from 'vue-router'
03    import MessagePage from '@/page/Message.vue'
04
05    Vue.use(VueRouter)
06
07    export default new VueRouter({
08        routes: [
09          {
10              path: '/message', component: MessagePage,
11          }
12        ],
13        mode: "history"                //去除锚点符号
14    })
```

这样就完成了一个路由文件的定义。该文件不仅实例化了一个 VueRouter，还定义了一个名为/message 的路由，访问该路由时会调用组件 MessagePage。当然这里仅作为示例，并没有真正定义这个组件。

（3）编写完 router 文件后再编写 main.js，其中要引入 router 文件，然后在实例化 Vue.js 对象时传入。代码如下：

```
01    import Vue from 'vue'
02    import App from './App.vue'
03    import router from './router'
04
05    Vue.config.productionTip = false
06
07    new Vue({
08      router,
09      render: h => h(App)
10    }).$mount('#app')
```

（4）接着在 App.vue 中引入路由组件。本章前面介绍过 Vue.js 的路由并不是真实的页面刷新，而是对组件显示内容的切换，因此将组件添加在 App.vue 的统一 Vue 文件入口中。

代码如下：

```
01   <template>
02     <div id="app">
03       <div id="nav">
04         <router-link to="/">Home</router-link> |
05         <router-link to="/about">About</router-link>
06       </div>
07           <!--引入路由显示组件-->
08       <router-view/>
09     </div>
10   </template>
11
12   <style>
13   #app {
14     font-family: Avenir, Helvetica, Arial, sans-serif;
15     -webkit-font-smoothing: antialiased;
16     -moz-osx-font-smoothing: grayscale;
17     text-align: center;
18     color: #2c3e50;
19   }
20
21   #nav {
22     padding: 30px;
23   }
24
25   #nav a {
26     font-weight: bold;
27     color: #2c3e50;
28   }
29
30   #nav a.router-link-exact-active {
31     color: #42b983;
32   }
33   </style>
```

因为 vue-router 库是全局注册，在 vue-router 库注册的同时其自带的组件也都是全局注册，所以不需要在页面的 components 中注册就可以直接使用。

注意：如果在构建 Vue.js 项目时已经添加了 vue-router 库，则不需要任何配置便可以直接使用它。本书中的项目文件目录结构和文件命名方式和官方实例略有不同，但项目的本质和代码的执行效果都是一样的。

6.1.4　动态路由匹配

无论是自行安装 vue-router，还是通过 vue-cli 命令直接构建工程，都需要保证工程能够支持路由。URL 的作用除了指定页面的访问地址外，还包括路由参数的传递。在 Vue.js 中通过参数也能实现路由的动态匹配。例如，CMS 系统（内容管理系统）中某一篇文章的路由访问路径形式如下：

```
http://localhost/article?id=xxx
http://localhost/article/xxx
```

第一行表示以传统的参数形式进行访问，通过 GET 方式发送请求，并在 URL 之后跟随一个 "?" 和 id 参数，其中 xxx 为该文章的唯一 ID，通过它可以查询文章本身，并且不存在二义性。

第二行显示的其实就是动态路由规划实现的功能，对所有以 "基础网址+ '/article/' + 参数" 形式的路由路径统一解析在某一个处理逻辑中，路径最后跟随的信息被认为是参数而不是路径本身。

【示例 6-3】通过用户 ID 访问用户的主页。

首先定义路由，修改 router 文件夹中的 index.js 文件，增加相应的用户信息路由。以下是 User 部分路径定义的代码：

```
import User from '../views/User.vue'
Vue.use(VueRouter)

const routes = [
    {
        path: '/',
        ......
    },
    {
        path: '/about',
        ......
    },
    {
        path: '/user/:id',
        name: 'User',
        component: User
    }
]
```

编写用于显示该功能的用户界面，在 view 文件夹中新建 User.vue 文件，该文件就是上述代码引入的组件。

本例定义一个用户信息数组，如果用户传递的 ID 参数范围是 1～4，则显示相应用户的信息，如果超过这个范围，则显示不存在该用户。模板代码中显示基本的用户信息。

注意：这里将除目标用户以外的其他用户信息存放在一个前端环境中，这并不是真实应用环境中采用的处理办法，其他的用户信息不应该暴露给非本人以外的用户，本例只是为了展示。

完整代码如下：

```
01  <template>
02      <div>
03          <div>用户信息: </div>
04          <div>用户 id: {{this.user.id}}</div>
```

```
05          <div>用户名称: {{this.user.name}}</div>
06          <div>用户性别: {{this.user.sex}}</div>
07          <div>用户邮箱: {{this.user.email}}</div>
08      </div>
09  </template>
10
11  <script>
12      export default {
13          name: "User",
14          data() {
15              return {
16                  //设定用户数组
17                  users: [
18                      {id: 1, name: '用户1', sex: '男', email: '1@qq.com'},
19                      {id: 2, name: '用户2', sex: '女', email: '1@qq.com'},
20                      {id: 3, name: '用户3', sex: '女', email: '1@qq.com'},
21                      {id: 4, name: '用户4', sex: '男', email: '1@qq.com'},
22                  ],
23                  //初始化用户资料
24                  user: {}
25              }
26          },
27          //在创建时获取参数
28          created() {
29              //打印访问参数
30              console.log(this.$route.params.id)
31              //输出错误信息
32              if (this.$route.params.id > 4) {
33                  this.user = {id: 0, name: '无此用户', sex: '', email: ''}
34              } else {
35                  //确定用户
36                  this.user = this.users[parseInt(this.$route.params.id) - 1]
37              }
38          }
39      }
40  </script>
```

可以看到，传递的参数（id）可以使用 this.$route.params.id 来获取。也就是说，如果只是为了在页面中显示该参数，使用{{$route.params.id }}就可以完成，当访问 http://localhost:8081/user/4 时，自动进入该路由，页面如图 6-8 所示。

对于路由的匹配来说,参数的匹配只是其中很小的一部分。vue-router 使用 path-to-regexp 作为路径匹配引擎,可以支持更多的匹配格式，例如正则表达式和多个动态路径参数等。

Home | About

用户信息：
用户id：4
用户名称：用户4
用户性别：男
用户邮箱：1@qq.com

图 6-8　用户信息页面

6.1.5　路由嵌套

Vue.js 的基础就是组件，既然基础路由可以存在于 App 组件中，自然也可以嵌套在任何子组件中。每一个组件都可以拥有自身的路由配置。也就是说，这样的设计思路可以为拥有同一个路由前缀的组件设计通用模板，以减轻页面组合的工作量，从而更好地实现组件的复用，尤其是可以实现小范围的页面刷新。

【示例 6-4】在示例 6-3 的基础上为 User 路由增加两个子路由。

（1）在 User.vue 组件中添加路由组件，修改后的代码如下：

```
<template>
    <div>
        <div>用户信息：</div>
        <div>用户id：{{this.user.id}}</div>
        <div>用户名称：{{this.user.name}}</div>
        <div>用户性别：{{this.user.sex}}</div>
        <div>用户邮箱：{{this.user.email}}</div>
        <router-view></router-view>
    </div>
</template>
```

因为<router-view></router-view>已经是全局注册，所以可以在任何组件中使用，这并不影响正常的页面访问。页面访问效果如图 6-9 所示。

（2）修改路由文件。修改 router 文件夹下的 index.js 文件，在 User 路由中添加两条子路由，编写在 children 参数中，同时引入需要的组件，具体代码如下：

Home | About

用户信息：
用户id：3
用户名称：用户3
用户性别：女
用户邮箱：1@qq.com

图 6-9　用户信息显示

```
01  import User from '../views/User.vue'
02  import UM from '../views/UserMessage'
03  import UD from '../views/UserDetail'
04
05  Vue.use(VueRouter)
06
07  const routes = [
08      ……
09      {
10          path: '/user/:id',
11          name: 'User',
12          component: User,
13          children: [
14              {path: 'um', component: UM},
15              {path: 'ud', component: UD}
16          ]
17      }
18  ]
```

（3）在 views 文件夹中定义两个子路由的组件，分别命名为 UserDetail.vue 和 UserMessage.vue，在其中显示一些内容。

UserDetail.vue 组件的代码如下：

```
//UserDetail.vue
01  <template>
02      <div>
03          <div id="detail">{{detail}}</div>
04      </div>
05  </template>
06
07  <script>
08      export default {
09          name: "UserDetail",
10          data() {
11              return {
12                  //设定用户消息
13                  detail: "用户的详细信息"
14              }
15          },
16          //在创建时获取参数
17          created() {
18              //打印访问参数
19              console.log("detail 组件创建")
20          }
21      }
22  </script>
23  <style>
24      #detail {
25          color: red;
26      }
27  </style>
```

访问 http://localhost:8081/user/3/ud，在 User 信息的下方出现"用户的详细信息"，如图 6-10 所示。

另一个显示用户消息的组件是 UserMessage.vue，其代码如下：

```
01  <template>
02      <div>
03          <div id="message">用户消息：{{message}}
            </div>
04      </div>
05  </template>
06
07  <script>
08      export default {
09          name: "UserMessage",
10          data() {
11              return {
12                  //设定用户消息
13                  message: "暂时没有消息"
14              }
```

图 6-10　显示用户的详细信息

```
15          },
16          //在创建时获取参数
17          created() {
18              //打印访问参数
19              console.log("message 组件创建")
20          }
21      }
22  </script>
23  <style>
24      #message {
25          color: red;
26      }
27  </style>
```

访问 http://localhost:8081/user/3/um，用户消息显示在
用户信息的下方，如图 6-11 所示。

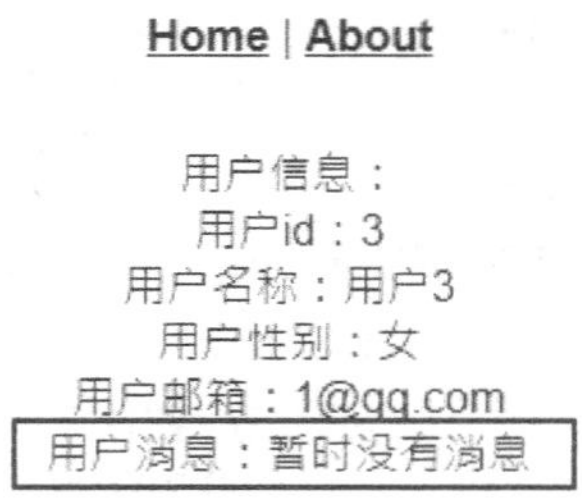

Home | About

用户信息：
用户id：3
用户名称：用户3
用户性别：女
用户邮箱：1@qq.com
用户消息：暂时没有消息

图 6-11　显示用户消息

6.1.6　路由跳转

Vue.js 中所有的路由都不是对页面的切换，这一点
在前面的章节中已经说明过。那么应当如何进行路由切
换呢？

对于模板页面，vue-router 提供了<router-link to=""> </router-link>组件，该组件可以在
任何组件中使用，类似于 HTML 中的<a>标签实现对导航页面的定义。该组件通过 to 参数
指定跳转页面。

如果在新建实例时选择自动引入 vue-router，则生成的页面中包含该组件的实例，位
于 App.vue 中，用于主页和 About 页面的跳转，其代码如下：

```
<template>
  <div id="app">
    <div id="nav">
     <router-link to="/">Home</router-link> |
     <router-link to="/about">About</router-link>
    </div>
    <!--引入路由显示组件-->
    <router-view/>
  </div>
</template>
```

页面如图 6-12 所示，单击链接可以跳转页面。查看源代码
可以发现，页面本身被解析成了一个标准的<a>标签。

Home | About

通过代码也可以实现路由路径的指定和跳转，这就不得不提
router 实例了，也就是组件中的 this.$router。在 Vue.js 中以下两
类代码是等同的。

图 6-12　导航显示

在模板中使用：

```
<router-link :to="/">
```

在代码中使用：

```
this.$router.push('/')
```

push()方法的参数可以是字符串路径或描述地址的对象。一般的字符串路径如下：

```
{ name: 'user', params: { userId: '123' }}
```

或者可以直接使用 path 参数，如果对象仅仅是一个字符串，会被认为就是 path 参数；如果对象中存在 path 参数，则 params 参数被忽略。也可以通过拼接字符串的形式达到和 params 一样的效果。

如果使用 push()方法，则会向浏览器的 history 中增加一条新的记录，将老的页面压入页面的历史栈中。也就是相当于在当前的页面中又打开了新的页面，当前的页面可以通过后退按钮执行回退操作。

有时可能需要关闭当前页面并打开新的页面，vue-router 也提供了这样的功能，通过 router.replace()方法实现。它不会向 history 中添加新记录，而是直接替代当前页面。

更改上述代码，当用户进入 user 路由时，如果用户输入的 id 参数为 1，则使用 push 跳转至/user/1/um；如果用户输入的 id 参数为 2，则使用 replace 跳转至/user/2/ud。

【示例6-5】根据用户输入的 id 参数进行跳转。

更改后的 User.vue 代码如下：

```
01  <template>
02    <div>
03        <div>用户信息: </div>
04        <div>用户 id: {{this.user.id}}</div>
05        <div>用户名称: {{this.user.name}}</div>
06        <div>用户性别: {{this.user.sex}}</div>
07        <div>用户邮箱: {{this.user.email}}</div>
08        <router-view></router-view>
09    </div>
10  </template>
11
12  <script>
13    export default {
14        name: "User",
15        data() {
16            return {
17                //设定用户数组
18                users: [
19                    {id: 1, name: '用户1', sex: '男', email: '1@qq.com'},
20                    {id: 2, name: '用户2', sex: '女', email: '1@qq.com'},
21                    {id: 3, name: '用户3', sex: '女', email: '1@qq.com'},
22                    {id: 4, name: '用户4', sex: '男', email: '1@qq.com'},
23                ],
```

```
24                   //初始化用户资料
25                   user: {}
26               }
27          },
28          //在创建时获取参数
29          created() {
30              //打印访问参数
31              console.log(this.$route.params.id)
32              let id = this.$route.params.id
33              //输出错误信息
34              if (id > 4) {
35                  this.user = {id: 0, name: '无此用户', sex: '', email: ''}
36              } else {
37                  if (id == 1) {
38                      this.$router.push('/user/1/um')
39                  } else if (id == 2) {
40                      this.$router.replace('/user/2/ud')
41                  }
42                  //确定用户
43                  this.user = this.users[parseInt(id) - 1]
44              }
45          },
46          updated(){
47              console.log("该页面 update")
48          }
49      }
50  </script>
```

在浏览器中打开一个新的页面进行测试，输入地址 http://localhost:8081/user/1，该页面会自动跳转至 http://localhost:8081/user/1/um，并且可以执行回退操作。单击"回退"按钮，该路径可以回退至 http://localhost:8081/user/1，并且在 User.vue 页面出现 update 提示，如图 6-13 所示。

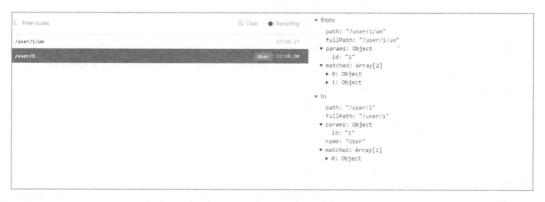

图 6-13　更改 push 路径

如果输入地址 http://localhost:8081/user/2，则会调用 replace 直接替换页面，当前页面自动关闭，不能回退，如图 6-14 所示。

图 6-14　replace 路径更改

除了这两个方法以外，router 还提供了 go(n)方法来操作 history 栈，表示在历史中前进或后退多少步，类似于 window.history.go(n)。如果参数为负整数，则代表历史记录的后退；如果为正整数，则表示历史记录的前进；如果数字超过了页面堆，则失败。

6.1.7　导航守卫

vue-router 提供了针对路由的导航守卫，可以在路由变化时执行一些代码，类似于某些开发框架中的中间件概念，可以针对全局路由或某一个特定路由。

导航守卫用于统一的数据处理和基本验证等场景。常用的导航守卫参见表 6-1。

表 6-1　导航守卫

导 航 守 卫	名　　　称	说　　明
router.beforeEach()	全局前置守卫	当一个导航被触发时，全局前置守卫按照顺序进行一次调用，调用完成后，执行过程进入具体划分的路由导航路径
router.beforeResolve()	全局解析守卫	在导航被确认之前，同时在所有组件内守卫和异步路由组件被解析之后，解析守卫就被调用
router.afterEach()	全局后置钩子函数	在导航结束后进行调用，不需要使用next()
beforeEnter()	路由独享的守卫	单独路由中执行的守卫代码
beforeRouteEnter()	组件内的前置守卫	组件中的守卫，在组件中对应路由开始渲染时调用
beforeRouteUpdate()	组件内的更新守卫	组件中的守卫，在组件中对应路由更新时使用
beforeRouteLeave()	组件内的关闭守卫	组件中的守卫，在组件中对应路由结束时使用

导航守卫的作用主要是提高代码的复用率，避免同样的代码多次出现在整个项目中，或同一个方法需要在不同的组件中多次调用。

【示例 6-6】本例增加的日志打印导航守卫是一个全局前置导航守卫，它会在用户访问任何一个路径时打印用户访问路径的日志，这类数据可以通过后端接口记录在服务器中，用于用户的行为分析。

代码编写在 router\index.js 文件中，在原来的路由代码下增加如下代码：

```
import Vue from 'vue'
import VueRouter from 'vue-router'
```

```
import Home from '../views/Home.vue'
......
Vue.use(VueRouter)

const routes = [
......
]

const router = new VueRouter({
    mode: 'history',
    base: process.env.BASE_URL,
    routes
})
//前置导航守卫
router.beforeEach((to, from, next) => {
    //打印用户的相关资料
    console.log("用户即将进入路由" + to.path)
    console.log("当前用户来源" + from.path)
    next()
})
export default router
```

以上代码通过 router.beforeEach()创建一个全局导航守卫，并在所有的路由被访问时调用该守卫。下面开始测试，首先进入主页（根目录/），该导航守卫会打印两条提示，包括去向和来源。单击页面中的 About 按钮，将会打印访问 http://localhost:8081/about 路由的信息，如图 6-15 所示。

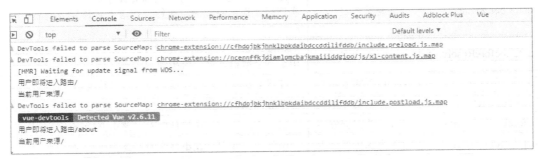

图 6-15　前置导航守卫

6.2　Vue.js 的状态管理库 Vuex

当下的前端技术（尤其是单页面开发）会经常提到状态管理这个概念，Vue.js 和 React.js 都提供了很好的状态管理解决方案，分别是 Vuex 和 Redux，相信这两个技术读者已经有所耳闻，本节就来介绍 Vuex。

6.2.1　状态管理与 store 模式

对于一个基本的 Vue.js 组件，其所有的数据都存放在 data 对象中，而该对象拥有自己的作用域，想要在其他的组件或路由中访问这些数据并不是一件容易的事情。

如果这些数据内容需要被多个实例共享，使用缓存或路径参数的方式传输数据过于烦琐且容易出错，所以单页面应用提供了状态管理这个概念。Vue.js 中的状态管理提供了两种方案：store 模式和 Vuex。本节只介绍 store 模式，后面会详细介绍 Vuex。

store 模式无须安装模块，理解起来非常简单，相当于将数据挂载在根节点中（类似全局变量），然后在每个实例中声明 data。这样在一处更新数据时，所有的内容都会更新，因为其本身指向的是同一个对象。这样做的缺点是：数据的改变不会留下变更记录，并且调试困难。通过编写一个附带 action 功能的 store 对象，而不是直接定义一个数据对象，可以弥补这个缺点，例如以下代码：

```
var store = {
  debug: true,
  state: {
    message: 'Hello!'
  },
  setMessageAction (newValue) {
    if (this.debug) console.log('setMessageAction triggered with', newValue)
    this.state.message = newValue
  },
  clearMessageAction () {
    if (this.debug) console.log('clearMessageAction triggered')
    this.state.message = ''
  }
}
```

以上只能实现简单的状态管理，复杂的状态管理还需要使用 Vuex。

注意：Vue.js 也可以使用其他流行的类 Flux 模块进行状态绑定，例如在 React 中流行的 Redux。

6.2.2　使用 Vuex 的情形

并不是所有的情况都适合使用 Vuex，或者说大量的业务需求并不需要对数据进行状态管理。数据在单组件环境中可以完成大部分的业务需求，并非要必须使用状态管理，读者不需要为了使用状态管理而使用 Vuex。

一些小项目如果引入 Vuex 进行状态管理，不仅会使原本逻辑清晰的代码和结构变得复杂，甚至会增加开发难度，造成代码冗余。所以官方认为，如果不是大中型单页应用，不需要引入 Vuex，即使需要同步数据，自带的 store 模式也足够使用。如果需要构建大中型单页引用，那么 Vuex 是必然的选择。

【示例 6-7】 采用一个新的 Vue.js 工程实现 Vuex。

（1）使用如下命令创建并成功启动一个 Vue.js 项目。在配置工程时，添加 Vuex 和 vue-router 的支持，如图 6-16 所示。

```
vue create vuex-test
```

```
Vue CLI v4.2.3
? Please pick a preset: Manually select features
? Check the features needed for your project:
 (*) Babel
 ( ) TypeScript
 ( ) Progressive Web App (PWA) Support
 (*) Router
>(*) Vuex
 ( ) CSS Pre-processors
 (*) Linter / Formatter
 ( ) Unit Testing
 ( ) E2E Testing
```

图 6-16　选择模块

（2）等待项目初始化成功，所有的依赖包会自动安装好，其中 package.json 的代码如下：

```json
{
  "name": "vuex-test",
  "version": "0.1.0",
  "private": true,
  "scripts": {
    "serve": "vue-cli-service serve",
    "build": "vue-cli-service build",
    "lint": "vue-cli-service lint"
  },
  "dependencies": {
    "core-js": "^3.6.4",
    "vue": "^2.6.11",
    "vue-router": "^3.1.5",
    "vuex": "^3.1.2"
  },
  "devDependencies": {
    "@vue/cli-plugin-babel": "~4.2.0",
    "@vue/cli-plugin-eslint": "~4.2.0",
    "@vue/cli-plugin-router": "~4.2.0",
    "@vue/cli-plugin-vuex": "~4.2.0",
    "@vue/cli-service": "~4.2.0",
    "babel-eslint": "^10.0.3",
    "eslint": "^6.7.2",
    "eslint-plugin-vue": "^6.1.2",
    "vue-template-compiler": "^2.6.11"
  }
}
```

这样就初始化了一个自带 Vuex 的状态管理项目。通过代码可以对所有页面中的状态进行控制。

（3）使用 Vuex 管理，需要先进行配置。基本的配置方式和 vue-router 类似，需要实例化一个 Vuex.Store，并使用 Vue.use 在全局注册该组件，代码如下：

```
import Vue from 'vue'
import Vuex from 'vuex'

Vue.use(Vuex)

export default new Vuex.Store({
  state: {
  },
  mutations: {
  },
  actions: {
  },
  modules: {
  }
})
```

（4）最终获得的 store 对象和自定义的存储数据的对象一样，需要在 main.js 中引入，并在实例化 Vue 对象时作为参数传入，代码如下：

```
import Vue from 'vue'
import App from './App.vue'
import router from './router'
import store from './store'

Vue.config.productionTip = false

new Vue({
  router,
  store,
  render: h => h(App)
}).$mount('#app')
```

6.2.3　在 Vue.js 组件中获取 Vuex 状态和 Getter 对象

Vuex 被注册成一个 store 之后，可以在全局的组件中使用，如果只需要其中的值，调用$store 这个全局对象就可以。

【示例 6-8】编写一个基本的全局消息显示程序。

（1）定义一个基本的 store，通过页面上方的一个共同组件显示信息，并且在子组件中更改该内容时此处的内容会自动更新。

```
01    import Vue from 'vue'
02    import Vuex from 'vuex'
03
04    Vue.use(Vuex)
05
```

```
06  export default new Vuex.Store({
07      state: {
08          message: '这是测试'
09      },
10      mutations: {},
11      getters: { },
12      actions: {},
13      modules: {}
14  })
```

（2）store 需要在 main.js 中引入和注册，代码如下：

```
01  import Vue from 'vue'
02  import App from './App.vue'
03  import router from './router'
04  import store from './store'
05
06  Vue.config.productionTip = false
07
08  new Vue({
09    router,
10    store,
11    render: h => h(App)
12  }).$mount('#app')
```

（3）编辑 App.vue 的模板部分和样式部分，增加一个新的路由路径和显示信息的<div>元素，代码如下：

```
01  <template>
02      <div id="app">
03          <div class="show-message">
04              {{$store.state.message}}
05          </div>
06          <div id="nav">
07              <router-link to="/">Home</router-link>
08              |
09              <router-link to="/about">About</router-link>
10          </div>
11          <router-view/>
12      </div>
13  </template>
14
15  <style>
16      ……//省略部分代码
17
18      .show-message {
19          position: fixed;
20          width: 100vw;
21          min-height: 20px;
22          background: #c7d3d3;
23      }
24  </style>
```

页面最上方会出现一个信息栏，显示的是定义在 store 中的已有内容，如图 6-17 所示。

图 6-17　主页信息显示

store 中的 Getter 对象用于获取实例中的 state 属性，然后对数据进行操作（并非改变数据本身）。这些操作也可以在组件获取 store 的值后再执行，但使用 Getter 对象可以增加代码的复用性，提高页面的响应性能。

store 中定义的 Getter 返回值会被缓存，除非依赖值发生变化时才会刷新值。Getter 会暴露为 store.getters 对象，在所有的组件中都可以以属性的形式访问该对象（方法）。

在 store 中编写一个 Getter 对象用于获取 states 中的数据，并对该数据进行操作，代码如下：

```
import Vue from 'vue'
import Vuex from 'vuex'

Vue.use(Vuex)

export default new Vuex.Store({
    state: {
        message: '这是测试'
    },
    mutations: { },
    getters: {
        set_prefix: state => {
            return "最新消息" + state.message
        }
    },
    actions: {},
    modules: {}
})
```

在 Getter 对象中定义了一个方法，为原本的数据增加一个字符串前缀。在 App.vue 中通过该 Getter 对象获取数据，修改后的模板代码如下：

```
<template>
    <div id="app">
        <div class="show-message">
            {{$store.getters.set_prefix}}
```

```
        </div>
        <div id="nav">
            <router-link to="/">Home</router-link>
            |
            <router-link to="/about">About</router-link>
         </div>
        <router-view/>
    </div>
</template>
```

显示效果如图 6-18 所示。

图 6-18　通过 Getter 对象获取数据

6.2.4　更新 Vuex 中的 store

6.2.3 节是显示数据，本节是在 store 中对数据进行改写。对 store 中的数据进行修改，必须使用 Mutation 和 Action 这两个对象。如果读者感兴趣，可以尝试通过 this.$store 对象直接改写数据本身，但这种改写是无效的。

因为 Vue.js 中所有的数据绑定都采用单向传输方式，直接对数据进行改写根本不会通知组件，所以组件自然无法获取变化后的数据，此时页面不发生任何变化。这也是 Vuex 出现的原因。Vuex 提供了一个 Mutation 对象，所有对数据的修改都必须通过该对象进行操作。

【示例 6-9】修改 store 中 message 对象的值。

```
01    import Vue from 'vue'
02    import Vuex from 'vuex'
03
04    Vue.use(Vuex)
05
06    export default new Vuex.Store({
07      state: {
08          message: '这是测试'
```

```
09        },
10        mutations: {
11
12            //set()方法，但是不能直接调用，类似于事件注册
13            //需要以相应的 type 调用 store.commit()方法，可以向该方法中传参
14            setMessage(state, msg) {
15                state.message = msg
16            }
17        },
18        getters: {
19            set_prefix: state => {
20                return "最新消息:" + state.message
21            }
22        },
23        actions: {},
24        modules: {}
25    })
```

上述代码中定义了一个 setMessage()方法，该方法接收两个参数：第一个参数是 state 本身，第二个参数用来确定显示的内容。通过调用 set_prefix()方法可以修改 state 中的 message 对象的值。

🔔注意：如果直接修改 state 中的数据，则无法通知所有使用该数据的位置实现更新，所以需要使用定义的 setMessage()方法修改数据，即必须使用 this.$store.commit() 进行"提交"式地调用。

下面在上述工程中定义一个新的路由来完成功能测试，编辑 router\index.js 文件，代码如下：

```
import Vue from 'vue'
import VueRouter from 'vue-router'
import Home from '../views/Home.vue'
import VuexTest from '../views/VuexTest'

Vue.use(VueRouter)

const routes = [
    {
        path: '/',
        name: 'Home',
        component: Home
    },
    {
        path: '/about',
        name: 'About',
        //route level code-splitting
        //this generates a separate chunk (about.[hash].js) for this route
        //which is lazy-loaded when the route is visited.
        component: () => import(/* webpackChunkName: "about" */ '../views/
About.vue')
    },
```

```
    {
        path: '/vuex-test',
        component: VuexTest
    }
]

const router = new VueRouter({
    mode: 'history',
    base: process.env.BASE_URL,
    routes
})

export default router
```

上述代码在路由代码中引入了 view\VuexTest.vue 文件，该文件用于提供一个按钮和监听事件来更改 store 对象，代码如下：

```
<template>
    <div>
        <input v-model="text"/>
        <br> <br>
        <button v-on:click="changeMsg">单击更改消息</button>
    </div>
</template>

<script>
    export default {
        name: "VuexTest",
        data() {
            return {
                text: ''
            }
        },
        methods: {
            //定义修改方法
            changeMsg: function () {
                //该方法必须同步执行
                this.$store.commit('setMessage',this.text)
            }
        }
    }
</script>
```

上述代码定义一个文本框并且绑定相应的值，同时绑定按钮的单击事件。单击该按钮，调用 store 中的 mutation 对象指定方法名为 setMessage()，同时传入一个输入数据的变量。

为了方便使用，可以在 App.vue 中添加一条跳转标签，代码如下：

```
    <div id="nav">
        <router-link to="/">Home</router-link>
        |
        <router-link to="/about">About</router-link>
        |
```

```
                <router-link to="/vuex-test">Vuex</router-link>
            </div>
```

最终显示效果如图 6-19 所示。

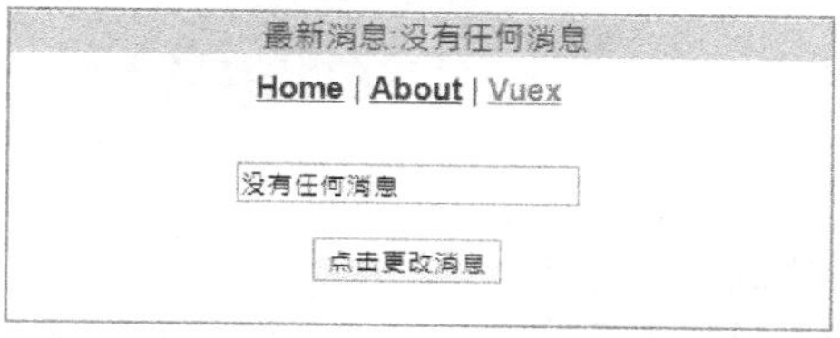

图 6-19　修改消息

使用 store.commit()进行修改当然没有任何问题，如果在组件中直接对其调用，则需要注意 mutation 对象必须同步执行。也就是说，该代码下方的所有代码都会在 commit()方法执行完成后才会执行。

如果需要异步处理所有的修改，则需要使用 Action 对象。该对象本质上是在 Action 中使用 mutation，也就是在 actions 对象中编写 commit()方法，代码如下：

```
export default new Vuex.Store({
    state: {
        message: '这是测试'
    },
    mutations: {

        //set()方法，但是不能直接调用，类似于事件注册
        //需要以相应的 type 调用 store.commit() 方法，可以向该方法中传递参数
        setMessage(state, msg) {
            state.message = msg
        }
    },
    getters: {
        set_prefix: state => {
            return "最新消息:" + state.message
        }
    },
    actions: {
        setMessage(context, msg) {
            context.commit('setMessage', msg)
        }
    },
    modules: {}
})
```

Action 对象中的方法接收一个和 store 实例相同的对象（但并不是 store 实例本身），通过 store.dispath()方法指定方法名称和参数，触发对象。修改 VuexTest.vue 中的代码如下：

```
<script>
    export default {
```

```
            name: "VuexTest",
            data() {
                return {
                    text: ''
                }
            },
            methods: {
                //定义修改方法
                changeMsg: function () {
                    //该方法必须同步执行
                    this.$store.dispatch('setMessage',
this.text)
                }
            }
        }
</script>
```

最终的效果如图 6-20 所示，Action 的特性是可以异步
执行代码。

图 6-20　修改消息

6.2.5　Vuex 模块的划分

示例 6-9 中，整个项目只是定义了一个简单的 store，其中的 state 仅拥有一个对象，
这在真实的项目中是不存在的。如果仅仅需要更改某一条数据，则没有使用 Vuex 的必要。

大型项目中会产生大量的数据需要通过 store 管理，每条数据本身至少拥有一个 Mutation
及更多的 Getter 对象，这让整个 State 变得异常庞大。Module 对象就是为了解决对象过大
的问题而生。

Vuex 允许将 store 分割为模块，每个模块可以拥有自身的 state、Mutation 和 Action，
甚至是更小的细分模块。只需要在 Modules 对象中添加需要使用的模块，并将所有的子模
块注册在全局中，这样就可以将所有的数据对象进行模块化地分类，使整个逻辑代码更加
简洁。例如：

```
const store = new Vuex.Store({
  modules: {
    a: moduleA,
    b: moduleB
  }
})
```

⚠️注意：默认情况下，模块内部的 Action、Mutation 和 Getter 是注册在全局命名空间内的，
　　　可以直接使用，也可以通过添加 namespaced:true 的方式使模块内部的 action、
　　　mutation 和 getter 成为带命名空间的模块，通过命名空间的不同进行区分和调用。

6.3　Vue UI 库

前面的章节中没有介绍 CSS 或样式，因为我们直接使用 Vue UI 库实现了各种样式。Vue.js 组件化的特性让普通开发者能够实现可复用的组件，不少公司也开发了大量的 UI 组件库，并开源给其他开发者使用。本节就来说说这些 UI 组件库。

6.3.1　Element UI 库

Vue.js 开源组件中最有名且使用最广泛的就是 Element UI，该库也是最早的 Vue.js 组件库之一，官方网址为 https://element.eleme.cn/#/zh-CN/guide/design。

Element UI 本身是"饿了么"平台的开源 UI 库，不仅可以使用组件化的代码进行编辑，官方还提供了一个用于页面快速生成的工具，只需要简单拖曳就可以使用该风格建立站点，如图 6-21 所示。

图 6-21　快速构建网站

作为最早的、功能最全的 UI 组件库，Element UI 提供了主题定制、Axure 中的插件等功能，可以快速制作原型图，并且达到整体页面风格一致的效果。

安装 Element UI 的命令如下：

```
npm i element-ui -S
```

Vue.js 支持直接在 HTML 中引入，同样，Element 也支持使用 CDN 的方式引入静态资源，使用 UI 库就和使用 jQuery 库、Bootstrap 库一样简单。

```
<!-- 引入样式 -->
<link rel="stylesheet" href="https://unpkg.com/element-ui/lib/theme-chalk/index.css">
<!-- 引入组件库 -->
<script src="https://unpkg.com/element-ui/lib/index.js"></script>
```

6.3.2　Ant Design of Vue UI 库

图 6-22 所示的 UI 库是 Ant Design 的 Vue 版本，属于阿里的开源产品，虽然发布较晚，但是使用人数非常多，版本稳定、Bug 少且更新迭代比较快。

Ant Design of Vue 这款 UI 库支持 IE 9 以上的浏览器，支持 Vue.js 的服务器渲染，还支持 Electron 开发 PC 版本的应用。官方文档的主页网址为 https://www.antdv.com/docs/vue/introduce-cn/。

图 6-22　Ant Design UI 库

Ant Design 是阿里设计规范之一，经过多年的使用验证，其一系列的样式内容和设计思想被移植到了最新版本的 Vue.js 中。在所有 Vue.js 支持的 UI 库中，Ant Design of Vue 库尤其适合制作企业的中台或后台，而且 Ant Design of Vue 库不仅为各类开发者提供了基础的组件，还提供了一套专用的中后台支持（https://pro.ant.design/index-cn/）方案，如图 6-23 所示。

图 6-23　Ant Design Pro 中后台模板

6.3.3　iView UI 库

iView UI 库（View UI）非常流行，和其他 UI 组件库不同，iView 从面世至今一直是一套更新迭代迅速的 UI 库。除了开源组件外，iView 也提供了中后台的前端解决方案，包括一些业务组件，还支持响应式设计，不过是收费的。

iView 本身是完全免费和开源的，拥有丰富的组件和功能，可以满足大部分网站的使用场景，并且更新非常迅速，并没有专门为某一种应用环境而设计，所以备受开发者的喜爱。其 4.0 的版本将名称改为了 View UI，最新的 npm 包名也改为了 view-design，如图 6-24 所示。

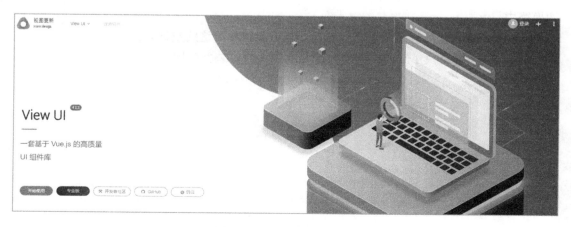

图 6-24　view-design UI 库

iView 支持两种安装方式：

（1）npm 安装方式如下：

```
npm install view-design -save
```

（2）使用<script>标签直接在 HTML 中引用，具体如下：

```
<script type="text/javascript" src="iview.min.js"></script>
```

6.4　小结与练习

6.4.1　小结

通过本章的学习，读者了解了 vue-router 和 Vuex 的使用，这是很关键的两个技术点：路由和状态管理。在实际的大型网站项目中，页面很多，数据也很多，管理起来很复杂，读者必须具备使用这两种技术的能力。

Vue.js 支持组件自定义，很多可复用的组件不一定需要我们自己编写，可以引用很多开源的优秀组件，如本章最后介绍的几个 UI 库。

6.4.2　练习

有条件的读者可以尝试以下练习：

（1）不使用 vue-cli 的情况下配置项目，并引入、配置 vue-router 和 Vuex 相关模块。

（2）使用 vue-router 为项目增加路由，并指定其负责显示的组件，添加相关的标签来切换路由。

（3）使用 Vuex 在组件之间传递数据，并更改和获取这些数据。

（4）了解更多的 UI 组件，选择自己喜欢的组件安装并使用。

第7章　项目需求分析和功能说明

本章从实战项目入手，设计功能模块，规划页面路由入口。需求制定是实际开发项目时非常重要的内容，这方面花费的时间远远超过了代码的编写时间。

本章涉及的知识点如下：

- 系统需求的分析；
- 系统技术的选择；
- 功能和页面的划分。

7.1　内容发布网站的需求分析

一个项目的实际需求设计需要花费长时间准备，不管是自行开发系统，还是根据客户的需求开发系统，都应当在着手编写代码之前确定详细的系统功能设计与功能说明书，以及其他的相关文档。

7.1.1　系统设计需求和技术说明

本节将开发一个简单的内容发布系统，也就是常说的 CMS（Content Management System）。虽然网络中存在大量成熟的 CMS，但开发一个适合自己的 CMS 也很重要。本章的实例是一个基本的 CMS 系统，最主要的功能就是文章的发布和展示。

需要明确以下几点：

（1）开发架构：本实例采用前后端分离的方式进行开发，这样前端的展示更加灵活，而独立的前端也无须一对一地对应后端。

也就是说，前后端分离的方式可以通过一套后端系统和多套前端展示，实现跨应用和跨平台，提高接口的复用性，如图 7-1 所示。

（2）技术选择：本例全部采用 JavaScript 系列技术，后端选择 Express 框架进行开发，前端使用 Vue.js 技术进行开发，尽可能实现页面的组件化，以方便对不同产品的 UI 进行替换。

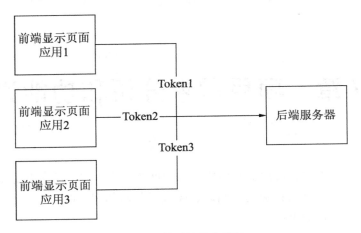

图 7-1　前后端分离设计

（3）数据的持久化：本例采用 Redis 存储所有数据，在保证性能的基础上，尽可能减轻内存和服务器的压力。当然也可以采用多种数据库联合存储的形式，例如使用 Redis 存储热点数据，而使用 MySQL 或 MongoDB 作为二级储存。

对于非海量数据和非高并发的情况，无论采用什么样的数据库，都不会有性能瓶颈。

注意：Redis 与 MongoDB 和其他关系型数据库并没有严格的优劣之分，可以考虑具体的业务情况来选择数据库。本例选择 Redis 数据库的原因在于它的数据结构非常容易理解，性能也非常优秀。当然，Redis 由于受到存储量和服务器的要求等条件限制，将其作为数据库可能并不是最好的选择。

7.1.2　后端接口需求

后端接口将会通过不同的应用参数（App ID）进行区分，也就是说，不同的前端请求通过相同的 URL（URL 携的 App 参数不同）请求后端数据。这样设计的好处是，一个后端服务可以对应多个功能相同的前端请求，并且能保证每个前端请求的数据独立性。

后端接口使用 JSON 字符串返回数据，支持 GET/POST 等方式请求数据，格式如下：

```
{'code':0,'message':'请求成功',data:[]}
```

参数说明见表 7-1。

表 7-1　后端接口返回内容说明

键　　值	说　　　　明
code	请求数据状态码，为int形式，其中0表示请求成功后返回，其他状态码代表不同的请求错误状态，需要给予提示或参与其他业务流程

（续）

键　　值	说　　明
message	字符串格式，状态说明文字，可以直接显示用户的提示，请求成功时可能不存在提示，此时为空字符串
data	默认为[]列表格式。如果是多条数据，则会将所有的数据放在该列表中；如果为空，则代表没有数据返回或不需要返回数据。需要注意的是，获取单条数据时，该返回值不是一个列表

　　项目中的部分页面可能需要用户登录，如果用户没有登录，也就是没有用户对应的 Token 发起请求，则返回如下提示：

```
{'code':100,'message':'请登录进行操作',data:[]}
```

　　当 code 不为 1 时，需要提示用户或直接跳转至登录页面要求用户登录。

　　本例中出现的其他请求状态码和说明参见表 7-2。

表 7-2　JSON请求的状态码

数　字　码	说　　明
500	前端App请求错误，头部fapp字段不存在或者是内容错误
0	请求成功
404	请求内容不存在
403	没有登录或者权限不足
1	其他逻辑参数错误等

　　注意：所有的 JSON 请求状态码都是由后端服务返回的。也就是说，只有后端服务器接收到的正确的请求并成功执行全部的逻辑代码后（即网站服务器的 HTTP 状态码返回值为 200 时），才会返回 JSON 请求状态码。

7.1.3　前端页面需求

　　使用 Vue.js 开发前端页面，可以采用组件化的方式提取一些个性化的内容编写成组件的形式，以提高复用率及更简单的替换服务。

　　前端页面是一个基本的展示页面，包括轮播、文章展示、导航、底部介绍等，这些都通过后端接口获取，以实现动态菜单导航功能。

　　不仅是菜单，而且对于页面下方的说明和版权等内容，也采用后端接口获取的方式实现直接配置就可以完成的效果。

　　下一节将会划分具体的 API 路径，分析其具体功能，并且规划相应的页面，为编写代码做好最后的准备工作。

7.2　项目策划和功能设计

本节分析项目的具体需求，通过项目策划，完成基本项目蓝图的设计和功能设计，同时确定编写代码的范围。

7.2.1　项目功能策划

本项目实现的主要功能包括：

- 主页或其他页面需要显示的内容，如顶部导航菜单、轮播图、底部内容、友情链接和联系方式（footer）等；
- 热点文章列表显示（浏览量排序）；
- 文章的发布、管理和显示等功能，包括浏览量、点赞和踩的数量；
- 对文章的评论（登录用户可以发起评论）；
- 文章的基本分类和小标签（对文章进行分类）；
- 用户模块，用户的相应权限，用户的个人信息管理、显示和修改，以及用户状态配置（删除和停用）等；
- 用户的注册和登录，以及管理自己编写的评论；
- 用户之间的私信聊天；
- 后台管理员的权限（文章的发布、管理、页面修改）和用户的管理等。

7.2.2　项目模块划分

项目主要划分为 3 个模块：文章和评论模块、用户模块、后台管理模块。

（1）文章和评论模块是本项目最基本的功能模块，它与用户模块及后台管理模块有一定的耦合度，例如，用户登录后才能评论文章。文章和评论模块的功能包括：

- 每当用户浏览该文章时，浏览量自动加 1（采用前端控制的方式，提供浏览量+1 接口）；
- 文章返回采用时间排序的方式 ；
- 所有的用户都可以查看主页，也可以查看文章的内容，但是不能评论文章，也不能查看其他用户信息；
- 评论文章需要用户登录。

（2）用户模块的功能包括：

- 配置用户的权限，其中，管理员是特殊的用户；

- 验证不同路由的权限；
- 用户只能更改自身的资料，可以查看其他用户的非隐私资料，也可以给其他用户发送私信；
- 用户的注册采用传统方式，通过 Token 判定登录状态，条件允许的话，会根据登录 IP 或使用情况提示安全问题。

（3）后台管理模块的功能包括：

- 暂时只允许超级管理员管理相关权限以及文章的发布和编写；
- 设计一个具有超级管理员特权的普通用户，也就是说，所有的用户都可以成为超级管理员；
- 所有的文章和用户都由超级管理员管理，他可以上线文章（即发布文章，让客户端可以查看）和下线文章（客户端不可查看，但文章仍然在数据库中，并没有被删除），也可以封停用户。

🔔注意：不要信任用户输入的内容，因为用户可能会输入一些非法字符或代码，所以所有的输入需要转义显示。

7.2.3　项目后端 API 路由定义

后端实现的 API 路由，根据其权限进行以下划分。

（1）无须后端权限就能配置的 API 包括：

- 获取页面导航栏的 API 地址：http://localhost:3000/getNavMenu；
- 获取底部详细内容的 API 地址：http://localhost:3000/getFooter；
- 获取友情链接的 API 地址：http://localhost:3000/getLinks；
- 获取首页轮播图的 API 地址：http://localhost:3000/getIndexPic；
- 获取热点文章列表内容的 API 地址：http://localhost:3000/getHotArticle；
- 获取最新文章列表的 API 地址（需要判断用户权限，超级用户显示所有文章）：http://localhost:3000/getNewArticle；
- 获取文章详情的 API 地址：http://localhost:3000/getArticle/:id；
- 获取文章评论的 API 地址：http://localhost:3000/getArticleTalk/:id；
- 单击小标签和获取分类内容的 API 地址：http://localhost:3000/getArticles；
- 文章查看数+1 的 API 地址：http://localhost:3000/viewArticle/:id。

（2）需要用户登录的 API 包括：

- 用户评论文章的 API 地址：http://localhost:3000/users/user/article/talk；
- 获取用户资料的 API 地址：http://localhost:3000/users/user/info/:username；
- 修改用户资料的 API 地址：http://localhost:3000/users/user/changeInfo；

- 发送私信的 API 地址：http://localhost:3000/users/user/mail/:username；
- 获取私信列表的 API 地址：http://localhost:3000/users/user/mailsGet；
- 获取用户私信的 API 地址：http://localhost:3000/users/user/mailGetter/:id；
- 用户注册的 API 地址：http://localhost:3000/users/register；
- 用户登录的 API 地址：http://localhost:3000/users/login；
- 文章分类列表的 API 地址：http://localhost:3000/users/user/articleType；
- 文章"点赞"和"踩"功能的 API 地址：http://localhost:3000/ users/user/like/:id/:like；
- 文章收藏功能的 API 地址：http://localhost:3000/users/user/save/:id；
- 获取收藏文章列表的 API 地址：http://localhost:3000/users/user/saveList。

（3）需要超级用户才能配置的 API 包括：

- 文章添加和修改的 API 地址：http://localhost:3000/setArticle；
- 文章发布和删除的 API 地址：http://localhost:3000/admin/showArticle；
- 添加和修改分类的 API 地址：http://localhost:3000/admin/setArticleType；
- 获取全部用户列表的 API 地址：http://localhost:3000/admin/getAllUser；
- 封停用户的 API 地址：http://localhost:3000/admin/stopLogin/:id；
- 修改主页轮播内容的 API 地址：http://localhost:3000/admin/setIndexPic；
- 修改导航内容的 API 地址：http://localhost:3000/admin/changeNav；
- 修改底部内容的 API 地址：http://localhost:3000/admin/setFooter；
- 修改友情链接内容的 API 地址：http://localhost:3000/admin/ setLinks。

7.2.4　项目前端页面路由定义

使用 Vue.js 开发的前端项目页面采用 vue-router 作为基本的路由分类，它需要的页面和路由地址如下：

- 主页（包括轮播图、最新列表和最热列表）：http://localhost:8080/；
- 文章结果页（包括搜索、单击分类和小标签）：http://localhost:8080/articleType？参数；
- 文章详情页（显示文章及其评论，同时提供评论功能）：http://localhost:8080/article/文章 id；
- 登录页面：http://localhost:8080/login；
- 注册页面：http://localhost:8080/register；
- 用户信息页面（显示自己的信息和他人信息）：http://localhost:8080/userInfo/用户名称；
- 私信查看页面：http://localhost:8080/mail；
- 文章编辑页面（管理员）：http://localhost:8080/admin/article；
- 文章管理页面（管理员）：http://localhost:8080/admin/articles；

- 用户管理页面（管理员）：http://localhost:8080/admin/users。

7.3　项目原型图和流程图

项目中的 API 虽然可以独立发送请求，但其本质上也受到整个项目流程的制约。项目的生命周期如图 7-2 所示。

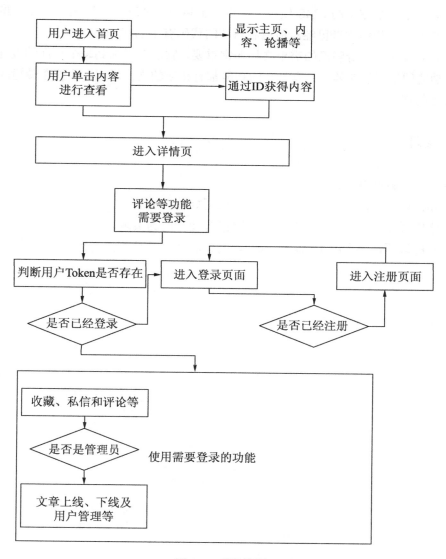

图 7-2　项目流程

7.4　小结与练习

7.4.1　小结

本章分析了一个完整的 CMS 项目，并设计了相应的 API 请求路由和页面，虽然没有涉及技术细节，但相信读者已经对前端和后端的代码有了初步的想法。

在实际开发中，一份明确的需求文档非常重要，它应该详细到每个页面的设计、功能的划分、功能的迭代说明等，只有所有的功能都有相应的文档说明，才能在最短的时间内开发出可行的产品。

7.4.2　练习

有条件的读者可以尝试以下练习：

（1）分析该项目，考虑如何改进才能完成更好的功能。

（2）分析页面和路由，考虑怎样规划才能方便功能的实现。

（3）分析该项目，考虑可以增加哪些好用的功能，并且制作出相应的文档。

第 8 章　项目后端 API 开发

本章将开发上一章介绍的项目，并且会逐一实现所有的后端功能。另外，本章将使用之前介绍过的 Postman 进行接口 API 的请求测试。

本章涉及的知识点如下：

- 开发一个完整的小型项目后端；
- Node.js 与 MySQL 及 Redis 的连接和使用；
- 在项目中编写完成需求的接口。

8.1　开发前的准备工作

本节使用 Express 新建项目，并且配置好数据库连接，为之后的 API 开发做好准备。

📢注意：在使用 Express 开发时，除非使用第三方工具，否则 Express 不会自动根据更改进行热更新，而需要手动重启服务器才能看到更改后的内容。

8.1.1　初始化项目

首先保证本机已经安装了 Express，使用如下命令生成一个新的项目：

```
express --no-view server
```

本项目中所有的后端内容都使用接口方式，不需要任何的模板引擎，因此使用--no-view 参数初始化一个不需要模板引擎的项目，如图 8-1 所示。

根据提示进入项目文件夹，使用如下命令安装完整的项目依赖包并尝试启动，效果如图 8-2 所示。

```
cd server
cnpm install
SET DEBUG = server:* & cnpm start
```

```
H:\book\book\vue_book\code\8>express --no-view server

   create : server\
   create : server\public\
   create : server\public\javascripts\
   create : server\public\images\
   create : server\public\stylesheets\
   create : server\public\stylesheets\style.css
   create : server\routes\
   create : server\routes\index.js
   create : server\routes\users.js
   create : server\public\index.html
   create : server\app.js
   create : server\package.json
   create : server\bin\
   create : server\bin\www

change directory:
  > cd server

install dependencies:
  > npm install

run the app:
  > SET DEBUG=server:* & npm start
```

图 8-1　初始化项目

图 8-2　启动 Express

8.1.2　连接数据库

使用如下命令安装 Redis 依赖包，Redis 的依赖包会自动添加到 Express 项目中，并且可以在 Express 中引用。

```
npm install redis -save
```

⌂注意：如果使用的是 Express 5.0 及以上版本，部分写法可能出现变动，根据官方文档进行微调即可。

在 Node.js 中，Redis 包被编写为支持异步的形式，该包提供了基本的数据库操作，这里需要在该项目文件中进行统一处理。首先在项目文件夹中新建 config 文件夹，用来存放所有的配置文件，然后进行以下配置操作：

（1）在 config 文件夹中新建 JavaScript 文件，命名为 db.js，用于存放 Redis 数据库的配置。代码如下：

```
exports.redisConfig = {host: '127.0.0.1', port: '6379', ttl: 5 * 60 * 1000}
```

💡说明：配置文件不一定必须要使用 JavaScript 文件形式，也可以使用专门用于存储配置的其他格式，引用时注意编写文件格式相应的解析。

（2）在项目文件的根目录下新建 util 文件夹，放置所有工具的 JavaScript 方法，数据库连接方法也存放在该文件夹中。

（3）新建一个 redisDB.js 文件，在该文件中连接数据库，并且对数据库提供的方法进行一些改写和封装。需要注意的是，对于 Redis，我们尽可能只使用两个相关的操作方法，一个是 set，用于数据的存储和改变，另一个是 get，用于数据的获取。redisDB.js 文件的代码如下：

```
let redis = require("redis");
//获取数据库的配置
const {redisConfig} = require("../config/db")
//获取 Redis 连接
const redis_client = redis.createClient(redisConfig);
//连接成功
redis_client.on("connect", () => {
    console.log("连接成功")
})
//错误处理
redis_client.on("error", (err) => {
    console.log(err);
});
redis = {};

//根据模式获取全部键
keys = async (cursor, re, count) => {
    let getTempKeys = await new Promise((resolve) => {
        //从连接中获取该值并返回
        redis_client.scan([cursor, "MATCH", re, "COUNT", count], (err, res)
=> {
            console.log(err)
            return resolve(res);
        });
    });
    return getTempKeys;
}
redis.scan = async (re, cursor = 0, count = 100) => {
    return await keys(cursor, re, count)
}

//设置该值进入数据库
redis.set = (key, value) => {
    //将所有对象转换为 JSON 字符串进行保存
```

```
        //需要注意的是，如果该字符串过大，可能会导致性能下降
        value = JSON.stringify(value);
        return redis_client.set(key, value, (err) => {
            if (err) {
                console.log(err);
            }
        });
    };
    //获取 text，在获取时可以使用 then 调用
    text = async (key) => {
        let getTempValue = await new Promise((resolve) => {
            //从连接中获取该值并且返回
            redis_client.get(key, (err, res) => {
                return resolve(res);
            });
        });
        //将该值转换为本身的对象并且返回
        getTempValue = JSON.parse(getTempValue)
        return getTempValue;
    }
    //返回获取的值
    redis.get = async (key) => {
        return await text(key);
    }
```

需要对用户的 Token 进行时间控制，不能让其一直有效，否则只要获取了该 Token 的人都可以模拟用户进行操作。

这里设置通过使用 Redis 键过期自动删除的功能来实现对时间的控制，代码如下：

```
    //设置 key 的过期时间
    redis.expire = (key, ttl) => {
        redis_client.expire(key, parseInt(ttl))
    }
```

一些基本的 ID 应当考虑使用自增变量，这里封装一个 Redis 的自增 ID 获取方法，代码如下：

```
    //获取自增 ID
    id = async (key) => {
        console.log("查找" + key)
        let id = await new Promise((resolve => {
            redis_client.incr(key, (err, res) => {
                console.log(res)
                return resolve(res)
            })
        }))
        console.log(id)
```

```
        return id
    }
    redis.incr = async (key) => {
        return await id(key)
    }
```

虽然只使用 k-v 形式的 JSON 字符串，但是对于需要排序的内容，k-v 形式过于烦琐，因此需要使用 Redis 中的有序序列进行一些数据的存储（类似于阅读量和热点文章等）。

在某些情况下会使用到 Redis 中的有序集合这个结构，例如在文章的阅读数量和热点获取时需要排序。有序集合结构基于 k-v 基础，v 中有一个 member 对象，对应一个 score（分值），通过 score 可实现排序。如果读者不理解该结构，可以查阅有关资料。有序集合代码如下：

```
    //有序集合
    //新增有序集合(键名、成员和分值)
    redis.zadd = (key, member, num) => {
        member = JSON.stringify(member)
        redis_client.zadd(key, num, member, (err) => {
            if (err) {
                console.log(err)
            }
        })
    }
    //获取一定范围内的元素
    tempData = async (key, min, max) => {
        let tData = await new Promise((resolve => {
            redis_client.zrevrange([key, min, max, 'WITHSCORES'], (err, res) => {
                return resolve(res)
            })
        }))
        //同时获取分值，需要转换为对象
        let oData = []
        //构造
        for (let i = 0; i < tData.length; i = i + 2) {
            oData.push({member: JSON.parse(tData[i]), score: tData[i + 1]})
        }
        return oData
    }

    redis.zrevrange = async (key, min = 0, max = -1) => {
        return tempData(key, min, max)
    }

    //有序集合的自增操作
    redis.zincrby = (key, member, NUM = 1) => {
        member = JSON.stringify(member)
```

```
        redis_client.zincrby(key, NUM, member, (err) => {
            if (err) console.log(err)
        })
    }

    //有序集合通过 member 获取其 score 值
    tempZscore = async (key, member) => {
        member = JSON.stringify(member)
        return await new Promise((resolve => {
            redis_client.zscore(key, member, (err, res) => {
                console.log(res)
                return resolve(res)
            })
        }))
    }
    redis.zscore = async (key, member) => {
        return tempZscore(key, member)
    }

    module.exports = redis;
```

使用对象和数组等形式的数据会同时转换为 JSON 字符串的形式保存。为了使用方便，这里用到了 await，这样就可以采用 then 的形式进行后续调用，而不会变成无穷无尽的"回调地狱"，例如以下的调用代码：

```
    redis.get("1111").then((data)=>{
        console.log(data)
        res.send(data)
        next()
    }).catch((e)=>{
        console.log("错误")
        console.log(e)
    })
```

如果读者对这种写法不熟悉，可以参考相关的 JavaScript 文档。当然，采用回调的形式不会影响程序的功能。

🔔注意：为了方便读者理解，对数据库的操作基本没有采用非 JSON 格式，但在真正的项目中，频繁地在代码中修改 JSON 对象并不适宜，采用 Redis 提供的散列或队列等结构效果会更好。同时，为了使代码和数据逻辑更加清晰和简单，程序中没有采用事务等形式，而全部采用 Redis 的基本命令进行组合。在实际项目中，例如增加文章，同时需要对类型、标签和排序进行修改，这些数据库的操作都应当在同一个事务中，如果执行任意一个操作失败，将导致整个操作失败。

8.1.3　配置服务应用列表

在 8.1.2 节中，所有的接口可以给 Vue.js 开发的不同前端提供服务，这些服务的区分通过一个传递的参数来实现。本节将配置服务应用列表，具体步骤如下：

（1）配置访问列表。在 config 文件夹中新建 app.js 文件，配置允许访问的应用名称，代码如下：

```
//允许名称为 book 的应用访问 API
exports.ALLOW_APP = ['book']
```

（2）在前端传递一个代表该应用的参数，该参数存在于路径或 post 参数中，这样路径会显得有点"难看"，所以传递时可以将该参数附带在请求的头部。

在传递时，将该参数命名为 fapp，也就是说，当请求头中的 fapp 字段为 book 字符串时，符合要求。在 Express 中，通过如下代码获取该参数：

```
//获取所有的 header 参数
console.log(req.headers)
//获取应用传递的参数
req.headers.fapp
```

请求被接收，会打印该请求的头部信息，如图 8-3 所示。

```
> server@0.0.0 start H:\book\book\vue_book\code\8\server
> node ./bin/www

server:server Listening on port 3000 +0ms
连接成功
{
 fapp: 'book',
 'user-agent': 'PostmanRuntime/7.23.0',
 accept: '*/*',
 'cache-control': 'no-cache',
 'postman-token': '0b3e75af-3c38-4dd2-8e10-3506d0c9a304',
 host: 'localhost:3000',
 'content-type': 'multipart/form-data; boundary=--------------------------347056383172891749199953',
 'accept-encoding': 'gzip, deflate, br',
 'content-length': '387',
 connection: 'keep-alive'
}
GET /getFooter 200 12.710 ms - 40
{
 fapp: 'book1',
 'user-agent': 'PostmanRuntime/7.23.0',
 accept: '*/*',
 'cache-control': 'no-cache',
 'postman-token': '60ffab28-b70d-4e3b-931b-58c4826cdca6',
 host: 'localhost:3000',
 'content-type': 'multipart/form-data; boundary=--------------------------878427615507192170988636',
 'accept-encoding': 'gzip, deflate, br',
 'content-length': '387',
 connection: 'keep-alive'
}
```

图 8-3　请求头

（3）编写用户状态判定中间件。

所有的路由控制前都应当有用户是否处于登录状态的判断和区分，Express 的中间件非常适合完成在访问路由时进行统一的用户状态判定。中间件可以理解为一个独立于主要功能逻辑的代码块，用于实现一些附加的功能，可以在主要逻辑处理之前或处理之后进行访问，类似于 Vue.js 中的"守卫"。

在 util 文件夹中编写 middleware.js 文件，用于存放用户状态判定。该中间件实现的功能是对所有的用户请求进行头部判定，如果符合条件，则继续执行，如果不符合条件，则通过 res.json 返回一个错误。middleware.js 文件的代码如下：

```
const {ALLOW_APP} = require('../config/app')
const util = require('./common')
exports.checkAPP = (req, res, next) => {
    console.log(req.headers)
    if (!ALLOW_APP.includes(req.headers.fapp)) {
        res.json(util.getReturnData(500, "来源不正确"))
    } else {
        next()
    }
}
```

中间件可以使用 next()对象进行下一步操作，此时的项目需求应当是在所有的路由头部执行该中间件，因此只有条件通过 next()之后，才会执行主要的业务逻辑。

上述代码使用了 util.js 中的一个创建 JSON 格式化串的方法，可以在 util 文件夹中新建 common.js 文件，用于存放一些通用的方法或验证内容。代码如下：

```
let util = {}
util.getReturnData = (code, message = '', data = []) => {
    //保证数据格式
    if (!data) {
        data = []
    }
    return {code: code, message: message, data: data}
}

module.exports = util
```

注意：箭头函数不需要花括号及显式的 return，但为了统一格式，本书使用了显式的 return。

（4）引入中间件，因为所有对用户的请求都需要该中间件验证，所以直接在 app.js 中引入并使用。更改后的 app.js 代码如下：

```
01  var express = require('express');
02  var path = require('path');
03  var cookieParser = require('cookie-parser');
04  var logger = require('morgan');
05  var {checkAPP}=require('./util/middleware')
```

```
06    //引入路由
07    var indexRouter = require('./routes/index');
08    var usersRouter = require('./routes/users');
09    //创建实例
10    var app = express();
11
12    app.use(logger('dev'));
13    app.use(express.json());
14    app.use(express.urlencoded({ extended: false }));
15    app.use(cookieParser());
16    app.use(express.static(path.join(__dirname, 'public')));
17    //使用中间件，在本项目中所有定义的路由都应当使用该中间件
18    app.use('/', checkAPP,indexRouter);
19    app.use('/users', usersRouter);
20
21    module.exports = app;
```

（5）编写一个测试路由，修改 router 文件夹中的 index.js 文件，修改后的代码如下：

```
01    var express = require('express');
02    var router = express.Router();
03    const util = require('../util/common')
04
05    //获取 footer 显示内容
06    router.get('/getFooter', function (req, res, next) {
07        res.json(util.getReturnData(0, 'success'));
08    });
```

也就是说，当访问该路由 http://localhost:3000/getFooter 时，首先进行请求头的验证，只有验证成功了，才能接着执行路由对应的业务逻辑。

（5）使用 Postman 进行测试，如果没有增加任何请求头，则会返回一个错误信息提示，如图 8-4 所示。

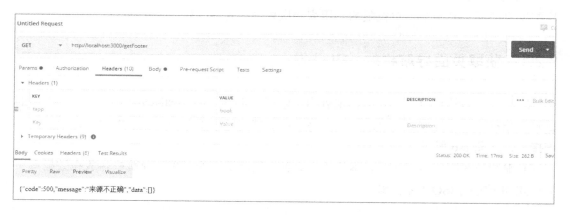

图 8-4　请求错误

Postman 可以在请求下方的 Headers 选项卡中填写任意的头部信息，该信息会同时发送给服务器端。例如，在 Headers 中增加一个 fapp=book，并且确定其处于勾选状态，访问效果如图 8-5 所示。

图 8-5　请求成功

8.2　通用 API 开发

8.1 节完成了数据库的连接，编写了一个简单的中间件，本节将正式开发功能模块。这些模块是不需要判断用户权限的、用来获取内容的通用 API。

8.2.1　获取页面导航栏的 API 开发

本小节实现的导航栏接口路由地址为 http://localhost:3000/getNavMenu。展示型网站的首页一般都有导航标题栏，单击导航栏菜单，会跳转到一个新的页面（可能是分类或其他连接），如图 8-6 所示。

导航栏一般存在多级菜单，本例为了方便，仅展示一级菜单。导航栏存放在数据库中的格式如下方的 JSON 字符串所示。

```
[
  {
```

```
    'name': '主页',
    'src': 'http://loaclhost'
  },
  {
    'name': '文章',
    'src': '/article/list'
  }
]
```

图 8-6　导航栏

注意：后端接口本身保存的就是 JSON 字符串，所以实现多级菜单是非常简单的，嵌套对象即可，前端同样也要实现多级菜单才可以正常显示。

通过 redis-cli 工具可实现数据操作，使用 set 命令手动添加数据，同时指定其键名为 book:nav:menu。也可以先编写 8.4.7 节的 API，使数据库中有了真实的数据后，再返回来编写获取数据库数据的业务逻辑代码。

导航栏路由建立在 router 文件夹的 index.js 文件中，为了避免大量的路由和逻辑导致程序编写混乱，应单独将逻辑处理部分提取出来，通过引入的方式进行应用。

修改后的 index.js 代码如下：

```
01  var express = require('express');
02  var router = express.Router();
03  //引入处理逻辑的 JavaScript 文件（注意是否有路由用到其他文件，这里只展示本小节使
       用的文件，如果要使用其他文件均需要引入）
04  var {getNavMenu} = require('../controller/getData')
05  const util = require('../util/common')
06
07  //获取 footer 显示内容
08  router.get('/getFooter', function (req, res, next) {
09      res.json(util.getReturnData(0, 'success'));
10  });
11  //获取菜单
```

```
12    router.get('/getNavMenu', getNavMenu);
13    module.exports = router;
```

访问导航栏路由后会调用 getNavMenu()方法，接下来编写该方法。在项目文件中新建 controller 文件，在其中添加 getData.js 文件并在该文件中编写所有获取数据的代码逻辑，具体如下：

```
01    let redis = require("../util/redisDB")
02    const util = require('../util/common')
03    exports.getNavMenu = (req, res, next) => {
04        let key = req.headers.fapp + ":nav_menu"
05        //获取数据
06        redis.get(key).then((data) => {
07            console.log(data)
08            res.json(util.getReturnData(0, '', data))
09        })
10    }
```

在浏览器中访问本例的 API，获取其保存在数据库中的对应值，Postman 中的测试效果如图 8-7 所示。

图 8-7　获取菜单内容

8.2.2 获取底部详细内容的 API 开发

本小节实现的接口地址为 http://localhost:3000/getFooter。也可以先编写 8.4.8 节的 API，以提供数据源，使数据库中有了真实的数据后，再返回来编写相应数据获取的业务逻辑代码。通过本接口获取的数据基本格式如下：

```
{
    "footer": [{
        "name": "版权所有：",
        "src": "http://loaclhost",
        "text": "Stiller"
    }, {
        "name": "发送邮件",
        "src": "mailto:uneedzf@gmail.com",
        "text": "Gmail"
    }]
}
```

首先在 routers/index.js 中编写相应的路由地址，修改后的 index.js 代码如下：

```
var express = require('express');
var router = express.Router();
//引入处理逻辑的 JavaScript 文件（注意是否有路由用到其他文件，这里仅展示本小节使用的
    文件，如果要使用其他文件，均需要引入）
var {getFooter} = require('../controller/getData')
const util = require('../util/common')

......
//获取 footer 显示内容
router.get('/getFooter', getFooter);
module.exports = router;
```

接着在 controller/getData.js 文件中添加 getFooter 对象，代码如下：

```
01  //获取 footer 相关内容
02  exports.getFooter = (req, res, next) => {
03      let key = req.headers.fapp + ":footer"
04      //获取数据
05      redis.get(key).then((data) => {
06          console.log(data)
07          res.json(util.getReturnData(0, '', data))
08      })
09  }
```

最后通过 Postman 插件就可以获取相应的数据，结果如图 8-8 所示。

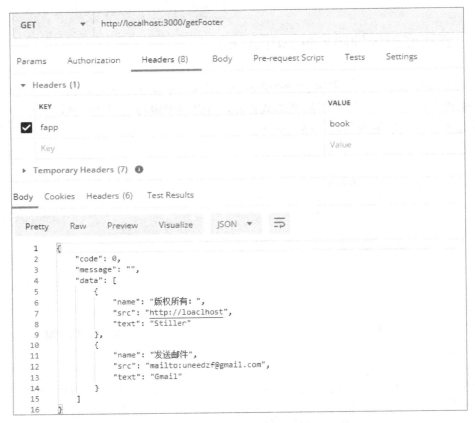

图 8-8　获取底部的详细内容

8.2.3　获取友情链接的 API 开发

本小节实现的接口路由地址为 http://localhost:3000/getLinks。也可以先编写 8.4.9 节的 API，以提供数据源，使数据库中有了真实的数据后，再返回来编写相应数据获取的业务逻辑代码。通过本接口获取的数据基本格式如下：

```
[ {
        "name": "baidu",
        "src": "http://baidu.com"
    }
]
```

首先在 routers/index.js 中编写相应的路由地址，修改后的 index.js 代码如下：

```
var express = require('express');
var router = express.Router();
//引入处理逻辑的 JavaScript 文件（注意是否有路由用到其他文件，这里只展示本小节使用的
    文件，如果要使用其他文件均需要引入）
var {getLinks} = require('../controller/getData')
```

```
const util = require('../util/common')

......
//获取友情链接
router.get('/getLinks',getLinks)
module.exports = router;
```

接着在 **controller/getData.js** 文件中添加 **getLinks** 对象，代码如下：

```
01    //获取 footer 相关内容
02    exports. getLinks = (req, res, next) => {
03        let key = req.headers.fapp + ":links"
04        //获取数据
05        redis.get(key).then((data) => {
06            console.log(data)
07            res.json(util.getReturnData(0, '', data))
08        })
09    }
```

最后通过 **Postman** 插件就可以获取相应的数据，结果如图 8-9 所示。

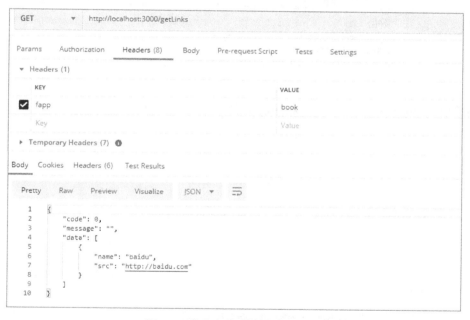

图 8-9　获取友情链接的详细内容

8.2.4　获取首页轮播图的 API 开发

本小节实现的接口路由地址为 http://localhost:3000/getIndexPic。也可以先编写 8.4.6 节的 API，以提供数据源，使数据库中有了真实的数据后，再返回来编写相应数据获取的业务逻辑代码。通过本接口获取的数据基本格式如下：

```
[{"title": "baidu","src": "http://baidu.com","img":"http://xxxxx.com/
xxx.jpg"}]
```

首先在 routers/index.js 文件中编写相应的路由地址，修改后的 index.js 文件代码如下：

```
var express = require('express');
var router = express.Router();
//引入处理逻辑的 JavaScript 文件（注意是否有路由用到其他文件，这里只展示本小节使用的
    文件，如果要使用其他文件均需要引入）
var { getIndexPic } = require('../controller/getData')
const util = require('../util/common')

......
//获取首页轮播图片
router.get('/getIndexPic',getIndexPic)
module.exports = router;
```

接着在 controller/getData.js 文件中添加 getIndexPic 对象，代码如下：

```
01  //获取首页轮播图片的相关内容
02  exports.getIndexPic = (req, res, next) => {
03      let key = req.headers.fapp + ":indexPic"
04      //获取数据
05      redis.get(key).then((data) => {
06          console.log(data)
07          res.json(util.getReturnData(0, '', data))
08      })
09  }
```

最后通过 Postman 就可以获取相应的数据，如图 8-10 所示。

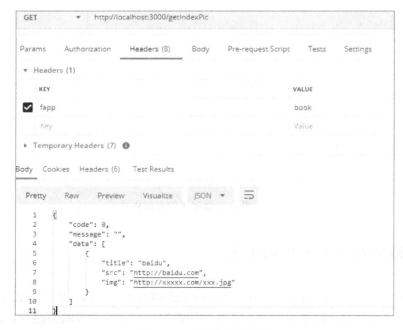

图 8-10　获取首页轮播图

8.2.5　获取热点文章列表内容的 API 开发

本小节实现的接口路由地址为 http://localhost:3000/getHotArticle。获取热点文章需要结合文章的浏览量，也可以先编写 8.4.1 节的 API，以提供数据源，使数据库中有了真实的数据后，再返回来编写相应数据获取的逻辑代码。通过本接口获取的数据基本格式如下：

```
{
    "code": 0,
    "message": "",
    "data": [
        {
            "title": "文章暂未上线",
            "date": "",
            "id": 0,
            "view": 0
        },
        {
            "title": "测试文字 3",
            "date": "2020-31-22 16:56:43",
            "id": 4,
            "view": "0"
        }, ……
    ]
}
```

获取热点文章时返回文章的发布时间、题目和 ID，最多 5 条数据。如果文章已经发布但未上线或已下线，则返回文章暂未上线的提示。

注意：新建文章时，会在 Redis 中新建名为 book:a_view 的有序列表，该列表按照时间戳保存文章 key。

首先在 routers/index.js 文件中编写相应的路由地址，修改后的 index.js 文件代码如下：

```
var express = require('express');
var router = express.Router();
//引入处理逻辑的 JavaScript 文件（注意是否有路由用到其他文件，这里只展示本小节使用的
    文件，如果要使用其他文件均需要引入）
var { getHotArticle} = require('../controller/getData')
const util = require('../util/common')

……
//获取热点文章列表
router.get('/getHotArticle',getHotArticle)
module.exports = router;
```

接着在 controller/getData.js 文件中添加 getHotArticle 对象，代码如下：

```
01   //获取热点文章
02   exports.getHotArticle = (req, res, next) => {
03       let key = req.headers.fapp + ":a_view"
```

```
04        //获取集合，只取 0、1、2、3、4 五条数据
05        redis.zrevrange(key, 0, 4).then(async (data) => {
06           console.log(data)
07           let result = data.map((item) => {
08              //获取每篇文章的题目、ID 及日期
09              return redis.get(item.member).then((data1) => {
10                 console.log(data1)
11                 if (data1 && data1.show != 0) {
12                    return {
13                       'title': data1.title,
14                       'date': util.getLocalDate(data1. time),
15                       'id': data1.a_id,
16                       'view': item.score
17                    }
18                 } else {
19                    return {'title': '文章暂未上线', 'date': '', 'id': 0}
20                 }
21              })
22           })
23           let t_data = await Promise.all(result)
24           res.json(util.getReturnData(0, '', t_data))
25        })
26     }
```

需要注意的是，使用 map 循环时不可避免地会碰到异步问题。笔者采用了 await/async 方式，使用 Promise.all 等待多个异步执行完毕后再获取汇总结果。如果直接在 map 后输出相关的值，则无法获取实际的值。

获取热点文章列表，实际上和根据时间获取列表的逻辑一样，不同之处在于对取值的限制，热点文章还需要将获取的数值返回给前端。通过 Postman 插件可以获取相应的数据，结果如图 8-11 所示。

图 8-11　获取热点文章列表

上述代码使用 util.getLocalData()方法格式化时间戳，将时间戳转换为人工可读的实际时间，这是一个常用的方法。在 util 文件夹的 common.js 文件中编写如下代码：

```
//转换为格式化时间
util.getLocalDate = (t) => {
    let date = new Date(parseInt(t))
    return date.getFullYear() + "-" + (parseInt(date.getMonth()) + 1) + "-"
+ date.getDate() + " " + date.getHours() + ':' + date.getMinutes() + ':'
+ date.getSeconds();
}
```

8.2.6　获取文章列表的 API 开发

本小节实现的接口路由地址为 http://localhost:3000/getNewArticle。也可以先编写 8.4.1 节的 API，以提供数据源，使数据库中有了真实的数据后，再返回来编写相应数据获取的逻辑代码。新建文章时会在 Redis 中创建名为 book:a_time 的有序列表，该列表按照时间戳保存文章 key。

通过本接口获得的数据结构如下，返回的是文章的时间、题目和 ID，暂时不提供分页功能，只是一次性返回所有的文章列表。如果文章已经发布但未上线或已下线，则返回文章暂未上线的提示。

```
{
    "code": 0,
    "message": "",
    "data": [
        {
            "title": "测试文字 5",
            "date": "2020-31-22 16:56:52",
            "id": 6
        },
        {
            "title": "测试文字 4",
            "date": "2020-31-22 16:56:49",
            "id": 5
        },
    ......
    ]
}
```

首先在 routers/index.js 文件中编写相应的路由地址，修改后的 index.js 文件代码如下：

```
var express = require('express');
var router = express.Router();
//引入处理逻辑的 JavaScript 文件（注意是否有路由用到其他文件，这里只展示本小节使用的
  文件，如果要使用其他文件均需要引入）
var { getNewArticle } = require('../controller/getData')
const util = require('../util/common')

......
```

```
//获取最新的文章列表
router.get('/getNewArticle',getNewArticle)
module.exports = router;
```

接着在 controller/getData.js 文件中添加一个 getNewArticle 对象，代码如下：

```
01  //获取最新的文章列表
02  exports.getNewArticle = (req, res, next) => {
03      let key = req.headers.fapp + ":a_time"
04      //获取数据
05      console.log(key)
06      //获取集合
07      redis.zrevrange(key, 0, -1).then(async (data) => {
08          console.log(data)
09          let result = data.map((item) => {
10              //获取每篇文章的题目、ID及日期
11              return redis.get(item.member).then((data1) => {
12                  console.log(data1)
13                  if (data1 && data1.show != 0) {
14                      return {'title': data1.title, 'date': util.getLocal
                          Date(item.score), 'id': data1.a_id}
15                  }else{
16                      return {'title': '文章暂未上线', 'date': '', 'id': 0}
17                  }
18              })
19          })
20          let t_data = await Promise.all(result)
21          res.json(util.getReturnData(0, '', t_data))
22      })
23  }
```

上述代码通过键值获取有序列表中的值，同时查找这些值的内容，找到相应的文章并且汇总到最终的返回结果中。通过 Postman 插件可以获取相应的数据，结果如图 8-12 所示。

图 8-12　获取文章列表

8.2.7　获取文章详情的 API 开发

本小节实现的接口路由地址为 http://localhost:3000/getArticle/:id。也可以先编写 8.4.1 节的 API，以提供数据源，使数据库中有了真实的数据后，再返回来编写相应数据获取的业务逻辑代码。本接口返回的应当是文章详情，需要文章的 show 字段为 1，提供一个 a_id 作为参数，其数据基本格式如下：

```
{
    "code": 0,
    "message": "success",
    "data": {
        "title": "测试文字 2",
        "writer": "admin1",
        "text": "这是一篇测试文字，用于测试。",
        "type": 1,
        "tag": [
            "js",
            "node"
        ],
        "show": 1,
        "time": 1587545229622,
        "a_id": 3,
        "typename": "分类 1",
        "view": "0",
        "like": "0"
    }
}
```

首先在 routers/index.js 文件中编写相应的路由地址，修改后的 index.js 文件代码如下：

```
var express = require('express');
var router = express.Router();
//引入处理逻辑的 JavaScript 文件（注意是否有路由用到其他文件，这里只展示本小节使用的
    文件，如果要使用其他文件均需要引入）
var { getArticle } = require('../controller/getData')
const util = require('../util/common')

……
//获取文章的详情
router.get('/getArticle/:id',getArticle)
```

接着编写逻辑处理的 controller/getData.js 文件，在其中编写一个 getArticle 对象，除了根据 ID 获取文章以外，还涉及文章的分类（文章的分类仅是一个唯一的 ID），以及有序

队列中的点赞数、阅读量的获取，代码如下：

```
01  //根据 ID 获取文章的基本内容
02  exports.getArticle = (req, res, next) => {
03      //获取参数
04      let key = req.headers.fapp + ":article:" + req.params.id
05      redis.get(key).then((data) => {
06          //console.log(data)
07          //判断是否显示文章内容
08          if (data) {
09              if (data.show == 1) {
10                  //获取文章分类详情
11                  redis.get(req.headers.fapp + ":a_type").then((type) => {
12                      type.map((item) => {
13                          if (item.uid == data.type) {
14                              data.typename = item.name
15                          }
16                      })
17                      //获取文章的阅读量
18                      redis.zscore(req.headers.fapp + ":a_view", key).then
                        ((view) => {
19                          console.log(view)
20                          data.view = view
21                          //获取文章的点赞量
22                          redis.zscore(req.headers.fapp + ":a_like", key).then
                            ((like) => {
23                              data.like = like
24                              res.json(util.getReturnData(0, 'success', data))
25                          })
26                      })
27                  })
28
29              } else {
30                  res.json(util.getReturnData(403, '该文章已经被删除或者不
                    存在'))
31              }
32          } else {
33              res.json(util.getReturnData(404, '该文章已经被删除或者不存在'))
34          }
35      })
36  }
```

注意，在功能设计中一些没有上线或不存在的文章是无法被访问的，需要提示相应的返回内容。通过 Postman 插件可以获取相应的数据，结果如图 8-13 所示。

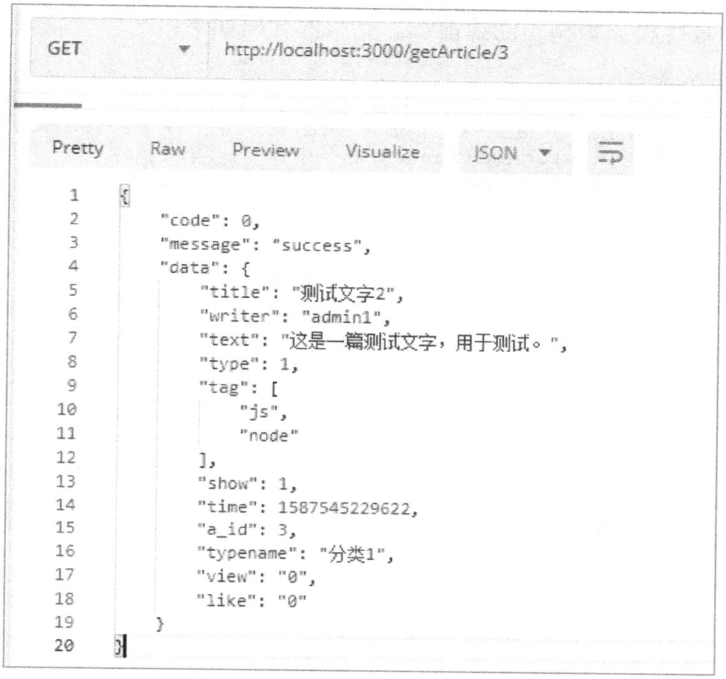

图 8-13　获取文章详情

8.2.8　获取文章评论的 API 开发

本小节实现的接口路由地址是 http://localhost:3000/getArticleTalk/:id。也可以先编写 8.3.2 节的 API，以提供评论的数据源，使数据库中有了真实的数据后，再返回来编写相应数据获取的业务逻辑代码。本小节采用 GET 方式获取文章评论的接口，需要传递文章的唯一 ID。

首先在 routers/index.js 文件中编写相应的路由地址，修改后的 index.js 文件代码如下：

```
var express = require('express');
var router = express.Router();
//引入处理逻辑的 JavaScript 文件（注意是否有路由用到其他文件，这里只展示本小节使用的
  文件，如果要使用其他文件均需要引入）
var { getArticleTalk } = require('../controller/getData')
const util = require('../util/common')

……

//获取文章评论
router.get('/getArticleTalk/:id',getArticleTalk)
module.exports = router;
```

接着编写处理逻辑的 controller/getData.js 文件，此处需要接收一个 id 参数，并通过 ID

查找评论数据，最终将该数据返回给前端。完整的代码如下：

```
01  //获取文章评论
02  exports.getArticleTalk = (req, res, next) => {
03      let key = req.headers.fapp + ":article:" + req.params.id + ":talk"
04      redis.get(key).then((data) => {
05          res.json(util.getReturnData(0, 'success', data))
06      })
07  }
```

传递一篇文章的 ID 后，返回内容如图 8-14 所示。

图 8-14　获取文章评论

8.2.9　获取分类内容的 API 开发

本小节实现的接口路由地址是 http://localhost:3000/getArticles。也可以先编写 8.4.1 节的 API，以提供文章内容的数据源，使数据库中有了真实的数据后，再返回来编写相应数据获取的业务逻辑代码。为了方便数据的传输，这里定义该接口为 POST 请求方式，传递的数据参数如下，传递 tag 时为小标签，传递 type 时为分类。

```
{"tag":"js"}
{"type":1}
```

🔔注意：对于不更改数据和仅用于查询的接口，建议使用 GET 方式定义接口。

本项目的所有接口发送数据时均采用 JSON 方式，在 Postman 中模拟时，选择 Raw 选项卡可以编辑 JSON。

首先在 routers/index.js 文件中编写相应的路由地址，修改后的 index.js 文件代码如下：

```
var express = require('express');
var router = express.Router();
//引入处理逻辑的 JavaScript 文件（注意是否有路由用到其他文件，这里只展示本小节使用的
    文件，如果要使用其他文件均需要引入）
var { getArticles} = require('../controller/getData')
const util = require('../util/common')

......
//获取小标签或者文章分类的内容
router.post('/getArticles',getArticles)
module.exports = router;
```

接着在 controller/getData.js 文件中添加一个 getArticles 对象，该对象接收两个相关的参数：如果存在 type，则以 type 为准；如果存在 tag，则对 tag 字符串执行 MD5 算法。

使用如下代码引入 crypto 包，其中包含了 MD5 算法，该模块是 Node.js 自带的，无须安装就可以使用其加密算法。

```
const crypto = require('crypto');
```

获取分类的数据列表之后，还需要获取完整的数据，再次使用数组的 map 循环完成这项工作。完整的代码如下：

```
01   //getArticles
02   //根据小标签或者分类获取所有的文章
03   exports.getArticles = (req, res, next) => {
04       let key = req.headers.fapp
05       //筛选，如果是 tag，则执行 MD5 算法
06       if ('tag' in req.body) {
07           let tKeyMd5 = crypto.createHash('md5').update(req.body.tag).
             digest("hex")
08           key = key + ':tag:' + tKeyMd5
09           console.log(key)
10       } else if ('type' in req.body) {
11           //如是 type，则直接使用 ID
12           key = key + ':a_type:' + req.body.type
13           console.log(key)
14       } else {
15           res.json(util.getReturnData(1, '数据参数错误'))
16           return
17       }
18       redis.get(key).then(async (data) => {
19           console.log(data)
20           //获取所有的数据
21           let result = data.map((item) => {
22               //获取每篇文章的题目、ID 及日期
23               return redis.get(item).then((data1) => {
24                   console.log(data1)
```

```
25              if (data1 && data1.show != 0) {
26                  return {'title':data1.title, 'date': util.getLocalDate
                     (data1.time), 'id':data1.a_id}
27              } else {
28                  return {'title': '文章暂未上线', 'date': '', 'id': 0}
29              }
30          })
31      })
32      let t_data = await Promise.all(result)
33      res.json(util.getReturnData(0, '', t_data))
34  })
35 }
```

指定不同的参数就可以获取相关的文章和内容，如图 8-15 所示。如果输入不正确的参数，则返回错误信息，读者可自行测试。

图 8-15　分类后获取文章

8.2.10　记录文章浏览量的 API 开发

本小节实现的接口路由地址是 http://localhost:3000/viewArticle/:id。也可以先编写 8.4.1

节的 API，以提供数据源，使数据库中有了真实的数据后，再返回来编写相应数据获取的业务逻辑代码。本小节的查看文章数据其实可以不使用接口，在每次获取文章详情时直接对文章的浏览量执行+1 操作即可。笔者之所以提供独立的接口，是为了后续更多功能的实现。

首先在 routers/index.js 文件中编写相应的路由地址，修改后的 index.js 文件代码如下：

```
var express = require('express');
var router = express.Router();
//引入处理逻辑的 JavaScript 文件（注意是否有路由用到其他文件，这里只展示本小节使用的
  文件，如果要使用其他文件均需要引入）
var { viewArticle } = require('../controller/getData')
const util = require('../util/common')

......
//文章被查看数自动+1 的 API
router.get('/viewArticle/:id', viewArticle)
module.exports = router;
```

接着在 controller/getData.js 文件中添加 viewArticle 对象，这里使用 Redis 提供的 zincrby() 方法，自动对该值执行+1 操作，代码如下：

```
01   //浏览量自动加 1
02   exports.viewArticle = (req, res, next) => {
03       let key = req.headers.fapp + ":article:" + req.params.id
04       redis.zincrby(req.headers.fapp + ':a_view', key)
05       res.json(util.getReturnData(0, 'success',))
06   }
```

这样，当一次请求成功后，再次获取该文章的详情，会看到文章的浏览量发生了变化。每次请求可以增加一次浏览量，如图 8-16 所示。

图 8-16　增加浏览量

8.3 用户权限相关 API 开发

本节编写需要用户登录处理的相关 API，读者可以先开发登录和注册功能，或者采用不验证用户权限的方式进行开发，不会影响项目的后续功能。

💡**提示**：需要验证用户和进行权限判定的功能都可以独立于业务逻辑，只需要在相应的路由中增加中间件即可。

8.3.1 用户模块开发前的准备工作

用户模块的开发依赖于用户验证工作，首先判断用户是否登录，其次判断用户的相关权限有哪些。

和之前章节采用 fapp 作为应用的唯一标识一样，本小节中用户的唯一标识也存储在请求头中，作为请求的一部分发送。如果用户是登录状态，则继续执行；如果用户没有登录，则返回一个错误提示。

用户的 Token 值应当唯一，每个 Token 值对应一个用户 ID（唯一 ID），该 Token 会随着时间过期而过期。笔者使用 MD5 算法生成一个唯一的值。

💡**提示**：在 Node.js 中使用 MD5 算法需要安装 crypto 模块。

基本的验证流程如图 8-17 所示。

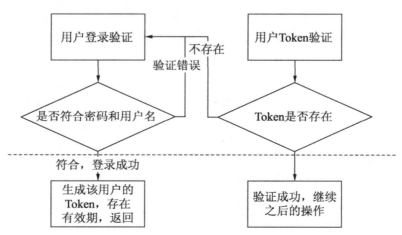

图 8-17 基本验证流程

所有的用户模块都编写在 routers 文件夹的 users.js 文件中，在其中引入 controller 文件夹中的 user.js 文件，它包含所有用到的业务逻辑。

为了方便用户管理，users.js 文件中的路由不验证用户登录情况，主要提供用户注册和登录接口，用来获取 Token，其中定义了一个二层路由，需要验证用户的登录状态。

用户验证的二层路由代码如下：

```
01  var express = require('express');
02  var router = express.Router();
03  //引入处理逻辑的 JavaScript 文件（注意是否有路由用到其他文件，这里只展示本小节使用的文件，如果要使用其他文件均需要引入）
04  var {userLogin, userRegister} = require('../controller/user')
05  var {checkUser} = require('../util/middleware')
06  /* GET users listing. */
07  router.post('/login', userLogin);
08  router.post('/register', userRegister);
09
10  router.use('/user', checkUser, require('./userNeedCheck'))
11
12  module.exports = router;
```

用户登录检测中间件的代码依旧编写在 util/middleware.js 文件中，并命名为 checkUser。当用户访问/users/user/下的所有路由时会使用该中间件，具体的业务逻辑代码会在 8.3.9 节编写，这里该中间件不执行检测任务，只是打印用户访问信息。

在 middleware.js 文件中定义检测用户登录状态的 checkUser()方法，代码如下：

```
exports.checkUser = (req, res, next) => {
    console.log("检测用户登录情况")
    next()
}
```

每一次请求需要验证用户的接口时，都在控制台中打印一条用户验证的相关语句。

8.3.2 用户评论文章的 API 开发

本小节实现的接口路由地址是 http://localhost:3000/users/user/article/talk。该接口是一个 POST 请求接口，需要使用文章的唯一 ID 作为键。可以先编写 8.4.1 节中的文章发布功能，然后再编写评论功能。

通过文章的键值可以找到其对应的评论，需要传递的 JSON 字符串如下：

```
{
    "a_id":1,
```

```
    "talk":"这是第一次评论"
}
```

所有的评论将会通过 article 唯一键值的方式加入 Redis 数据库中，采用键名为 book: article:article_id:talk 的 JSON 对象存储。

首先编写路由文件 userNeedCheck.js 验证用户是否登录，代码如下：

```
01  var express = require('express');
02  var router = express.Router();
03  //引入了逻辑处理的 JavaScript 文件（需要注意是否有其他路由使用相关文件，这里只展
    示本小节使用的文件，如果要使用其他文件均需要引入）
04  var { articleTalk} = require('../controller/userNeedCheck')
05  //添加文章评论
06  router.post('/article/talk', articleTalk)
07  module.exports = router;
```

接下来编写具体的逻辑处理代码。在/controller/userNeedCheck.js 文件中，需要将用户评论的内容和当前提交的时间写在该文章的评论对象中，代码如下：

```
01  //文章评论
02  exports.articleTalk = (req, res, next) => {
03      if ('a_id' in req.body && 'talk' in req.body) {
04          //组织字符串
05          let talk = {talk: req.body.talk, time: Date.now(), username:
            req.username}
06          let key = req.headers.fapp + ':article:' + req.body.a_id + ':talk'
07          redis.get(key).then((data) => {
08              let tData = []
09              if (data) {
10                  tData = data
11              } else {
12                  tData.push(talk)
13              }
14              redis.set(key, tData)
15              res.json(util.getReturnData(0, '评论成功'))
16          })
17      } else {
18          res.json(util.getReturnData(1, '评论错误'))
19      }
20  }
```

通过 Postman 插件发送一个评论对象并且指定文章后，可以成功发表评论，如图 8-18 所示。

图 8-18 评论成功

8.3.3 获取用户资料的 API 开发

本小节实现的接口路由地址为 http://localhost:3000/users/user/info/:username。也可以先编写 8.3.8 节的 API，以提供用户注册的数据源，使数据库中有了真实的数据后，再返回来编写相应数据获取的业务逻辑代码。其实，获取用户资料非常简单，只需要在 Redis 数据库中查找用户的 Token 值，找到符合的资料后返回即可。返回格式如下：

```json
{
    "code": 0,
    "message": "",
    "data": {
        "nikename": "未知",
        "age": "未知",
        "sex": "未知",
        "ip": "::1",
        "username": "admin1",
        "login": 0
    }
}
```

需要注意的是，该接口除了返回功能，还允许查看其他用户的资料。当然，类似于电话号码这样的隐私数据，只显示给用户本人，其他用户无法查看。

首先编辑路由，该路由需要登录路由的验证，所以将代码编写在 router 文件夹的 user-NeedCheck.js 文件中，从 controller 中引入 getUserInfo 对象来执行处理逻辑。

```
01  var express = require('express');
02  var router = express.Router();
03  //引入处理逻辑的 JavaScript 文件（注意是否有路由用到其他文件，这里只展示本小节使
        用的文件，如果要使用其他文件均需要引入）
04  var {getUserInfo } = require('../controller/userNeedCheck')
05
06  //获取用户资料
07  router.get('/info/:username', getUserInfo);
08  module.exports = router;
```

接下来是逻辑处理部分，编写 controller 文件夹下的 userNeedCheck.js 文件，代码如下：

```
01  let redis = require("../util/redisDB")
02  const util = require('../util/common')
03  const crypto = require('crypto');
04  //获取用户资料，不包含密码
05  exports.getUserInfo = (req, res, next) => {
06
07      //获取用户资料存在两种情况，一种是自己的资料，一种是他人的资料
08      redis.get(req.headers.fapp + ":user:info:" + req.params.username).
        then((data) => {
09        if (data) {
10            if (req.params.username == req.username) {
11                //自己的资料
12                delete data.password
13            } else {
14                //他人的资料，通过 username 查找
15                delete data.phone
16                delete data.password
17            }
18            res.json(util.getReturnData(0, '', data))
19        } else {
20            res.json(util.getReturnData(1, '用户不存在'))
21        }
22      })
23  }
```

当用户请求该接口并且符合已经登录的 Token 时，获取该用户的信息。如果请求的是用户本人，会返回用户的电话（phone 字段）；如果请求的是他人信息，则没有 phone 字段，效果如图 8-19 所示。

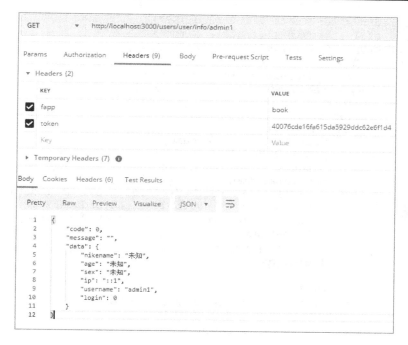

图 8-19 获取用户资料

8.3.4 修改用户资料的 API 开发

本小节实现的接口路由地址为 http://localhost:3000/users/user/changeInfo。也可以先编写 8.3.3 和 8.3.8 小节的 API，以提供数据源，使数据库中有了真实的数据后再返回来编写该内容。用户资料修改时，在 Redis 数据库中查找用户当前的 Token 值，找到符合的资料并将发送的数据和原本的数据进行整合，然后保存新数据，即修改成功。

首先编辑路由，该路由需要登录路由的验证，所以将代码编写在 router 文件夹的 userNeedCheck.js 文件中，从 controller 中引入 changeUserInfo 对象来执行处理逻辑。

```
01  var express = require('express');
02  var router = express.Router();
03  //引入处理逻辑的 JavaScript 文件（注意是否有路由用到其他文件，这里只展示本节使用
        的文件，如果要使用其他文件均需要引入）
04  var { changeUserInfo } = require('../controller/userNeedCheck')
05
06  //修改用户资料
07  router.post('/changeInfo', changeUserInfo);
08  module.exports = router;
```

接下来是逻辑处理部分，编写 controller 文件夹下的 userNeedCheck.js 文件，代码如下：

```
01  let redis = require("../util/redisDB")
02  const util = require('../util/common')
03  const crypto = require('crypto');
04  //修改用户资料
05  exports.changeUserInfo = (req, res, next) => {
06      let key = req.headers.fapp + ":user:info:" + req.username
07      redis.get(key).then((data) => {
08          if (data) {
09              let userData = {
10                  username: req.username,
11                  phone: 'phone' in req.body ? req.body.phone : data.phone,
12                  nikename: 'nikename' in req.body ? req.body.nikename :
                    data.nikename,
13                  age: 'age' in req.body ? req.body.age : data.age,
14                  sex: 'phone' in req.body ? req.body.sex : data.sex,
15                  password: 'password' in req.body ? req.body.password :
                    data.password,
16                  //用户是否被封停
17                  login: data.login
18              }
19              redis.set(key, userData)
20              res.json(util.getReturnData(0, '修改成功'))
21          } else {
22              res.json(util.getReturnData(1, '修改失败'))
23          }
24      })
25  }
```

当用户请求该接口并且符合已经登录的 Token 时，修改用户资料并返回修改成功的提示，效果如图 8-20 所示。

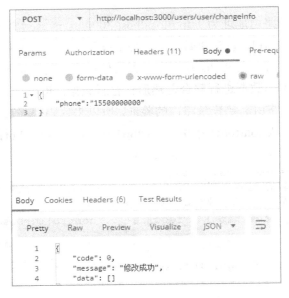

图 8-20　修改用户资料

8.3.5　发送私信的 API 开发

本小节实现的接口路由地址为 http://localhost:3000/users/user/mail/:username。也可以先编写 8.3.8 小节的 API，以提供用户注册的数据源，使数据库中有了真实的数据后，再返回来编写相应数据获取的业务逻辑代码。本小节中发送私信的 API 虽然在路径中传递参数，但其本身还传递其他数据，所以使用 POST 方式传输数据。返回格式如下：

```
{
    "text": "这是发送的内容"
}
```

首先编辑路由，该路由需要登录路由的验证，所以在 router 文件夹的 userNeedCheck.js 文件中编写代码，从 controller 中引入 sendMail 对象来执行处理逻辑。

```
01  var express = require('express');
02  var router = express.Router();
03  //引入处理逻辑的 JavaScript 文件（注意是否有路由用到其他文件，这里只展示本小节使
        用的文件，如果要使用其他文件均需要引入）
04  var { sendMail } = require('../controller/userNeedCheck')
05
06  //发送私信
07  router.post('/mail/:username', sendMail)
08  module.exports = router;
```

接下来是逻辑处理部分，所有的私信内容采用两种保存办法：

- 对话的保存使用自增的 key 键值 book:mail:mail_id，保存的是二者的对话内容。
- 采用 book:user:username:mail 将上述键值的唯一 ID 保存在 JSON 字符串中，这样每一个用户的对话就产生了联系。

注意：通过 book:user:username:mail 键值保存私信的唯一 ID 时需要保存两份，一份是发送者，另一份是接收者。

编写 controller 文件夹下的 userNeedCheck.js 文件，代码如下：

```
01  //发送私信
02  exports.sendMail = (req, res, next) => {
03      let checkKey = req.headers.fapp + ":user:info:" + req.params.
            username
04      //验证用户是否存在
05      redis.get(checkKey).then((user) => {
06          console.log(checkKey)
07          console.log(user)
08          if (user && req.body.text) {
09              let userKey1 = req.headers.fapp + ':user:' + req.username +
                    ':mail'
10              let userKey2 = req.headers.fapp + ':user:' + req.params.
                    username + ':mail'
```

```
11          let mailKey = req.headers.fapp + ':mail:'
12          //保证两个用户之间只可能出现一次对话
13          redis.get(userKey1).then((mail) => {
14              if (!mail) mail = []
15              let has = false
16              for (let i = 0; i < mail.length; i++) {
17                  if (mail[i].users.indexOf(req.params.username) > -1) {
18                      has = true
19                      //对话已经存在，直接写
20                      mailKey = mailKey + mail[i].m_id
21                      redis.get(mailKey).then((mailData = []) => {
22                          mailData.push({text: req.body.text, time: Date.
                            now(), read: []})
23                          redis.set(mailKey, mailData)
24                          res.json(util.getReturnData(0, '发送私信成功'))
25                          next()
26                      })
27                  }
28              }
29              if (!has) {
30                  //新对话，需获取唯一 ID
31                  redis.incr(mailKey).then((m_id) => {
32                      mailKey = mailKey + m_id
33                      redis.set(mailKey, [{text: req.body.text, time:
                        Date.now(), read: []}])
34                      //更新用户的私信列表数据库
35                      console.log({users: [req.params.username]})
36                      mail.push({m_id: m_id, users: [req.username,
                        req.params.username]})
37                      redis.set(userKey1, mail)
38                      //写第二个用户
39                      redis.get(userKey2).then((mail2) => {
40                          if (!mail2) mail2 = []
41                          mail2.push({m_id: m_id, users: [req.username,
                            req.params.username]})
42                          redis.set(userKey2, mail2)
43                          res.json(util.getReturnData(0, '发送新私信成功'))
44                      })
45                  })
46              }
47          })
48
49      } else {
50          res.json(util.getReturnData(1, '用户不存在，发送失败'))
51      }
52  })
53 }
```

当发送一条私信时，会更新上述代码中的 3 个对象，同时为该对话增加一个状态量 read。如果对应的状态量为空即"[]"，表示未读；如果为两个 username，表示已读。该状态量会在用户获取具体私信时变更。

本例接口请求效果如图 8-21 所示。

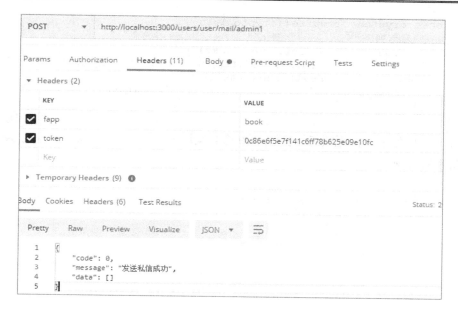

图 8-21　用户发送私信

8.3.6　获取私信列表的 API 开发

本小节实现的接口路由地址为 http://localhost:3000/users/user/mailsGet。也可以先编写 8.3.8 小节的 API，以提供已经发送的私信数据源，使数据库中有了真实的数据后，再返回来编写相应数据获取的业务逻辑代码。本小节获取的数据只需要是私信列表即可，不需要具体的内容。通过该用户的用户名可以获取该用户和其他用户的私信记录。记录中包含聊天的双方，所以无须请求私信内容即可完成接口。

首先编辑路由，该路由需要登录路由的验证，所以在 router 文件夹的 userNeedCheck.js 文件中编写代码，从 controller 中引入 getMails 对象来执行处理逻辑。

```
01  var express = require('express');
02  var router = express.Router();
03  //引入处理逻辑的 JavaScript 文件（注意是否有路由用到其他文件，这里只展示本小节使
        用的文件，如果要使用其他文件均需要引入）
04  var { getMails } = require('../controller/userNeedCheck')
05
06  //获取私信列表
07  router.get('/mailsGet', getMails)
08  module.exports = router;
```

接下来是逻辑处理部分，编写 controller 文件夹下的 userNeedCheck.js 文件，代码如下：

```
01  let redis = require("../util/redisDB")
02  const util = require('../util/common')
```

```
03   const crypto = require('crypto');
04   //获取私信列表
05   exports.getMails = (req, res, next) => {
06      let userKey1 = req.headers.fapp + ':user:' + req.username + ':mail'
07      redis.get(userKey1).then((mail) => {
08          res.json(util.getReturnData(0, '', mail))
09      })
10   }
```

当用户请求该接口时，无须任何参数，系统会自动通过中间件获取 Token 对应的 username，效果如图 8-22 所示。

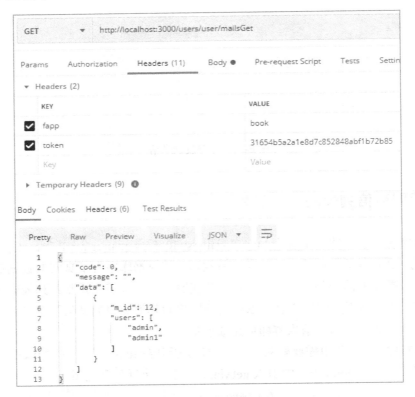

图 8-22　用户获取私信列表

8.3.7　获取私信的 API 开发

本小节实现的接口路由地址是 http://localhost:3000/users/user/mailGetter/:id。本小节通过获取用户私信接口来获取具体的私信内容。需要注意的是，该接口除了返回对应的对话以外，还会返回对方的 username，方便再次发送私信。

首先编辑路由，该路由需要登录路由的验证，所以在 router 文件夹的 userNeedCheck.js

文件中编写代码，从 controller 中引入 getUserMail 对象来执行处理逻辑。

```
01  var express = require('express');
02  var router = express.Router();
03  //引入处理逻辑的 JavaScript 文件（注意是否有路由用到其他文件，这里只展示本小节使
       用的文件，如果要使用其他文件均需要引入）
04  var { getUserMail } = require('../controller/userNeedCheck')
05
06  //根据私信 ID 获取私信详情
07  router.get('/mailsGet/:id', getUserMail)
08  module.exports = router;
```

接下来是逻辑处理部分，在 controller 文件夹的 userNeedCheck.js 文件中编写代码。需要注意的是，该用户只是通过 ID 获取私信内容，因此必须要验证其是否为该私信的所有者后才能显示。

如果是第一次请求获取该私信，则需要为私信最后一条内容的 read 属性增加一个当前用户的用户名，表示当前用户已读，代码如下：

```
01  let redis = require("../util/redisDB")
02  const util = require('../util/common')
03  const crypto = require('crypto');
04  //获取私信内容
05  exports.getUserMail = (req, res, next) => {
06      let userKey1 = req.headers.fapp + ':user:' + req.username + ':mail'
07      let rData = {}
08      redis.get(userKey1).then((mail) => {
09          if (!mail) res.json(util.getReturnData(0, '', []))
10          let has = false
11          //获取内容
12          for (let i = 0; i < mail.length; i++) {
13              if (mail[i].m_id == req.params.id) {
14                  has = true
15                  //删除自己的数据
16                  mail[i].users.splice(mail[i].users.indexOf(req.username), 1)
17                  rData.toUser = mail[i].users[0]
18                  let key = req.headers.fapp + ':mail:' + req.params.id
19                  redis.get(key).then((data) => {
20                      //将自己的 username 写入 read 属性，代表已读
21                      console.log(data)
22
23                      if (data[data.length-1].read.indexOf(req.username) < 0) {
24                          data[data.length-1].read.push(req.username)
25                      }
26                      //构造返回内容
27                      rData.mail = data
28                      redis.set(key, data)
29                      res.json(util.getReturnData(0, '', rData))
30                      next()
31                  })
32                  break;
33              }
34          }
```

```
35          if (!has) {
36              res.json(util.getReturnData(1, '请求错误'))
37          }
38      })
39  }
```

当用户请求获取私信接口且符合已经登录的 Token，同时该私信还是用户发起或参与的，则获取的私信内容如图 8-23 所示。

图 8-23　获取用户私信

8.3.8　用户注册的 API 开发

本小节实现的接口路由地址为 http://localhost:3000/users/register。用户注册是最重要的一个接口，也是用户模块的基本功能之一，如果用户注册都无法完成，则后续的用户登录模块无疑是不可用的。

　　注册接口采用 POST 请求方式，将所有的用户资料保存在数据库中，用户的名称是唯一 ID（虽然这并非是最好的方式），键值是 book:user:info:username，其中保存着用户的所有资料。

　　首先编辑路由文件 routes/users.js，增加注册用户路由，并且引入处理逻辑的 userRegister 对象。代码如下：

```
01  var express = require('express');
02  var router = express.Router();
03  //引入处理逻辑的 JavaScript 文件（注意是否有路由用到其他文件，这里只展示本小节使
        用的文件，如果要使用其他文件均需要引入）
04  var {userLogin, userRegister} = require('../controller/user')
05  var {checkUser} = require('../util/middleware')
06  /* GET users listing. */
07  router.post('/register', userRegister);
08
09  module.exports = router;
```

　　接着编写相关的用户注册逻辑，其实非常简单，只需要验证用户是否存在。如果存在，则不允许注册；如果不存在，则直接保存。完整的 controller/user.js 注册代码如下：

```
01  //用户注册 API
02  exports.userRegister = (req, res, next) => {
03      //获取用户名、密码和其他资料
04      let username = req.body.username
05      let password = req.body.password
06      let ip = req.ip
07      if (username || password) {
08          let key = 'book:user:info:' + username
09          redis.get(key).then((user) => {
10              if (user) {
11                  res.json(res.json(util.getReturnData(1, '用户已经存在')))
12              } else {
13                  let userData = {
14                      phone: 'phone' in req.body ? req.body.phone : '未知',
15                      nikename: 'nikename' in req.body ? req.body.nikename :
                          '未知',
16                      age: 'age' in req.body ? req.body.age : '未知',
17                      sex: 'phone' in req.body ? req.body.sex : '未知',
18                      ip: ip,
19                      username: username,
20                      password: password,
21                      //用户是否被封停
22                      login: 0
23                  }
24                  //存储数据，注册成功
25                  redis.set(key, userData)
26                  res.json(res.json(util.getReturnData(0, '注册成功，请登录')))
27              }
28          })
29
30      } else {
```

```
31              res.json(res.json(util.getReturnData(1, '资料不完整')))
32          }
33      }
```

在输入所有需要输入的内容后注册成功；如果是二次注册，则提示注册失败，如图 8-24 所示。

图 8-24　用户注册

8.3.9　用户登录的 API 开发

本小节实现的接口路由地址为 http://localhost:3000/users/login。和注册接口对应的就是登录接口，该接口的逻辑处理非常简单，使用 POST 发送相关用户名和密码请求在 Redis 中进行验证。如果符合，则用户登录成功；如果不符合，则登录失败，返回相关的提示。

登录成功后，生成一个具备有效期的用户 Token，代码有效期设置为 1000s，通过设置 Redis 的 key 有效期进行控制。判断用户权限时，如果有效期到期，则阻止用户的下一步操作。

🔔注意：这种设置有效期的方式非常"简单""粗暴"，在实际使用场景中，可能需要记录和判断用户每次的登录操作，但并不删除数据。对一些需要长时间登录的系统，直接设置过期时间是不合理的，应当根据用户的操作判定用户是否退出。如果长时间没有任何请求，则认为用户已退出。

首先在 users.js 文件中定义路由并引入处理逻辑，代码如下：

```
01  var express = require('express');
02  var router = express.Router();
03  //引入处理逻辑的 JavaScript 文件（注意是否有路由用到其他文件，这里只展示本小节使
        用的文件，如果要使用其他文件均需要引入）
04  var {userLogin} = require('../controller/user')
05  var {checkUser} = require('../util/middleware')
06  /* GET users listing. */
07  router.post('/login', userLogin);
08
09  module.exports = router;
```

接着编写 controller/user.js 文件中的逻辑处理部分，生成用户的 Token 采用较为简单的方式：以字符串形式连接用户名称和当前的时间戳，再通过 MD5 算法获取最终的 Token 值。代码如下：

```
01  let redis = require("../util/redisDB")
02  const util = require('../util/common')
03  const crypto = require('crypto');
04  //用户登录 API
05  exports.userLogin = (req, res, next) => {
06      //获取用户名和密码
07      let username = req.body.username
08      let password = req.body.password
09      redis.get(req.headers.fapp + ":user:info:" + username).then((data) => {
10          if (data) {
11              if (data.login == 0) {
12                  if (data.password != password) {
13                      res.json(util.getReturnData(1, '用户名或者密码错误'))
14                  } else {
15                      //生成简单的 Token，根据用户名和当前时间戳直接生成 MD5 值
16                      let token = crypto.createHash('md5').update
                          (Date.now() + username).digest("hex")
17                      let tokenKey = req.headers.fapp + ":user:token:" +
                          token
18                      //为了方便查找，将 user 的资料存放在以该 Token 为键的 k-v 对象中
19                      delete data.password
20                      //写入数据库，并且设置其过期时间
21                      redis.set(tokenKey, data)
22                      //设置 1000s 过期
23                      redis.expire(tokenKey, 1000)
24                      res.json(util.getReturnData(0, '登录成功', {token:
                          token}))
25                  }
26              } else {
27                  res.json(util.getReturnData(1, '用户被封停'))
28              }
```

```
29
30             } else {
31                 res.json(util.getReturnData(1, '用户名或者密码错误'))
32             }
33     })
34 }
```

发送正确的用户名和密码，可以获取用户的 Token。需要注意的是，如果用户多次登录，上一次的登录并不会从数据库中删除，该 Token 的存在会一直持续到其时间到期为止，这样的处理方式保证了用户可以多点登录而不受影响。

本例接口返回的数据如图 8-25 所示。

图 8-25　登录成功

🔔 注意：如果用户要求单点登录，第二次登录时可以清除之前所有的 Token。

所有用户的登录权限验证，需要采用中间件的形式判断该 Token 是否仍旧有效。编辑 middleware.js 文件中的代码，检测 Redis 中保存的数据，为了方便使用，将用户的 id 字段附带到 req 中。

更改后的 middleware.js 文件代码如下：

```
01 exports.checkUser = (req, res, next) => {
02     console.log("检测用户登录情况")
03     if ('token' in req.headers) {
04         let key = req.headers.fapp + ":user:token:" + req.headers.token
```

```
05              redis.get(key).then((data) => {
06                  if (data) {
07                      //保存用户名称
08                      req.username = data.username
09                      next()
10                  } else {
11                      //key 值错误或登录过期已经被删除
12                      res.json(util.getReturnData(403,"登录已过期,请重新登录"))
13                  }
14              })
15          } else {
16              res.json(util.getReturnData(403, "请登录"))
17          }
18  }
```

结果如图 8-26 所示，这样就可以验证 Token 的内容，如果符合才执行下一步，否则会返回并提示重新登录。

图 8-26　Token 过期

8.3.10　文章分类列表的 API 开发

本小节实现的接口路由地址为 http://localhost:3000/users/user/articleType。也可以先编写 8.4.3 节的 API，以提供文章分类详情的数据源，使数据库中有了真实的数据后，再返回来编写该内容。其实分类列表的获取非常简单，只需要读取 Redis 中存储的 book:a_type

键值即可。

首先编辑路由，该路由需要登录路由的验证，所以在 router 文件夹的 userNeedCheck.js 文件中编写代码，从 controller 中引入 getArticleType 对象来执行处理逻辑。代码如下：

```
01  var express = require('express');
02  var router = express.Router();
03  //引入处理逻辑的 JavaScript 文件 (注意是否有路由用到其他文件, 这里只展示本小节使
        用的文件, 如果要使用其他文件均需要引入)
04  var { getArticleType } = require('../controller/userNeedCheck')
05
06  //获取所有文章分类
07  router.get('/ getArticleType ', getArticleType);
08  module.exports = router;
```

接下来是逻辑处理部分，编写 controller 文件夹下的 userNeedCheck.js 文件，代码如下：

```
01  let redis = require("../util/redisDB")
02  const util = require('../util/common')
03  const crypto = require('crypto');
04  //获取所有文章分类
05  exports.getArticleType = (req, res, next) => {
06      redis.get("book:a_type").then((data) => {
07          res.json(util.getReturnData(0, '', data))
08      })
09  }
```

当用户请求该接口并且符合已经登录的 Token 时，将获取所有的文章分类并以数组的方式返回，其中包含类型的唯一 ID 和分类的名称，效果如图 8-27 所示。

图 8-27　获取文章分类列表

8.3.11　文章"点赞"和"踩"功能的 API 开发

本小节实现的接口路由地址为 http://localhost:3000/ users/user/like/:id/:like。也可以先编写 8.4.1 小节的 API，以提供文章添加的数据源，使数据库中有了真实的数据后，再返回来编写该接口内容。本例规则很简单，采用一个数值代表"点赞"和"踩"功能，不规定一人可以单击几次。每次请求该接口需要传递两个参数：一个是文章的 ID，另一个是"点赞"或"踩"。这里规定传递的第 2 个参数 like 如果为 0，则代表"踩"（a_like-1）；如果大于 0，则代表"点赞"（a_like+1）。

注意：如果要限制用户点赞或踩的次数，重新使用一个键-值对或 hash 记录该文章的 id 与用户的 username 即可。

首先编辑路由，该路由需要登录路由的验证，所以在 router 文件夹的 userNeedCheck.js 文件中编写代码，从 controller 中引入 articleLike 对象来执行处理逻辑。

```
01  var express = require('express');
02  var router = express.Router();
03  //引入处理逻辑的 JavaScript 文件（注意是否有路由用到其他文件，这里只展示本小节使
        用的文件，如果要使用其他文件均需要引入）
04  var { articleLike } = require('../controller/userNeedCheck')
05
06  //文章点赞和踩
07  router.get('/like/:id/:like', articleLike)
08  module.exports = router;
```

接下来是逻辑处理部分，在 controller 文件夹的 userNeedCheck.js 文件中编写代码如下：

```
01  let redis = require("../util/redisDB")
02  const util = require('../util/common')
03  const crypto = require('crypto');
04  //文章"点赞"或"踩"
05  exports.articleLike = (req, res, next) => {
06    let member = req.headers.fapp + ":article:" + req.params.id
07    let like = req.params.like
08    if (like == 0) {
09      //自减操作
10      redis.zincrby(req.headers.fapp + ":a_like", member, -1)
11    } else {
12      //自增操作
13      redis.zincrby(req.headers.fapp + ":a_like", member)
14    }
15    res.json(util.getReturnData(0, 'success'))
16  }
```

用户请求该接口时，如果已经登录，则根据路径中携带的文章信息和点赞（踩）标识执行"点赞"或"踩"操作，通过数据库的自增和自减来实现，效果如图 8-28 所示。

图 8-28　文章的"点赞"和"踩"功能

8.3.12　文章收藏功能的 API 开发

本小节实现的接口路由地址为 http://localhost:3000/users/user/save/:id。文章收藏接口比较简单，使用一个和用户对应的键-值对直接保存即可。首先编辑路由，该路由需要登录路由的验证，在 router 文件夹的 userNeedCheck.js 文件中编写代码如下：

```
01  var express = require('express');
02  var router = express.Router();
03  //引入处理逻辑的 JavaScript 文件（注意是否有路由用到其他文件，这里只展示本小节使
        用的文件，如果要使用其他文件均需要引入）
04  var { articleCollection } = require('../controller/userNeedCheck')
05
06  //文章收藏
07  router.get('/save/:id', articleCollection)
08  module.exports = router;
```

接下来是逻辑处理部分，在 controller 文件夹的 userNeedCheck.js 文件中编辑代码如下：

```
01  let redis = require("../util/redisDB")
02  const util = require('../util/common')
03  const crypto = require('crypto');
```

```
04    //文章收藏
05    exports.articleCollection = (req, res, next) => {
06        let key = req.headers.fapp + ":user:" + req.username + ":collection"
07        //获取参数
08        let a_key = req.headers.fapp + ":article:" + req.params.id
09        redis.get(a_key).then((data) => {
10            if(data){
11                //获取原本存在于数据库中的用户数据
12                redis.get(key).then((tData) => {
13                    if (!tData) tData = []
14                    tData.push({time: Date.now(), a_id: req.params.id,
                    title: data.title})
15                    redis.set(key, tData)
16                    res.json(util.getReturnData(0, 'success'))
17                })
18            }else{
19                res.json(util.getReturnData(1, '文章不存在'))
20            }
21        })
22    }
```

当用户通过文章收藏接口收藏文章时，首先会检测文章是否存在，如果不存在则收藏失败。成功收藏的效果如图 8-29 所示。

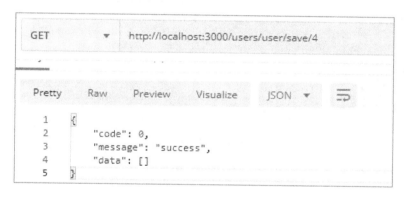

图 8-29 收藏文章

8.3.13 获取收藏文章列表的 API 开发

本小节实现的接口路由地址为 http://localhost:3000/users/user/saveList。通过获取文章收藏列表接口可以获取 username 和相应的数据并返回给用户端。首先编辑路由，该路由需要登录路由的验证，在 router 文件夹的 userNeedCheck.js 文件中编写代码如下：

```
01    var express = require('express');
02    var router = express.Router();
03    //引入处理逻辑的 JavaScript 文件（注意是否有路由用到其他文件，这里只展示本小节使
```

```
       用的文件, 如果要使用其他文件均需要引入)
04  var { getCollection } = require('../controller/userNeedCheck')
05
06  //获取收藏列表
07  router.get('/saveList', getCollection)
08  module.exports = router;
```

接下来是逻辑处理部分，在controller文件夹的userNeedCheck.js文件中编写代码如下：

```
01  let redis = require("../util/redisDB")
02  const util = require('../util/common')
03  const crypto = require('crypto');
04  //获取收藏地址
05  exports.getCollection = (req, res, next) => {
06    let key = req.headers.fapp + ":user:" + req.username + ":collection"
07    redis.get(key).then((data) => {
08      res.json(util.getReturnData(0, '', data))
09    })
10  }
```

当用户请求该接口时，效果如图 8-30 所示。

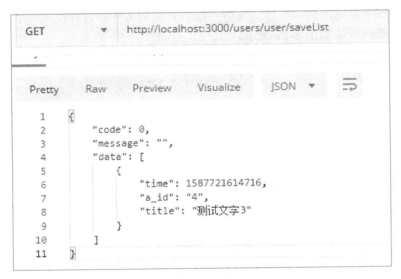

图 8-30　获取用户收藏列表

8.4　后台管理相关 API 开发

本节开发与管理员相关的 API，管理员比普通用户增加了文章管理和人员管理等权限。管理员通过与 users 相关的路由登录或获取某些内容，不同的是这里需要增加一个新的中间件，命名为 checkAdmin，这里仅指定 admin 为唯一的管理员用户，代码如下：

```
01   //检测是否是管理员
02   exports.checkAdmin = (req, res, next) => {
03       console.log("检测管理员用户")
04       if (req.username == 'admin') {
05           //如果是管理员，则在 Redis 中增加一个 power
06           let key = req.headers.fapp + ":user:power:" + req.headers.token
07           redis.set(key, 'admin')
08           next()
09       } else {
10           res.json(util.getReturnData(403, "权限不足"))
11       }
12   }
```

在 **app.js** 文件中定义 admin 路由，引入路由文件和上述中间件，代码如下：

```
var express = require('express');
var path = require('path');
var cookieParser = require('cookie-parser');
var logger = require('morgan');
var {checkAPP, checkAdmin, checkUser } = require('./util/middleware')
//增加管理员路由
var adminRouter = require('./routes/admin');
......
app.use('/', checkAPP, indexRouter);
app.use('/users', checkAPP, usersRouter);
app.use('/admin', [checkAPP, checkUser, checkAdmin], adminRouter);
```

同之前的代码习惯一致，在 controller 文件夹中创建 admin.js 文件用于在其中编写逻辑代码，所有的路由都定义在 router/admin.js 文件中。

8.4.1　文章添加和修改的 API 开发

本小节实现的是文章添加和修改接口，路由地址为 http://localhost:3000/admin/setArticle。该接口采用 POST 请求方式，需要发送文章的标题、作者、分类和小标签等内容，基本数据格式如下：

```
{
    "article": {
        "title": "测试文字",
        "writer": "admin",
        "text": "这是一篇测试文字，用于测试。",
        "type": 1,
        "tag": ["js", "node"]
    }
}
```

为了方便查找，要优化文章存储的键值，笔者使用 3 个有序集合，分别存储文章的阅读量、文章的发布日期和文章的点赞量数据。每篇文章都有一个 uid，这是文章唯一的标识符，上述有序集合存放的内容就是这些文章的 uid。

我们采用 JSON 字符串存储文章内容和相关的作者和时间等信息。如果发送的数据中包含 a_id，则表示修改文章，不是发布新文章，此时直接更新；如果没有包含 a_id，则首先通过 Redis 中的 incr()方法获取 ID，然后执行相关操作。

首先需要在 admin.js 文件中添加相应的路由，代码如下：

```
var express = require('express');
var router = express.Router();
//引入处理逻辑的 JavaScript 文件（注意是否有路由用到其他文件，这里只展示本小节使用的
    文件，如果要使用其他文件均需要引入）
var { setArticle} = require('../controller/admin')

......
//发布文章
router.post('/setArticle',setArticle)
module.exports = router;
```

接着在 controller/admin.js 文件中编写相应的逻辑代码。需要注意的是，前端传递的 JSON 串并不包含某些需要用到的值，如新文章的时间戳、观看数 0 和点赞数 0。这 3 个值需要在 Redis 中建立有序集合，只有通过有序集合才可以对数据排序。有序集合分别命名为 book:a_time、book:a_view 和 book:a_like。

此外还应当生成一个 show 字段，用来管理文章的上线（发布）和下线（删除）功能，初始化为 0，不显示在主页上。

本例的 API 还涉及文章的分类（book:a_type:type_id）和小标签（book:tag:md5 加密后的标签名称）功能，读者可以仔细阅读代码。文章添加修改的完整代码如下：

注意：8.4.3 节会介绍如何进行文章的分类。

```
01  //添加文章
02  exports.setArticle = (req, res, next) => {
03      //获取传递的值
04      let data = req.body.article
05      //任何修改或新上线的文章都不显示
06      data.show = 0
07      console.log(data)
08      let key = ''
09      if ('a_id' in req.body.article) {
10          key = req.headers.fapp + ":article:" + req.body.article.a_id
11          //存储
12          redis.set(key, data)
13          res.json(util.getReturnData(0, '修改成功'))
14      } else {
```

```
15          //新文章需要初始化点赞数 0、观看数 0 和时间戳
16          data.time = Date.now()
17          key = req.headers.fapp + ":article:"
18          redis.incr(key).then((id) => {
19              //方便取用
20              data.a_id = id
21              key = key + id
22              //存储文章
23              redis.set(key, data)
24              //存储分类及小标签
25              let a_type = data.type
26              //获取
27              redis.get(req.headers.fapp + ":a_type:" + a_type).then
                ((data1) => {
28                  if (!data1) {
29                      data1 = []
30                  }
31                  //数组对象
32                  data1.push(key)
33                  //再次存储
34                  redis.set(req.headers.fapp + ":a_type:" + a_type, data1)
35              })
36              //小标签需要循环操作
37              let tags = data.tag
38              tags.map((item) => {
39                  let tKeyMd5 = crypto.createHash('md5').update(item).
                    digest("hex")
40                  console.log(tKeyMd5)
41                  redis.get(req.headers.fapp + ':tag:' + tKeyMd5).then
                    ((data1) => {
42                      if (!data1) {
43                          data1 = []
44                      }
45                      data1.push(key)
46                      //再次存储
47                      redis.set(req.headers.fapp + ":tag:" + tKeyMd5, data1)
48                  })
49              })

51              //新文章需要建立新的有序集合: 点赞数 0、观看数 0 和时间戳
52              redis.zadd(req.headers.fapp + ':a_time', key, Date.now())
53              redis.zadd(req.headers.fapp + ':a_view', key, 0)
54              redis.zadd(req.headers.fapp + ':a_like', key, 0)
55              res.json(util.getReturnData(0, '新建文章成功'))
56          })
57
58  }
```

```
59  }
```

上述代码使用 MD5 算法生成小标签的 key 键，也可以使用 Base64 编码或文字编码等其他方式生成。

使用 Postman 测试 API，效果如图 8-31 所示。当发送一个不存在的 a_id 请求时，会返回"新建文章成功"；如果包含 a_id 则显示"修改成功"。

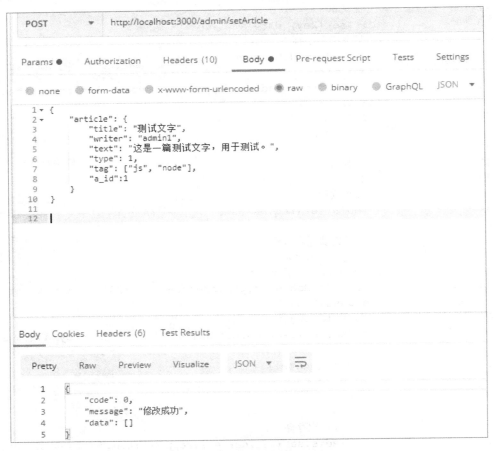

图 8-31　文章的添加和修改

8.4.2　文章发布和删除的 API 开发

本小节实现的是文章发布和删除（下线）的接口，路由地址为 http://localhost:3000/admin/showArticle。该接口只需要更改文章的 show 字段即可。为了统一请求方式，该接口使用 POST 方式请求数据，其实在 RESTful 风格的路由请求中，应当使用 PUT 方式。

此时是在已知文章对应 a_id 的情况下，所以只需获取当前文章的状态，并将该状态转换为对应的状态即可。

首先在 admin.js 文件中添加相应的路由，代码如下：

```
var express = require('express');
var router = express.Router();
//引入处理逻辑的 JavaScript 文件（注意是否有路由用到其他文件，这里只展示本小节使用的
  文件，如果要使用其他文件均需要引入）
var { showArticle} = require('../controller/admin')

......
//文章的发布和删除
router.post('/showArticle',showArticle)
module.exports = router;
```

文章的发布和删除接口只需要把文章对应的 JSON 字符串更改后再保存即可，其中 controller/admin.js 文件中的代码如下：

```
01    //文章的发布和删除
02    exports.showArticle = (req, res, next) => {
03        //获取传递的值
04        let key = req.headers.fapp + ":article:" + req.body.a_id
05        redis.get(key).then((data) => {
06            if (!data) res.json(util.getReturnData(404, "没有该文章"))
07            //修改显示
08            if (data.show == 1) {
09                data.show = 0
10            } else {
11                data.show = 1
12            }
13            redis.set(key, data)
14        })
15        res.json(util.getReturnData(0, "文章修改成功"))
16    }
```

通过 Postman 插件发送相关的 a_id 字段，可以发现，Redis 中的数据会自动更改，如图 8-32 所示。

"{\"title\":\"\xe6\xb5\x8b\xe8\xaf\x95\xe6\x96\x87\xe5\xad\x97\", \"writer\":\"admin1\", \"text\":\"\xe8\xbf\x99\xe6\x98\xaf\xe4\xb8\x80\xe7\xaf\x87\xe6\xb5\x8b\xe8\xaf\x95\xe6\x96\x87\xe5\xad\x97\xef\xbc\x8c\xe7\x94\xa8\xe4\xba\x8e\xe6\xb5\x8b\xe8\xaf\x95\xe3\x80\x82\", \"type\":1, \"tag\":[\"js\", \"node\"], \"a_id\":1, \"show\":0}"
127.0.0.1:6379> get book:article:1
"{\"title\":\"\xe6\xb5\x8b\xe8\xaf\x95\xe6\x96\x87\xe5\xad\x97\", \"writer\":\"admin1\", \"text\":\"\xe8\xbf\x99\xe6\x98\xaf\xe4\xb8\x80\xe7\xaf\x87\xe6\xb5\x8b\xe8\xaf\x95\xe6\x96\x87\xe5\xad\x97\xef\xbc\x8c\xe7\x94\xa8\xe4\xba\x8e\xe6\xb5\x8b\xe8\xaf\x95\xe3\x80\x82\", \"type\":1, \"tag\":[\"js\", \"node\"], \"a_id\":1, \"show\":1}"
127.0.0.1:6379> get book:article:1
"{\"title\":\"\xe6\xb5\x8b\xe8\xaf\x95\xe6\x96\x87\xe5\xad\x97\", \"writer\":\"admin1\", \"text\":\"\xe8\xbf\x99\xe6\x98\xaf\xe4\xb8\x80\xe7\xaf\x87\xe6\xb5\x8b\xe8\xaf\x95\xe6\x96\x87\xe5\xad\x97\xef\xbc\x8c\xe7\x94\xa8\xe4\xba\x8e\xe6\xb5\x8b\xe8\xaf\x95\xe3\x80\x82\", \"type\":1, \"tag\":[\"js\", \"node\"], \"a_id\":1, \"show\":0}"

图 8-32　改变文章状态

8.4.3　添加和修改分类的 API 开发

本小节实现的是添加和修改分类的接口，路由地址为 http://localhost:3000/admin/setArticleType。该接口使用 POST 方式传递参数，参数是 JSON 字符串，包含全部的分类和分类的唯一 ID。每个唯一 ID 又包含一个 JSON 字符串对象，保存着符合该分类文章的唯一 ID。添加文章时会修改该 ID 对应的内容，这样就保证了文章和分类对应。

如下方结构所示，简化代码的同时考虑到分类不会很多，所以唯一 ID 不是自增形式，而是人工传入 ID 的形式。

```
{
    "type": [{
        "uid":1,
        "name":"分类 1"
    },{
        "uid":2,
        "name":"分类 2"
    }]
}
```

首先在 admin.js 文件中添加相应的路由，代码如下：

```
var express = require('express');
var router = express.Router();
//引入处理逻辑的 JavaScript 文件（注意是否有路由用到其他文件，这里只展示本小节使用的
   文件，如果要使用其他文件均需要引入）
var { setArticleType} = require('../controller/admin')

……
//分类的发布
router.post('/setArticleType',setArticleType)
module.exports = router;
```

文章的分类需要一个键-值对来存储所有的类型，通过循环判定指定的 ID 是否已存在于分类中。如果存在则不插入或不更新；如果不存在，则执行 set 命令。完整的代码如下：

```
01    //发布分类
02    exports.setArticleType = (req, res, next) => {
03        //获取传递的值
04        //应当确定的是 type 中对应的唯一 key 是不重复的
05        let data = req.body.type
06        console.log(data)
07        let key = req.headers.fapp + ':a_type'
08        //根据 key 直接更新内容
09        redis.set(key, data)
```

```
10        //循环整个传递的值，依次创建唯一 ID 对应的键-值对
11    data.map((item) => {
12        console.log(item.uid)
13        let tKey = req.headers.fapp + ':a_type:' + item.uid
14        redis.get(tKey).then((data1) => {
15            //不存在则添加
16            if (!data1) {
17                redis.set(tKey, {})
18            }
19        })
20    })
21    res.json(util.getReturnData(0,"创建分类成功"))
22
23 }
```

运行效果如图 8-33 所示，通过传递 POST 请求创建了两个相关的分类，在 Redis 中创建了 3 个键-值对。

图 8-33　添加和修改分类

8.4.4　获取全部用户列表的 API 开发

本小节实现的是获取全部用户列表的接口，路由地址为 http://localhost:3000/admin/getAllUser。该接口采用 GET 请求方式获取所有用户信息的 Key 值。当然，在实际的生产

环境中使用 keys 可能会导致一些严重后果，如 Redis 业务的挂起。也就是说，虽然 keys 命令非常快，但如果数据键值非常多，keys 命令无法迅速完成，则执行该命令的同时其他命令不会执行。

要解决这个问题，笔者推荐使用 scan 命令。scan 命令除了和 keys 一样支持模式匹配以外，还采用游标的方式获取数据，同时它还能实现数据的分页。

注意：scan 命令有可能出现重复的键值，此时使用 set()对象对获得的结果进行去重处理。

首先编写路由文件 admin.js，代码如下：

```
var express = require('express');
var router = express.Router();
//引入处理逻辑的 JavaScript 文件（注意是否有路由用到其他文件，这里只展示本小节使用的
  文件，如果要使用其他文件均需要引入）
var { getAllUser } = require('../controller/admin')

......

//获取所有的用户
router.get('/getAllUser', getAllUser)
module.exports = router;
```

接下来编写具体的用户逻辑代码，使用 scan()方法获取所有的用户键之后，为了方便显示，使用 map 循环获取该键值的详细资料，代码如下：

```
01    //获取全部用户
02    exports.getAllUser = (req, res, next) => {
03        //获取的用户 key 值的模式
04        let re = req.headers.fapp + ':user:info:*'
05        //注意这里使用的 scan()方法，这里可以传入游标和个数
06        redis.scan(re).then(async (data) => {
07            //这里通过循环获取用户的详细资料
08            let result = data[1].map((item) => {
09                //获取每个用户的 username
10                return redis.get(item).then((user) => {
11                    return {'username': user.username, 'login': user.login,
                    'ip': user.ip}
12                })
13            })
14            let t_data = await Promise.all(result)
15            res.json(util.getReturnData(0, "", t_data))
16        })
17    }
```

这样，请求该接口就能获取所有用户的资料和是否被封停的状态。需要注意的是，本

例因为数据较少，没有分页，获取分页的方法可以参考 util.redis.js 中 scan()的定义。本例的效果如图 8-34 所示。

图 8-34　获取所有用户

8.4.5　封停用户的 API 开发

本小节实现的是封停用户接口，路由地址为 http://localhost:3000/admin/stopLogin/:id'。通过该接口可以改变用户的 login 属性，本项目定义如果该属性为 0 则是正常状态，可以登录；如果属性为 1 则是封停状态。该接口需要传递一个 id 参数（封停用户的 username）。

首先定义路由，代码如下：

```
var express = require('express');
var router = express.Router();
//引入处理逻辑的 JavaScript 文件（注意是否有路由用到其他文件，这里只展示本小节使用的
   文件，如果要使用其他文件均需要引入）
var { stopLogin } = require('../controller/admin')

......

//用户封停操作
router.get('/stopLogin/:id', stopLogin)
module.exports = router;
```

在编写逻辑处理部分时，只需要获取用户的详细信息，修改其 login 状态即可，代码如下：

```
01   //封停用户
02   exports.stopLogin = (req, res, next) => {
03       //获取传递的值
04       let key = req.headers.fapp + ':user:info:' + req.params.id
05       redis.get(key).then((user) => {
06           if (user.login == 0) {
07               user.login = 1
08           } else {
09               user.login = 0
10           }
11           redis.set(key, user)
12           res.json(util.getReturnData(0, "用户修改成功"))
13       })
14   }
```

以上程序请求封停用户接口并将参数指定为 admin1，再通过 8.4.4 小节的接口获取用户的详细信息使 login 属性发生了变化，如图 8-35 所示。

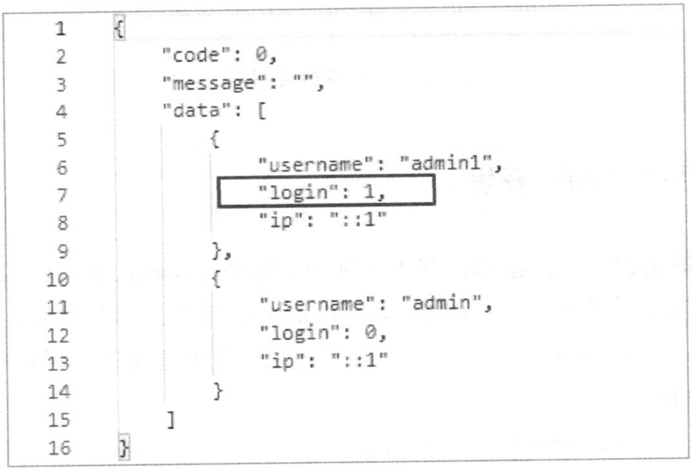

```
1    {
2        "code": 0,
3        "message": "",
4        "data": [
5            {
6                "username": "admin1",
7                "login": 1,
8                "ip": "::1"
9            },
10           {
11               "username": "admin",
12               "login": 0,
13               "ip": "::1"
14           }
15       ]
16   }
```

图 8-35　封停用户

8.4.6　修改首页轮播内容的 API 开发

本小节实现的是修改首页轮播内容的接口，路由地址是 http://localhost:3000/admin/setIndexPic。该接口需要使用 POST 方式传递参数，其本身存储一个 JSON 字符串。

首先在 admin.js 文件中添加相应的路由，代码如下：

```
var express = require('express');
var router = express.Router();
//引入处理逻辑的 JavaScript 文件（注意是否有路由用到其他文件，这里只展示本小节使用的
    文件，如果要使用其他文件均需要引入）
var { setIndexPic} = require('../controller/admin')

......
//修改首页轮播图片
router.post('/setIndexPic', setIndexPic)
module.exports = router;
```

接着在 controller/admin.js 文件中编写相应的逻辑处理代码，接口本身通过 JSON 对象
传输数据，所以只要获取该对象并以 book:indexPic 作为键，将其存放在 Redis 中即可。
完整的代码如下：

```
01   //设置首页轮播图片
02   exports.setIndexPic = (req, res, next) => {
03      let key = req.headers.fapp + ":indexPic"
04      //获取传递的值
05      let data = req.body.indexPic
06      console.log(data)
07      //存储
08      redis.set(key, data)
09      res.json(util.getReturnData(0, '修改成功'))
10   }
```

最终的运行效果如图 8-36 所示。

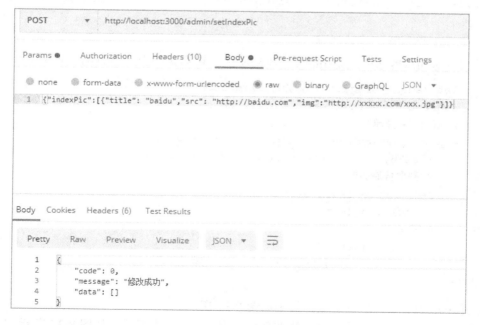

图 8-36　修改首页轮播

有一点需要注意，首页中的图片只能通过输入地址的方式进行存储，这对于一个接口来说已经足够。通过与图片上传这类接口的联动，图片上传完成后会自动返回服务器中保存图片的地址。读者可以将图片上传至自己的服务器中，或使用 CDN 等地址。

8.4.7　修改导航内容的 API 开发

本小节实现的是修改导航内容接口，路由地址为 http://localhost:3000/admin/changeNav。该接口需要使用 POST 方式传递参数。如果添加管理员首页的导航菜单，需要更改 Redis 中 book:nav_menu 键的值。在 Router 文件夹中的 admin.js 文件中创建新的路由，代码如下：

```
var express = require('express');
var router = express.Router();
//引入处理逻辑的 JavaScript 文件（注意是否有路由用到其他文件，这里只展示本小节使用的
   文件，如果要使用其他文件均需要引入）
var {setNavMenu} = require('../controller/admin')

……
//修改导航菜单
router.post('/changeNav', setNavMenu);
……
module.exports = router;
```

前端发送的内容原本就是 JSON 字符串格式，可直接保存，完整的代码如下：

```
01  let redis = require("../util/redisDB")
02  const util = require('../util/common')
03  //修改导航菜单
04  exports.setNavMenu = (req, res, next) => {
05      let key = req.headers.fapp + ":nav_menu"
06      //获取传递的值
07      let data = req.body.nav_menu
08      console.log(data)
09      //存储
10      redis.set(key, data)
11      res.json(util.getReturnData(0, '修改成功'))
12  }
```

使用 Postman 插件进行测试，效果如图 8-37 所示。

这样就成功修改了导航内容，修改后可以在 redis-cli 中查看，如图 8-38 所示。

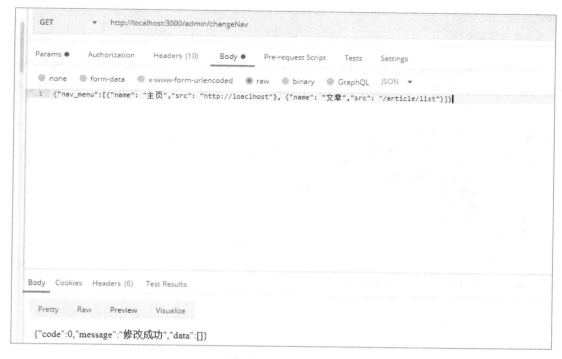

图 8-37　修改导航内容

```
127.0.0.1:6379> keys *
1) "book_nav_menu"
127.0.0.1:6379> get book_nav_menu
'\"[{'name': '\xe4\xb8\xbb\xe9\xa1\xb5','src': 'http://loaclhost'}, {'name': '\xe6\x96\x87\xe7\xab\xa0','src': '/art
icle/list'}]\"'
```

图 8-38　在 redis-cli 中查看

8.4.8　修改底部内容的 API 开发

本小节实现的是修改底部内容接口，路由地址为 http://localhost:3000/admin/setFooter。该接口需要使用 POST 方式传递参数，和之前修改导航内容的 API 一样，其本身存储一个 JSON 字符串。

首先在 admin.js 文件中添加相应的路由，代码如下：

```
var express = require('express');
var router = express.Router();
//引入处理逻辑的 JavaScript 文件（注意是否有路由用到其他文件，这里只展示本小节使用的
    文件，如果要使用其他文件均需要引入）
var {setFooter} = require('../controller/admin')

......
```

```
//底部内容修改
router.post('/setFooter', setFooter);
module.exports = router;
```

接着在 controller/admin.js 文件中编写相应的逻辑处理代码，接口本身也通过 JSON 对象传输数据，只需要获取对象并以 book:footer 作为键存放在 Redis 中即可。完整的代码如下：

```
01    //修改底部内容
02    exports.setFooter = (req, res, next) => {
03        let key = req.headers.fapp + ":footer"
04        //获取传递的值
05        let data = req.body.footer
06        console.log(data)
07        //存储
08        redis.set(key, data)
09        res.json(util.getReturnData(0, '修改成功'))
10    }
```

最终的运行效果如图 8-39 所示。

图 8-39　修改底部内容

8.4.9　修改友情链接内容的 API 开发

本小节实现的是修改友情链接内容的接口，路由地址为 http://localhost:3000/admin/setLinks。该接口需要使用 POST 方式传递参数，和之前修改导航内容的 API 一样，其本身存储一个 JSON 字符串。

首先在 admin.js 文件中添加相应的路由，代码如下：

```
var express = require('express');
var router = express.Router();
//引入处理逻辑的 JavaScript 文件（注意是否有路由用到其他文件，这里只展示本小节使用的
   文件，如果要使用其他文件均需要引入）
var { setLinks} = require('../controller/admin')

......
//友情链接
router.post('/setLinks', setLinks)
module.exports = router;
```

接着在 controller/admin.js 文件中编写相应的逻辑处理代码，接口本身通过 JSON 对象来传输数据，只需要获取该对象并以 book:footer 作为键存放在 Redis 中即可。完整的代码如下：

```
01    //修改友情链接
02    exports.setLinks = (req, res, next) => {
03        let key = req.headers.fapp + ":links"
04        //获取传递的值
05        let data = req.body.links
06        console.log(data)
07        //存储
08        redis.set(key, data)
09        res.json(util.getReturnData(0, '修改成功'))
10    }
```

最终的运行效果如图 8-40 所示。

图 8-40　修改友情链接

8.4.10 其他权限判断

除了上述已经完成的基本接口以外，在管理员权限出现之后，应当修改一些内容。例如，在获取所有文章列表的接口时应该进行权限判断，如果访问用户具有管理员权限时，不再显示没有上线的提示。修改后的 getData.js 文件代码如下：

```
01    //获取最新的文章列表
02    exports.getNewArticle = (req, res, next) => {
03        let key = req.headers.fapp + ":a_time"
04        let isAdmin = false
05        //获取数据
06        console.log(key)
07        //获取集合
08        //登录用户才判断
09        if ('token' in req.headers) {
10            //如果是管理员，则应当获得所有文章
11            let pKey = req.headers.fapp + ":user:power:" + req.headers.token
12            redis.get(pKey).then((power) => {
13                //管理员权限
14                if (power == 'admin') {
15                    redis.zrevrange(key, 0, -1).then(async (data) => {
16                        let result = data.map((item) => {
17                            //获取每篇文章的题目、ID 及日期
18                            return redis.get(item.member).then((data1) => {
19                                console.log(data1)
20                                if (data1) {
21                                    return {'title': data1.title, 'date':
                                    util.getLocalDate(item.score), 'id': data1.
                                    a_id,'show':data1.show}
22                                }
23                            })
24                        })
25                        let t_data = await Promise.all(result)
26                        console.log(t_data)
27                        res.json(util.getReturnData(0, '', t_data))
28                    })
29                }else{
30                    res.json(util.getReturnData(1, '其他权限'))
31                    //其他权限
32                }
33            })
34        } else {
35            redis.zrevrange(key, 0, -1).then(async (data) => {
36                console.log(data)
37                let result = data.map((item) => {
38                    //获取每篇文章的题目、ID 及日期
39                    return redis.get(item.member).then((data1) => {
40                        if (data1 && data1.show != 0) {
41                            return {'title': data1.title, 'date': util.
                            getLocalDate(item.score), 'id': data1.a_id}
```

```
42                    } else {
43                        return {'title': '文章暂未上线', 'date': '', 'id': 0}
44                    }
45                })
46            })
47            let t_data = await Promise.all(result)
48            res.json(util.getReturnData(0, '', t_data))
49        })
50    }
51 }
```

再次请求该地址，如果使用的是管理员账号，将返回所有的文章，不论文章是否发布，如图 8-41 所示。

🔔注意：初次登录时必须请求 admin 的验证中间件才可以获取全部的文章。

图 8-41   获取全部的文章

8.5   小结与练习

8.5.1   小结

本章使用 Express 框架+Redis 开发了一款应用的后端 API，请求不同的接口会提供不同的功能，包括文章的获取、更新，以及用户的权限管理等。

在大部分应用中，接口的作用就是为前端提供可使用的数据，如果读者有兴趣，可以完善错误处理和数据验证等功能，将其应用于实际的环境中。

8.5.2 练习

有条件的读者可以尝试以下练习。

（1）理解中间件概念，编写一个用于验证的中间件，在所有需要参数请求的路由中使用。

（2）对文章等数据进行分页，通过传递页码和数量的方式切分不同的数据。

第 9 章　前端页面开发

第 8 章开发的都是后端 API，本章使用 Vue.js 开发前端页面。前端页面访问后端接口，获取需要在前端展示的数据。

本章涉及的知识点如下：

- 使用 Vue.js 开发一个实际项目；
- 使用 Vue.js 与后端接口进行交互，并显示相关数据；
- 切分一个项目的页面，主要是组件的划分和复用；
- 保证前后端数据的统一。

9.1　项目前期准备

本节将会创建一个新的 Vue.js 项目，完成项目所需全部依赖库的安装，并且为 Vue.js 项目开发安装一些必备的库和模块，例如，符合风格的 UI 库，以及项目与后端数据接口进行交互的请求库。

9.1.1　创建新项目

首先保证计算机已经安装了 vue-cli，然后使用如下命令创建新项目。

```
vue create app
```

安装多个依赖包，包括 Babel、router、Vuex 和 ESLint，如图 9-1 所示。

使用如下命令进入项目，并且启动该项目的开发环境。

```
cd app
npm run serve
```

编译完成后即可在本机查看，默认地址为 http://localhost:8080/。如果是在局域网中访问该地址，则需要输入本机 IP，在笔者的开发环境中访问地址 http://10.1.1.223:8080/。读者可以根据开发环境自行改写 API 请求地址。

```
Vue CLI v4.3.1
? Please pick a preset: vuex-test (babel, router, vuex, eslint)

Vue CLI v4.3.1
✨  Creating project in H:\book\book\vue_book\code\8\client\app.
⚙️  Installing CLI plugins. This might take a while...

added 56 packages from 39 contributors in 25.987s

42 packages are looking for funding
  run `npm fund` for details

🔧  Invoking generators...
📦  Installing additional dependencies...

up to date in 12.431s

42 packages are looking for funding
  run `npm fund` for details

⚡  Running completion hooks...

📄  Generating README.md...

🎉  Successfully created project app.
👉  Get started with the following commands:

 $ cd app
 $ npm run serve
```

图 9-1　创建新项目并安装依赖包

9.1.2　选择 UI 库

本例选择 iView 作为 UI 库。在最新版本中 iView 已经更名为 view-design，使用如下命令安装：

```
npm install view-design -save
```

以上命令自动将 iView 的所有依赖包下载至本地，并且添加进 package.json 的依赖配置中。

依赖包除了手动安装外，还可以在 vue-cli 中安装。无论采用何种安装方式，对于 UI 库的使用来说没有任何区别。

安装完成的 iView 不能直接使用，需要在项目中引入，需要在 Webpack 中指定项目入口进行配置。如果使用 vue-cli，则入口文件是 main.js。在文件中修改代码如下：

```
01   import Vue from 'vue'
02   import App from './App.vue'
03   import router from './router'
04   import store from './store'
05   import ViewUI from 'view-design';
06   import 'view-design/dist/styles/iview.css';
07
```

```
08    Vue.config.productionTip = false
09    Vue.use(ViewUI);
10
11    new Vue({
12        router,
13        store,
14        render: h => h(App)
15    }).$mount('#app')
```

如果要在项目中使用 iView 提供的 UI 组件，则需要修改项目自带的 Home.vue 文件。
代码如下：

```
<template>
  <div class="home">
    <Button type="info">Info</Button>
    <Button type="success">Success</Button>
    <Button type="warning">Warning</Button>
    <Button type="error">Error</Button>
  </div>
</template>
```

显示效果如图 9-2 所示。

这样就可以在项目的所有页面中使用 iView 提
供的 UI 组件库了。这种方式采用全局引用，意味着
所有 iView 中的组件无论是否使用均被引入，造成
了资源浪费。为了解决这个问题，iView 提供了按需

图 9-2　引入按钮

载入功能，借助插件 babel-plugin-import 实现。首先安装 Babel，然后配置.babelrc（或 vue-cli
自动生成的 babel.config.js），代码如下：

```
{
  "plugins": [["import", {
    "libraryName": "view-design",
    "libraryDirectory": "src/components"
  }]]
}
```

这样就可以像使用普通组件一样在代码文件中引入，代码如下：

```
import { Button} from 'view-design';
Vue.component('Button', Button);
```

目前版本的 iView，无论是否采用按需引用方式，都需要导入 iView.css 样式文件。

9.1.3　安装 HTTP 请求库

一个 Vue.js 项目，除了编辑页面的样式外，使用最多的一个功能就是对后端 API 的请
求。本例使用 Axios 访问 API。Axios 是一个强大的 HTTP 库，用在浏览器或 Node.js 中。

使用 Axios 的好处是，开发者不必确定当前的应用环境。也就是说，在第 8 章中使用
Express 进行后端开发的场景中，使用 Axios 请求 API 也是可以的，并且两者的写法没有

任何区别，由 Axios 自动判断。不仅如此，Axios 还支持 Promise API，并且提供了自动转换 JSON 数据和 XSRF 防御的功能。

使用如下命令安装 Axios：

```
npm install axios -save
```

在请求中有时需要更改请求的头部，如增加 Token，或者需要对请求进行统一处理，这就需要封装 Axios。在项目中新建 utils 文件夹，用来存放一些应用类的 JavaScript 文件，这里新建 api.js 文件用来封装 Axios。

因为后端 API 只能采用两种方式访问，所以这里封装两个方法：一个是 api.get()，用于发送 GET 请求；另一个是 api.post()，用于发送 POST 请求。这两个方法都接收两个参数，分别是 url（请求路径）和 params（JSON 请求数据），代码如下：

```
//GET 请求
api.get = async (url, params,) => {
    return await apiAxios('GET', url, params)
}
//POST 请求
api.post = async (url, params) => {
    return await apiAxios('POST', url, params)
}

module.exports = api
```

在暴露给外部的两个方法对象中，调用 apiAxios()方法制作统一的请求，该方法实例化了 Axios 进行请求，并且针对不同的请求方法添加参数，如果用户已经登录（会话存储为 Token 键值），其代码如下：

```
const axios = require('axios')
const baseUrl = 'http://localhost:3000/'
const api = {}

const apiAxios = async (method, url, params) => {
    //项目既定 fapp
    let headers = {fapp: 'book', 'Content-Type': 'application/json'}
    //读取存储在 sessionStorage 中的 Token
    if (sessionStorage.getItem('token')) {
        headers.token = sessionStorage.getItem('token')
    }
    return await new Promise((resolve => {
        axios({
            //如果缓存里有 Token，则所有请求都包含它
            headers: headers,
            method: method,
            url: baseUrl + url,
            //数据内容
            data:
                method === 'POST' ? params : null,
            params:
                method === 'GET' ? params : null
```

```
    })).then((res) => {
        console.log(res.data)
        resolve(res.data)
    }).catch(e => {
        console.log(e)
    })
    }))
}
```

接下来在 main.js 文件中引入封装的 API 请求，并且将其挂载在 Vue.js 的全局对象中，这样可以在所有的场景中使用。修改后的 main.js 文件代码如下：

```
01    import Vue from 'vue'
02    import App from './App.vue'
03    import router from './router'
04    import store from './store'
05    import ViewUI from 'view-design';
06    import 'view-design/dist/styles/iview.css';
07    import api from './utils/api'
08
09    Vue.prototype.$api = api
10    Vue.config.productionTip = false
11    Vue.use(ViewUI);
12
13    new Vue({
14        router,
15        store,
16        render: h => h(App)
17    }).$mount('#app')
```

需要注意的是，Axios 在 Vue.js 中运行时采用类似于 AJAX 的方式请求服务器，如果根域名或端口不同，就会产生跨域问题，浏览器默认会阻止发送此类请求，如图 9-3 所示。

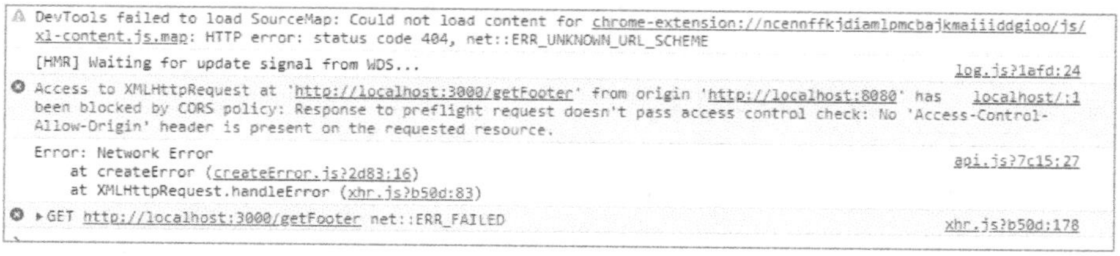

图 9-3　跨域错误

此类问题无法避免，一般采用以下 3 种解决办法：

- 设计反向代理，解决跨域问题；
- 使用 JSONP，允许用户传递一个 callback 参数给服务器端；
- 在服务器端设置 res 的头部信息，允许所有请求或部分指定来源（确定的 IP 或者 IP 段）的请求。

本例选择第 3 种方案，修改第 8 章编写的服务器端代码，为其指定一个全局路由中间件，将所有的路由都设置为允许跨域。

修改 **app.js** 文件代码如下：

```
var express = require('express');
var path = require('path');
var cookieParser = require('cookie-parser');
var logger = require('morgan');
var {checkAPP, checkUser, checkAdmin} = require('./util/middleware')

var indexRouter = require('./routes/index');
var usersRouter = require('./routes/users');
//增加管理员路由
var adminRouter = require('./routes/admin');

var app = express();

......
//设置允许跨域访问该服务
//设置跨域访问
app.all('*', function(req, res, next){
    res.header("Access-Control-Allow-Origin", "*");
    res.header("Access-Control-Allow-Headers", "*");
    next();
});

app.use('/', checkAPP, indexRouter);
app.use('/users', checkAPP, usersRouter);
app.use('/admin', [checkAPP, checkUser, checkAdmin], adminRouter);
module.exports = app;
```

这样跨域请求就不会产生错误了，也可以成功获取需要的数据，如图 9-4 所示。

图 9-4　获取信息

9.2　主要页面的开发

本节编辑一些简单的页面，包括具体的文章分类页面、文章展示页面和主页展示页面等。

9.2.1　主页

主页应当显示轮播图、导航菜单、位置列表和 footer 等内容，导航菜单、footer 和文章列表属于可以被复用的内容，所以将其编写为组件。

首先设计代码结构，本项目所有的页面文件都放置在 views 文件夹中，所有的组件文件都放置在 src/components 文件夹中。改造 App.vue 这个 Vue.js 的入口文件，将所有的路由页面都挂载在该页面中。

本项目的所有页面都包含顶部的导航和尾部的 footer，将这两部分编写为组件。在 src/components 文件夹中创建这两个组件，一个命名为 Nav.vue，作为导航组件；另一个命名为 Footer.vue，作为尾部组件。

导航组件获取服务器 API 中的 NavMenu 组件，该请求会在 Created() 生命周期发起，代码如下：

```
01  <script>
02      export default {
03          name: "Nav",
04          data() {
05              return {
06                  menu: [],
07                  index: 'MySite',
08                  theme1: 'light'
09              }
10          },
11          created() {
12              //获取导航菜单
13              this.$api.get('getNavMenu').then((res) => {
14                  //写数据
15                  this.menu = res.data
16              })
17          }
18      }
19  </script>
```

在页面中调用 iView 的 Menu 组件，使用 v-for 循环输出 API 获取数据，使用 router-link 组件设定超链接，代码如下：

```
01  <template>
02      <div>
03          <Menu mode="horizontal" :theme="theme1" active-name="1">
04              <MenuItem name="1">
05                  <div class="main">
06                  <Icon type="md-book"/>
07                  <router-link to="/">
08                      {{index}}
09                  </router-link>
10                  </div>
11              </MenuItem>
12              <MenuItem v-for="item in menu" :name="item.name" :key="item.name">
13                  <router-link :to="item.src">
14                      {{item.name}}
15                  </router-link>
16              </MenuItem>
```

```
17          </Menu>
18      </div>
19  </template>
20  <style scoped>
21      .main{
22          font-weight: 600;
23      }
24      a {
25          color: #2f2f2f;
26      }
27  </style>
```

接着编写 Footer.vue 组件，和导航组件类似，获取 API 提供的数据并且循环输出，完整的代码如下：

```
01  <script>
02      export default {
03          name: "Footer",
04          data() {
05              return {
06                  footer: [],
07                  icp:"Copyright © 2020 | 京 ICP 备 0000"
08              }
09          },
10          created() {
11              //获取 footer 菜单
12              this.$api.get('getFooter').then((res) => {
13                  this.footer = res.data
14              })
15          }
16      }
17  </script>
```

这里没有使用动态的 ICP 备案信息，如果读者有兴趣，也可以从 API 中获取，接着编写页面。获取的后台数据存在 3 个属性，其中，name 表示显示，src 表示连接，text 表示显示在 name 后方的具体描述。

```
01  <template>
02      <div class="footer">
03          <div v-for="item in footer" :key="item.name" class="footer-
            div">
04              {{item.name}}:
05              <router-link :to="item.src">
06                  {{item.text}}
07              </router-link>
08          </div>
09          <div class="icp">
10              {{icp}}
11          </div>
12      </div>
13  </template>
14
15  <style scoped>
16      .footer {
```

```
17          background: #4a4b4a;
18          color: azure;
19          min-height: 200px;
20          position: relative;
21      }
22      .footer a{
23          color: aliceblue;
24      }
25      .footer-div{
26          padding-top: 20px;
27      }
28      .icp{
29          position: absolute;
30          bottom: 10px;
31          color: darkgrey;
32          width: 100vw;
33      }
34  </style>
```

编写好两个组件后，接着修改 App.vue 文件引入这两个组件，修改后的代码如下：

```
01  <template>
02      <div id="app">
03          <div class="nav">
04              <Nav></Nav>
05          </div>
06          <router-view/>
07          <div>
08              <Footer></Footer>
09          </div>
10      </div>
11  </template>
12
13  <script>
14      import Nav from './components/Nav'
15      import Footer from './components/Footer'
16
17      export default {
18          name: 'App',
19          components: {
20              Nav,
21              Footer
22          }
23      }
24  </script>
```

这样所有的页面都可以显示这两个组件了，页面路径切换时这两个组件也不变，显示效果如图 9-5 所示。

图 9-5　页面基本框架

接着编写主页。在 views 文件夹下新建 Index.vue 文件用来编写主页面代码。页面路由文件 router/index.js 代码如下：

```
import Vue from 'vue'
import VueRouter from 'vue-router'
import Index from '../views/Index'
......

Vue.use(VueRouter)
const routes = [
    {
        path: '/',
        name: 'Index',
        component: Index
    },
......
]
```

主页面应当包含两个文章列表，文章列表本身也是一个可被复用的组件，所以提取为一个组件，在 components 文件夹中新建 articleList.vue 文件。

文章组件本身不需要通过接口获取任何数据，只需要显示上级组件中传递的数据。这里采用 props 方式传输数据，需要指定单击后跳转的链接，代码如下：

```
01  <template>
02    <Card>
03      <p slot="title">{{title}}</p>
04      <p v-for="item in list" :key="item.id">
05        <router-link :to="'/article/'+item.id">
06            {{item.title}}
07        </router-link>
08      </p>
09    </Card>
10  </template>
11
12  <script>
13    export default {
14      name: "ArticleList",
15      data() {
16        return {}
17      },
18      created() {
```

```
19
20            },
21        props: {
22            title: String,
23            list: Array
24        }
25    }
26 </script>
```

编写好该组件后,在 **Index.vue** 文件中引入。首页需要 **3** 个数据:热点文章、最新文章列表和轮播图。获取的列表数据中不显示后台没有上线的内容,代码如下:

```
01 <script>
02    import ArticleList from '../components/ArticleList'
03
04    export default {
05        name: 'Home',
06        components: {
07            ArticleList
08        },
09        data() {
10            return {
11                value2: 0,
12                pic: [],
13                list: [],
14                listTitle: '最新文章',
15                hotList: [],
16                hotListTitle: "最热文章"
17            }
18        },
19        created: function () {
20            //获取主页轮播图
21            this.$api.get('getIndexPic').then((res) => {
22                console.log(res.data)
23                this.pic = res.data
24            })
25            //获取所有文章
26            this.$api.get('getNewArticle').then((res) => {
27                let rData = res.data.slice(0, 5)
28                let tData = []
29                rData.map((item) => {
30                    if (item.id !== 0) {
31                        tData.push(item)
32                    }
33                })
34                this.list = tData
35            })
36            //获取热点文章
37            this.$api.get('getHotArticle').then((res) => {
38                let rData = res.data.slice(0, 5)
39                let tData = []
40                rData.map((item) => {
41                    if (item.id !== 0) {
42                        tData.push(item)
```

```
43                    }
44                })
45                this.hotList = tData
46            })
47        }
48    }
49 </script>
```

接着编写相关的页面，主页使用 iView 中的走马灯插件完成轮播图，对两个应当出现的文章列表采用栅格式布局。完整的代码如下：

```
01 <template>
02    <div>
03        <!--轮播图-->
04        <Carousel v-model="value2" loop>
05            <CarouselItem :key="item.title" v-for="item in pic">
06                <div class="demo-carousel">
07                    <router-link :to="item.src">
08                        <img :src="item.img"/>
09                        <div>
10                            {{item.title}}
11                        </div>
12                    </router-link>
13                </div>
14            </CarouselItem>
15        </Carousel>
16        <!--文章列表-->
17        <div class="article-list">
18            <row type="flex" justify="space-around" class="code-row-bg">
19                <i-col span="11">
20                    <article-list :list="list" :title="listTitle">
                        </article-list>
21                </i-col>
22                <i-col span="11">
23                    <article-list :list="hotList" :title="hotListTitle">
                        </article-list>
24                </i-col>
25            </row>
26        </div>
27    </div>
28 </template>
29 <style>
30    .demo-carousel {
31        width: 98vw;
32        height: 30vw;
33    }
34
35    .demo-carousel img {
36        width: 100%;
37        position: relative;
38    }
39
40    .demo-carousel div {
41        padding: 30px;
42        background: RGBA(0, 0, 0, 0.5);
```

```
43          position: absolute;
44          z-index: 1;
45          color: white;
46          font-size: 60px;
47          width: 70%;
48          top: 10vw;
49          text-align: center;
50          margin-left: 15%;
51      }
52      .article-list{
53          padding: 20px 0 20px 0;
54      }
55  </style>
```

最终的运行效果如图 9-6 所示，此时就完成了主页的编写。

图 9-6　主页效果

9.2.2　文章总列表页

所有的文章都会显示在文章列表页中。在 views 文件夹下新建 Articles.vue 文件，用来编写文章总列表。首先需要编写页面路由，修改后的 router/index.js 文件代码如下：

```
import Vue from 'vue'
import VueRouter from 'vue-router'
import Articles from '../views/Articles
......
```

```
Vue.use(VueRouter)
const routes = [
    {
        path: '/articles',
        name: 'Articles',
        component: Articles
    }······
]
```

其次在 Articles.vue 文件中引入获取的文章列表并显示，这里依旧使用 ArticleList.vue 组件进行显示。完整的代码如下：

```
01  <template>
02      <div>
03          <!--文章列表-->
04          <div class="article-list">
05              <row type="flex" justify="space-around" class="code-row-bg">
06                  <i-col span="24">
07                      <article-list :list="list" :title="listTitle">
                        </article-list>
08                  </i-col>
09              </row>
10          </div>
11      </div>
12  </template>
13
14  <script>
15      import ArticleList from '../components/ArticleList'
16
17      export default {
18          name: 'Home',
19          components: {
20              ArticleList
21          },
22          data() {
23              return {
24                  list: [],
25                  listTitle: '所有文章'
26              }
27          },
28          created: function () {
29              //获取所有文章
30              this.$api.get('getNewArticle').then((res) => {
31                  let tData = []
32                  res.data.map((item) => {
33                      if (item.id !== 0) {
34                          tData.push(item)
35                      }
36                  })
37                  this.list = tData
38              })
39          }
40      }
41  </script>
```

　　文章列表页的最终显示效果如图 9-7 所示。

图 9-7　文章列表页

9.2.3　文章分类结果页

　　文章分类结果页包含两种参数：文章的分类包含 type 参数；如果通过标签进入该页面，则包含 tag 参数。

　　为了方便区分参数且使参数较少，这里采用普通的 URL 构造（query）模式，没有采用匹配模式。获取该类参数使用如下代码：

```
this.$route.query.type
this.$route.query.tag
```

　　在 views 文件夹下新建 ArticleType.vue 文件，通过文章标签和分类获取文章的列表页。编写页面路由，修改后的 router/index.js 文件代码如下：

```
import Vue from 'vue'
import VueRouter from 'vue-router'
import ArticleType from '../views/ ArticleType
……

Vue.use(VueRouter)
const routes = [
    {
        path: '/ArticleType',
        name: 'ArticleType',
        component: ArticleType
    },
    ……
]
```

文章的分类和标签通过参数的形式发送，采用如下形式定义链接：

```
<router-link :to="{ path: '/articleType', query: { tag: item }}">{{item}}
</router-link>
```

页面使用 this.$route.query.tag 方式获取参数，代码如下：

```
01  <script>
02      import ArticleList from '../components/ArticleList'
03
04      export default {
05          name: 'ArticleType',
06          components: {
07              ArticleList
08          },
09          data() {
10              return {
11                  list: [],
12                  listTitle: ''
13              }
14          },
15          created: function () {
16              //console.log(this.$route)
17              //传递的是 type
18              if ('type' in this.$route.query) {
19                  let data = {type: this.$route.query.type}
20                  this.getData(data,'分类：'+ this.$route.query.type)
21              }
22              //传递的是 tag
23              if ('tag' in this.$route.query) {
24                  let data = {tag: this.$route.query.tag}
25                  this.getData(data,'标签：'+ this.$route.query.tag)
26              }
27
28          },
29          methods: {
30              getData(data, title) {
31                  //获取分类下的所有文章
32                  this.$api.post('getArticles', data).then((res) => {
33                      let tData = []
34                      res.data.map((item) => {
35                          if (item.id !== 0) {
36                              tData.push(item)
37                          }
38                      })
39                      this.listTitle = title
40                      this.list = tData
41                  })
42              }
43          }
44      }
45  </script>
```

在样式文件中依旧引用文章列表，将获得的文章列表传入组件内，代码如下：

```
01    <template>
02      <div>
03          <!--文章列表-->
04          <div class="article-list">
05              <row type="flex" justify="space-around" class="code-row-bg">
06                  <i-col span="24">
07                      <article-list :list="list" :title="listTitle">
                        </article-list>
08                  </i-col>
09              </row>
10          </div>
11      </div>
12    </template>
```

访问路径 http://localhost:8080/articleType?tag=js，通过更改 "?" 后方的参数传递 type，效果如图 9-8 所示。

图 9-8　分类列表

9.2.4　文章详情页

在前面使用文章列表组件的页面中，所有文章链接已经被定义为'/article/'+item.id，所以需要在 views 文件夹下新建 Article.vue 文件，用来编写文章详情页。

首先编写页面路由，该路由需要传递一个文章 id 参数，在 Vue.js 中参数的传递可以采用路由路径+Get 参数或直接使用动态路由参数的方式。修改后的 router/index.js 文件代码如下：

```
import Vue from 'vue'
import VueRouter from 'vue-router'
import Article from '../views/Article
......

Vue.use(VueRouter)
```

```
const routes = [
    {
        path: '/article/:id',
        name: 'Article',
        component: Article
    }
    ......
]
```

笔者选择在前端控制阅读量，使用 localStorage 作为保存浏览状态的存储器。localStorage 和 sessionStorage 是 HTML 5 中新增的内容，可用来存储数据，采用 k-v 的形式，可以理解为一个存储在用户本地的 Redis 数据库。

HTML 5 中存储的数据可以通过浏览器自带的开发者工具查看。如果使用 localStorage，则数据会一直存在于浏览器中；如果使用 sessionStorage，本次会话存在时会保存数据，会话结束后数据自动销毁，如图 9-9 所示。

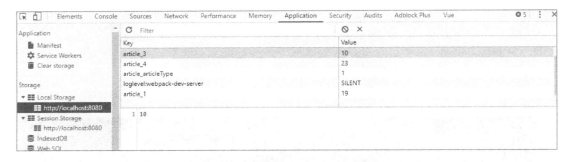

图 9-9　浏览器自带的开发者工具

如果当前 key（article_id）不存在，则认为用户是第一次查看该篇文章，所以发送一次浏览数+1 的请求；如果当前 key 存在，则说明用户曾经浏览过该篇文章，不需要请求相关的接口。具体代码如下：

```
01  <script>
02    export default {
03      name: 'Article',
04      components: {},
05      data() {
06        return {
07          article: {},
08          articleTalk: []
09        }
10      },
11      created: function () {
12        if ('id' in this.$route.params) {
13          let id = this.$route.params.id
14          console.log(this.$route.params.id)
15          //获取文章
```

```
16                      this.$api.get('getArticle/' + id).then((res) => {
17                          if (res.code === 0) {
18                              this.article = res.data
19                              console.log(this.article)
20                              //获取所有评论
21                              this.$api.get('getArticleTalk/' + id).then((res) => {
22                                  this.articleTalk = res.data
23                                  console.log(this.articleTalk)
24                              })
25                          } else {
26                              this.info(res.message)
27                          }
28
29                      })
30
31                      //判断用户是否看过该篇文章，如果是第一次看，则调用浏览量+1 的 API
32                      let view = localStorage.getItem('article_' + id)
33                      console.log(view)
34                      if (view) {
35                          //如果有数据则将数据+1
36                          localStorage.setItem('article_' + id, parseInt(view) + 1)
37                      } else {
38                          //增加次数
39                          this.$api.get('viewArticle/' + id).then((res) => {
40                              console.log(res)
41                          })
42                          localStorage.setItem('article_' + id, 1)
43                      }
44                  }
45
46              },
47          methods: {
48              info(text) {
49                  this.$Notice.info({
50                      title: '提示',
51                      desc: text
52                  });
53              }
54          },
55
56      }
57  </script>
```

需要注意的是，如果用户请求一些没有上线的文章或不存在的内容，后端接口会返回 code 值不为 0 的错误提示，这里采用 iView 提供的消息弹窗进行显示，代码如下：

```
this.$Notice.info()
```

显示效果如图 9-10 所示。

图 9-10　显示错误信息

除此之外，当获取所有文章时，会同时显示标签（tag）和类型，并且赋予经过搜索后跳转到分类结果页的链接，此时发送两个不同的参数，采用{ name: 'user', params: { userId: 123 }}这样的形式。

完整的页面结构和样式代码如下：

```
01  <template>
02    <div class="article">
03      <!--面包屑分类导航-->
04      <div class="type">
05        <Breadcrumb>
06          <BreadcrumbItem to="/">
07            <Icon type="ios-home-outline"></Icon>
08            主页
09          </BreadcrumbItem>
10          <BreadcrumbItem to="/articles">
11            <Icon type="logo-buffer"></Icon>
12            全部文章
13          </BreadcrumbItem>
14          <BreadcrumbItem :to="{ path: '/articleType', query:
              { type: article.type }}">
15            <Icon type="ios-cafe"></Icon>
16            {{article.typename}}
17          </BreadcrumbItem>
18          <BreadcrumbItem :to="'/article/'+article.a_id">
19            <Icon type="ios-body"></Icon>
20            {{article.title}}
21          </BreadcrumbItem>
22        </Breadcrumb>
23      </div>
24      <!--显示小标签-->
25      <div>
26        <Tag v-for="item in article.tag" :key="item">
27          <router-link :to="{ path: '/articleType', query: { tag:
              item }}">{{item}}</router-link>
28        </Tag>
29      </div>
30      <!--文章详情-->
```

```
31          <div>
32              <h2>{{article.title}}</h2>
33              <p class="article-p"> {{Date(article.time)}}</p>
34              <p class="article-p">作者：{{article.writer}} 浏览量：{{article.
                view}} 收藏：{{article.like}}</p>
35              <!--显示 HTML 内容-->
36              <div v-html="article.text" class="article-text">
37              </div>
38          </div>
39          <!--评论详情-->
40          <div class="type">
41              <Divider/>
42              <List item-layout="vertical">
43                  <ListItem v-for="talk in articleTalk" :key="talk.talk">
44                      <ListItemMeta :title="talk.username" :description=
                        "Date(talk.date)"/>
45                      {{talk.talk}}
46                  </ListItem>
47              </List>
48          </div>
49      </div>
50  </template>
51
52  <style>
53      .type {
54          text-align: left;
55      }
56
57      .article {
58          padding: 40px 10vw 40px 10vw;
59      }
60
61      .article-p {
62          color: #ababab;
63      }
64
65      .article h2 {
66          padding: 20px;
67      }
68
69      .article-text {
70          padding: 20px 10vw 20px 10vw;
71      }
72  </style>
```

　　本节没有涉及用户登录后的评论和收藏功能，这些将在 9.3 节进行介绍。最终的显示效果如图 9-11 所示。

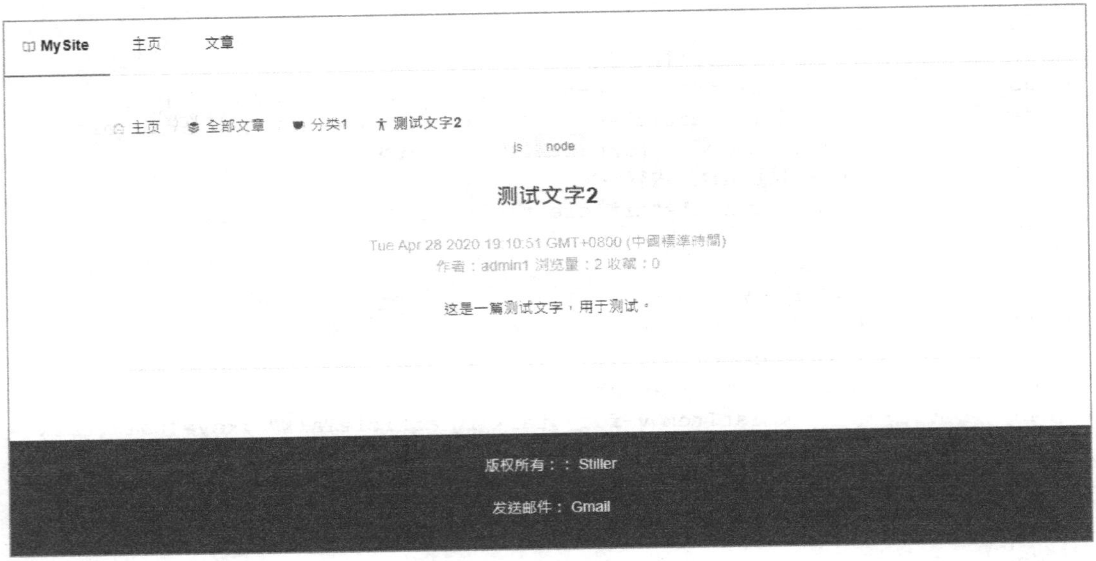

图 9-11　文章详情页

9.3　用户相关页面及权限的开发

本节介绍用户相关页面的开发，包括用户的登录、注册页面的开发，以及涉及用户权限部分的开发，如文章的收藏和点赞等。

9.3.1　登录页

首先在 views 文件夹下新建 Login.vue 文件用来编写登录页面的代码。修改 router/index.js 文件代码如下：

```
import Vue from 'vue'
import VueRouter from 'vue-router'
import Login from '../views/ Login
......

Vue.use(VueRouter)
const routes = [
    {
        path: '/login',
        name: 'Login',
        component: Login
    },
```

```
       ......
01    ]
```

接下来编写页面的相应逻辑处理代码。登录页面至少需要两个文本框和两个按钮，文本框用于输入用户名和密码，按钮分别是"登录"和"注册"按钮，页面代码如下：

```
01    <template>
02        <div class="plane">
03            <h2>登录</h2>
04            <br><br>
05            <row>
06                <Input v-model="username" prefix="ios-contact" placeholder=
                  "输入用户名" style="width: auto"/>
07            </row>
08            <br>
09            <row>
10                <Input v-model="password" icon="ios-clock-outline" type=
                  "password" placeholder="输入密码" style="width: auto"/>
11            </row>
12            <br>
13            <Button v-on:click="login" type="primary">用户登录</Button>
14            <Button v-on:click="register">用户注册</Button>
15        </div>
16    </template>
17    <style>
18        .plane {
19            padding: 10vw 20vw;
20        }
21    </style>
```

输入框使用 v-model 属性绑定数据，同时绑定按钮的单击事件。当用户单击"登录"按钮后，自动将密码和用户名发送至服务器进行验证，如果验证成功，服务器返回一个含有 Token 的对象，然后将 Token 对象进行本地化存储。

单击"注册"按钮，将自动跳转至注册页面，完整的代码如下：

```
01    <script>
02        export default {
03            name: 'Login',
04            components: {},
05            data() {
06                return {
07                    password: '',
08                    username: ''
09                }
10            },
11            created: function () {
12            },
13            methods: {
14                login() {
15                    let data = {
16                        password: this.password,
17                        username: this.username
18                    }
```

```
19              this.$api.post('users/login', data).then((res) => {
20                  console.log(res.data)
21                  this.$Notice.info({
22                      title: '提示',
23                      desc: res.message
24                  });
25                  if (res.code === 0) {
26                      sessionStorage.setItem('token', res.data.token)
27                      sessionStorage.setItem('username', this.username)
28                      this.$router.push({path: '/'})
29                  } else {
30                      sessionStorage.removeItem('token')
31                  }
32              })
33          },
34          register() {
35              this.$router.push({path: 'register'})
36          }
37      }
38  }
39 </script>
```

用户输入正确的密码和用户名后，提示登录成功，并且在 sessionStorage 中写入相关的 Token 数据，如图 9-12 所示。

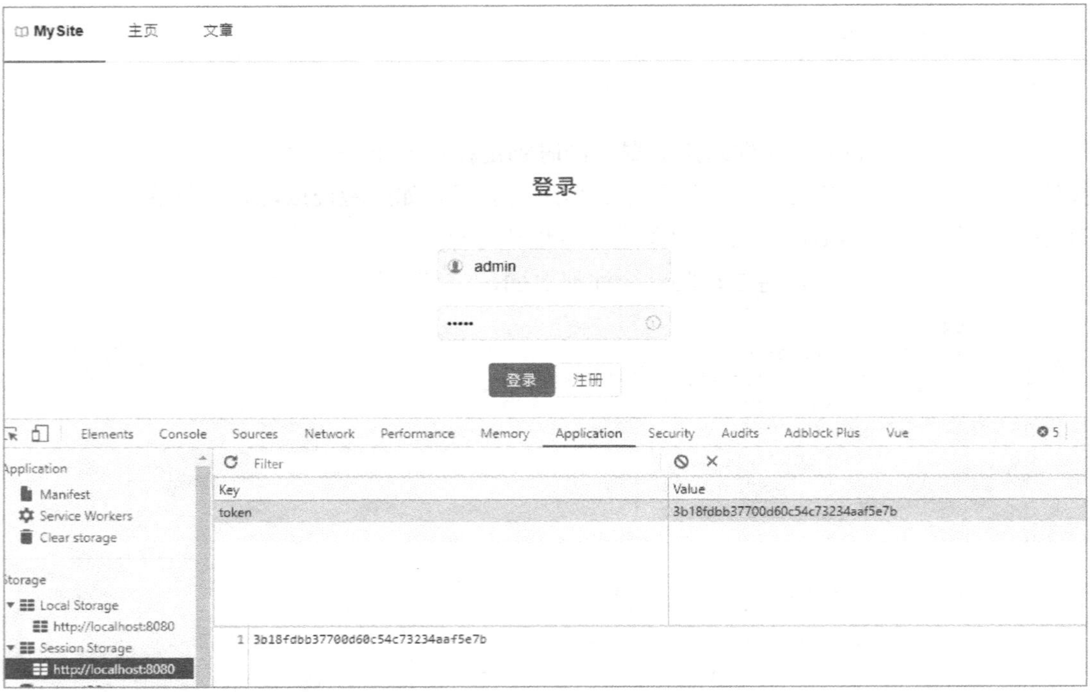

图 9-12　登录成功

9.3.2　注册页

用户注册功能本质上和登录功能一致，通过在文本框中输入相关的信息，发送至服务器进行验证，最终获取用户是否注册成功的返回信息。如果注册成功，则自动跳转至登录页面；如果注册失败，则提示失败信息。

在 views 文件夹下新建 Register.vue 文件用来编写注册页面的代码。修改 router/index.js 文件代码如下：

```
import Vue from 'vue'
import VueRouter from 'vue-router'
import Register from '../views/ Register
……

Vue.use(VueRouter)
const routes = [
    {
        path: '/register',
        name: 'Register',
        component: Register
    },
    ……
]
```

用户注册时需要输入一些注册信息，包括唯一的用户名和密码，以及一些非必填项的资料。如果输入为空，应当提示相应的信息，同样，如果两次输入的密码不同，也不能继续执行注册操作。逻辑代码如下：

```
01  <script>
02      export default {
03          name: 'Register',
04          components: {},
05          data() {
06              return {
07                  sex: 'male',
08                  username: '',
09                  password: '',
10                  repassword: '',
11                  nikename: '',
12                  age: 0,
13                  phone: ''
14              }
15          },
16          created: function () {
17          },
18          methods: {
19              register() {
20                  if (this.username && this.password && this.repassword) {
21                      if (this.password === this.repassword) {
22                          let data = {
```

```
23                        phone: this.phone ? this.phone : '未知',
24                        nikename: this.nikename ? this.nikename : '未知',
25                        age: this.age ? this.age : '未知',
26                        sex: this.sex ? this.sex : '未知',
27                        username: this.username,
28                        password: this.password,
29                    }
30                    this.$api.post('users/register', data).then
                      ((res) => {
31                        this.$Notice.info({
32                            title: '提示',
33                            desc: res.message
34                        })
35                        if (res.code === 0) {
36                            sessionStorage.setItem('token', res.data.
                          token)
37                            this.$router.push({path: '/login'})
38                        }
39                    })
40                } else {
41                    this.$Notice.open({
42                        title: '错误',
43                        desc: '内容输入错误，密码输入错误',
44                        duration: 5
45                    });
46                }
47            } else {
48                this.$Notice.open({
49                    title: '错误',
50                    desc: '内容输入错误，请输入必要信息',
51                    duration: 5
52                });
53            }
54        }
55    }
56  }
57 </script>
```

接着编写该页面，采用 Input 组件和单选 Radio 组件输入信息。完整的页面代码如下：

```
01 <template>
02    <div class="plane">
03        <h2>注册</h2>
04        <div>
05            <Row class="text-item">
06                <i-col span="12">
07                    输入用户名：
08                </i-col>
09                <i-col span="12">
10                    <Input v-model="username" placeholder="输入用户名（登
                      录唯一凭证）" style="width: auto"/>
11                </i-col>
12            </Row>
```

```
13          <Row class="text-item">
14             <i-col span="12">
15                输入密码:
16             </i-col>
17             <i-col span="12">
18                <Input v-model="password" type="password" placeholder=
                   "输入密码" style="width: auto"/>
19             </i-col>
20          </Row>
21          <Row class="text-item">
22             <i-col span="12">
23                再次输入密码:
24             </i-col>
25             <i-col span="12">
26                <Input v-model="repassword" type="password" placeholder=
                   "重新输入密码" style="width: auto"/>
27             </i-col>
28          </Row>
29          <Row class="text-item">
30             <i-col span="12">
31                输入用户昵称:
32             </i-col>
33             <i-col span="12">
34                <Input v-model="nikename" placeholder="输入昵称" style=
                   "width: auto"/>
35             </i-col>
36          </Row>
37          <Row class="text-item">
38             <i-col span="12">
39                输入电话:
40             </i-col>
41             <i-col span="12">
42                <Input v-model="phone" placeholder="输入电话" style=
                   "width: auto"/>
43             </i-col>
44          </Row>
45          <Row class="text-item">
46             <i-col span="12">
47                输入年龄:
48             </i-col>
49             <i-col span="12">
50                <Input v-model="age" placeholder="输入年龄" type=
                   "number" style="width: auto"/>
51             </i-col>
52          </Row>
53          <Row class="text-item">
54             <i-col span="12">
55                选择性别:
56             </i-col>
```

```
57                <i-col span="12">
58                    <Radio-group v-model ="sex">
59                        <Radio value="male">男</Radio>
60                        <Radio value="female">女</Radio>
61                    </Radio-group>
62                </i-col>
63            </Row>
64        </div>
65        <br>
66        <Button type="primary" v-on:click="register">用户注册</Button>
67    </div>
68 </template>
69 <style>
70    .plane {
71        padding: 10vw 20vw;
72    }
73
74    .text-item {
75        padding-top: 10px;
76    }
77 </style>
```

页面的最终显示效果如图 9-13 所示。

图 9-13　注册页面

注意：用户的注册和登录都应当进行数据的加密传输和完整性的验证，本节暂时没有编写这个功能。

9.3.3　用户信息页

用户信息也需要通过 API 获取，用户可查看自己的信息和他人的信息。查看他人的信息时不允许修改，如果查看自己的信息则允许修改。

在 views 文件夹下新建 UserInfo.vue 文件用来编写用户信息页面的代码，该页面接收一个 username 参数用来指定用户名。修改 router/index.js 文件代码如下：

```
import Vue from 'vue'
import VueRouter from 'vue-router'
import UserInfo from '../views/ UserInfo
......

Vue.use(VueRouter)
const routes = [
    {
        path: '/userInfo/:username',
        name: 'UserInfo',
        component: UserInfo
    },
    ......
]
```

如果查看自己的信息，则存在 phone 字段，因此可以在显示模板中通过该字段进行相应的判断。如果 phone 字段存在，则查看的是自己的资料；如果不存在，则查看的是他人的资料。

查看自己的资料时提供修改功能，为了防止误操作，只有当用户单击"修改密码"按钮后才转换为修改形式，代码如下：

```
01   <div v-if="userInfo.phone">
02     <Row class="text-item">
03       <i-col span="12">
04           输入用户昵称：
05       </i-col>
06       <i-col span="12">
07           <Input v-model="userInfo.nikename" :value="userInfo.
           nikename" placeholder="输入昵称"
08                style="width: auto"/>
09       </i-col>
10     </Row>
11     <Row class="text-item">
```

```
12        <i-col span="12">
13            输入电话:
14        </i-col>
15        <i-col span="12">
16            <Input v-model="userInfo.phone" :value="userInfo.phone"
                placeholder="输入电话" style="width: auto"/>
17        </i-col>
18    </Row>
19    <Row class="text-item">
20        <i-col span="12">
21            输入年龄:
22        </i-col>
23        <i-col span="12">
24            <Input v-model="userInfo.age" v-bind:value="userInfo.age"
                placeholder="输入年龄" type="number"
25                    style="width: auto"/>
26        </i-col>
27    </Row>
28    <br>
29    <Button v-on:click="changeUserInfo">修改资料</Button>
30         
31    <Button v-on:click="showCPsd">修改密码</Button>
32    <div v-show="changePsd">
33        <Row class="text-item">
34            <i-col span="12">
35                输入密码:
36            </i-col>
37            <i-col span="12">
38                <Input v-model="password" type="password" placeholder=
                    "输入密码" style="width: auto"/>
39            </i-col>
40        </Row>
41        <Row class="text-item">
42            <i-col span="12">
43                再次输入密码:
44            </i-col>
45            <i-col span="12">
46                <Input v-model="repassword" type="password" placeholder
                    ="重新输入密码" style="width: auto"/>
47            </i-col>
48        </Row>
49        <Button v-on:click="changeUserPsd">修改密码</Button>
50    </div>
51 </div>
```

页面显示效果如图 9-14 所示。

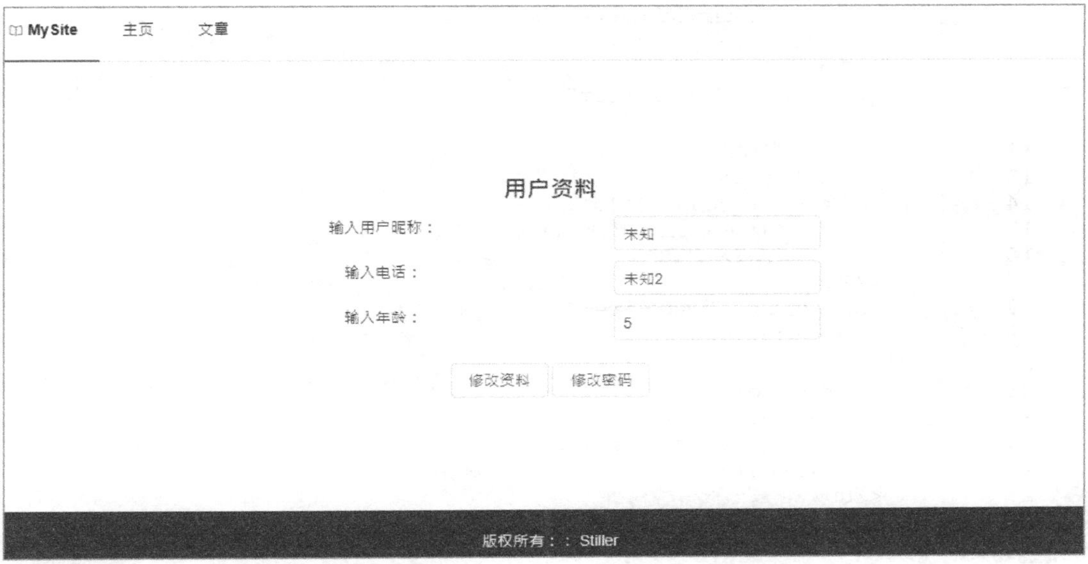

图 9-14　用户资料页面

单击"修改密码"按钮可以修改密码，这里使用 v-show 控制，如图 9-15 所示。

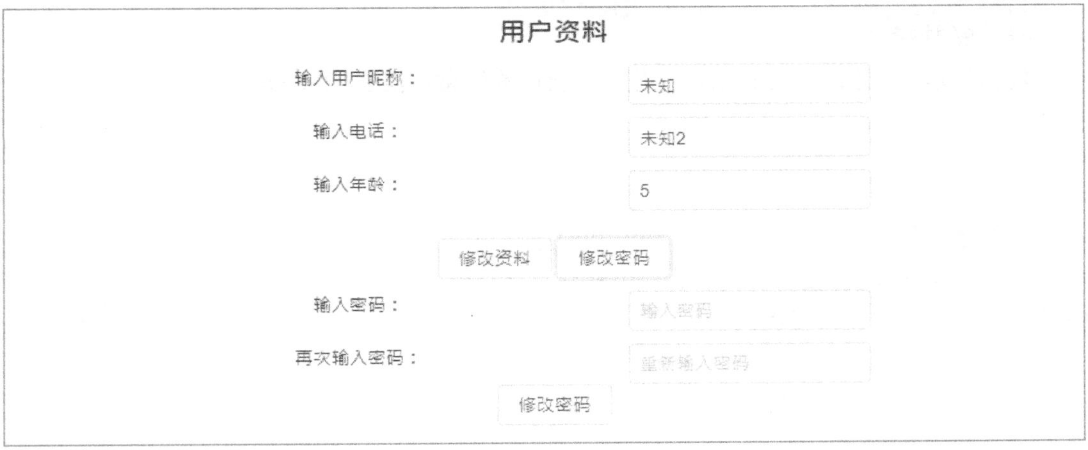

图 9-15　修改密码

查看其他用户的资料时只需将内容显示在页面中即可，没有任何操作，代码如下：

```
01  <div v-else>
02      <Row class="text-item">
03          <i-col span="12">
04              用户名：
05          </i-col>
06          <i-col span="12">
```

```
07                    {{userInfo.username}}
08              </i-col>
09      </Row>
10      <Row class="text-item">
11          <i-col span="12">
12              昵称：
13          </i-col>
14          <i-col span="12">
15              {{userInfo.nikename}}
16          </i-col>
17      </Row>
18      <Row class="text-item">
19          <i-col span="12">
20              年龄：
21          </i-col>
22          <i-col span="12">
23              {{userInfo.age}}
24          </i-col>
25      </Row>
26      <Row class="text-item">
27          <i-col span="12">
28              性别：
29          </i-col>
30          <i-col span="12">
31              {{userInfo.sex}}
32          </i-col>
33      </Row>
34  </div>
```

页面显示效果如图 9-16 所示，用户只能查看信息，没有修改的权限。

图 9-16　显示其他用户的资料

接着编辑基本逻辑和提交方法。修改密码时，需要先对两次输入的密码进行验证后才可以提交。完整的代码如下：

```
01  <script>
02      export default {
03          name: 'Register',
04          components: {},
05          data() {
06              return {
07                  userInfo: {},
08                  //是否显示修改密码框
09                  changePsd: false,
10                  password: '',
11                  repassword: ''
12              }
13          },
14          created: function () {
15              if ('username' in this.$route.params) {
16                  this.$api.get('users/user/info/' + this.$route.
                    params.username).then((res) => {
17                      if (res.code === 0) {
18                          this.userInfo = res.data
19                      } else {
20                          this.$Notice.open({
21                              title: '错误',
22                              desc: '用户信息错误',
23                              duration: 5
24                          })
25                          if (res.code === 403) {
26                              this.$router.push({path: '/login'})
27                          }
28                      }
29                  })
30              }
31          },
32          methods: {
33              showCPsd() {
34                  this.changePsd = true
35              },
36              //修改资料
37              changeUserInfo() {
38                  //构造修改字符串
39                  let data = {
40                      nikename: this.userInfo.nikename,
41                      age: this.userInfo.age,
42                      phone: this.userInfo.phone
43                  }
44                  this.changeInfo(data)
45              },
46              //修改密码
47              changeUserPsd() {
48                  if (this.repassword === this.password) {
49                      let data = {password: this.password}
50                      this.changeInfo(data)
```

```
51              } else {
52                  this.$Notice.info({
53                      title: '提示',
54                      desc: '两次输入不一致'
55                  })
56              }
57
58          },
59          //统一的提交方法
60          changeInfo(data) {
61              this.$api.post('users/user/changeInfo', data).then
                ((res) => {
62                  this.$Notice.info({
63                      title: '提示',
64                      desc: res.message
65                  })
66              })
67          }
68      }
69  }
70  </script>
71  <style>
72      .plane {
73          padding: 10vw 20vw;
74      }
75
76      .text-item {
77          padding-top: 10px;
78      }
79  </style>
```

9.3.4　在导航栏中增加用户信息

之前的章节中为用户增加了登录、注册和查看信息等功能，本小节修改导航菜单
（Nav.vue）组件，让其支持用户信息的查看，单击可以跳转至用户信息页。

查看用户信息，需要先判断用户的 Token，如果 Token 存在，则在右上角出现 "用
户：用户名" 下拉菜单。用户状态必须是实时的，笔者推荐使用定时器来定时获取和及时
修改用户状态。定时器还能用来通知用户是否有新信息。

在主页中增加一个 MenuItem 元素，代码如下：

```
01  <MenuItem name="2">
02      <Dropdown v-if="userBtn">
03          <a href="javascript:void(0)">
04              用户:{{username}}
05              <Icon type="arrow-down-b"></Icon>
06          </a>
07          <Dropdown-menu slot="list">
08              <Dropdown-item>
09                  <div v-on:click="goUrl('/userInfo/'+username)">个人信息
```

```
10              </div>
11            </Dropdown-item>
12            <Dropdown-item>
13              <div v-on:click="goUrl('/mail')">我的私信</div>
14            </Dropdown-item>
15            <Dropdown-item>
16              <div v-on:click="goUrl('/collection')">我的收藏</div>
17            </Dropdown-item>
18            <Dropdown-item>
19              <div v-on:click="exit">退出</div>
20            </Dropdown-item>
21          </Dropdown-menu>
22        </Dropdown>
23        <router-link v-if="!userBtn" :to="{ path: '/login'}">登录</router-
          link>
      </MenuItem>
```

如果用户已经登录，将激活下拉菜单，通过单击菜单选项可以跳转至不同的页面。

为下拉菜单增加 **goUrl()** 方法实现页面的跳转，同时传递一个 **path** 参数来识别路径。除了跳转方法，还需要实现用户退出的方法，其实客户端的退出很简单，只需要清除本地保存的 Token 即可。修改后的逻辑代码如下：

```
01 <script>
02     export default {
03         name: "Nav",
04         data() {
05             return {
06                 menu: [],
07                 index: 'MySite',
08                 theme1: 'light',
09                 userBtn: false,
10                 username: ''
11             }
12         },
13         created() {
14             //获取导航菜单
15             this.$api.get('getNavMenu').then((res) => {
16                 //写数据
17                 this.menu = res.data
18             })
19             setInterval(() => {
20                 console.log("轮询")
21                 //获取用户 Token 是否存在
22                 if (sessionStorage.getItem('token')) {
23                     this.userBtn = true
24                     this.username = sessionStorage.getItem('username')
25                 } else {
26                     this.userBtn = false
27                 }
28             }, 3000)
29         },
30         updated() {
31
```

```
32              },
33          methods: {
34              //用户退出
35              exit() {
36                  console.log(sessionStorage.getItem('token'))
37                  sessionStorage.removeItem('token')
38                  console.log(sessionStorage.getItem('token'))
39              },
40              goUrl(url) {
41                  this.$router.push({path: url})
42              }
43          }
44      }
45  </script>
```

最终的显示效果如图 9-17 所示。

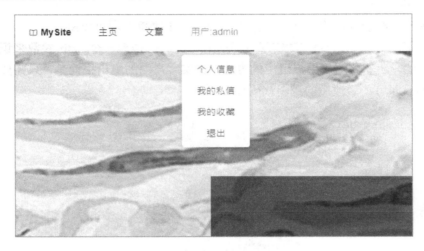

图 9-17　在导航菜单中增加用户信息

9.3.5　私信功能

使用 API 获取用户的私信列表时，根据 Token 识别用户，不需要传递任何参数。

打开 views 文件夹下的 Index.vue 文件，这是之前编写的主页面。在项目文件夹中修改路由代码文件 router/index.js，具体代码如下：

```
import Vue from 'vue'
import VueRouter from 'vue-router'
import Mails from '../views/Mails
......

Vue.use(VueRouter)
const routes = [
    {
```

```
        path: '/mail',
        name: 'Mails',
        component: Mails
    },
    ......
]
```

通过列表显示私信，页面代码如下：

```
01  <template>
02      <div class="article">
03          <!--私信详情-->
04          <div class="type">
05              <Divider/>
06              <List item-layout="vertical">
07                  <ListItem v-for="mail in mails" :key="mail.m_id">
08                      <router-link :to="/mailGetter/+mail.m_id">
09                          <ListItemMeta title="私信" :description="mail.
                              users[1]+'与'+mail.users[0]"/>
10                      </router-link>
11                  </ListItem>
12              </List>
13          </div>
14      </div>
15  </template>
16  <script>
17      export default {
18          name: 'Mails',
19          components: {},
20          data() {
21              return {
22                  mails: []
23              }
24          },
25          created: function () {
26              //获取文章
27              this.$api.get('users/user/mailsGet').then((res) => {
28                  if (res.code === 0) {
29                      this.mails = res.data
30                  } else {
31                      this.info(res.message)
32                  }
33              })
34          },
35          methods: {
36              info(text) {
37                  this.$Notice.info({
38                      title: '提示',
39                      desc: text
40                  });
41              },
42              getArticleTalk(id) {
43                  //获取所有评论
44                  this.$api.get('getArticleTalk/' + id).then((res) => {
45                      this.articleTalk = res.data
```

```
46                      console.log(this.articleTalk)
47                  })
48              }
49          },
50
51      }
52  </script>
```

页面显示效果如图 9-18 所示。

图 9-18 私信列表

获取具体私信内容的页面地址采用/**mailGetter**/+对话 **ID** 的形式，需要指定一个新的路由并在 index.js 文件中引入，代码如下：

```
import Mails from '../views/Mails'
{
        path: '/mailGetter/:id',
        name: 'Mail',
        component: Mail
}
```

私信的详情页面除了通过 **ID** 获取基本的对话信息以外，还需要提供新的对话功能。该功能通过一个列表展示组件和一个文本输出框组件来实现，完整的页面代码如下：

```
01  <template>
02      <div class="article">
03          <!--私信详情-->
04          <div>
05              <h3>与{{mail.toUser}}的对话</h3>
06              <List style="text-align: left" item-layout="vertical">
07                  <ListItem v-for="item in mail.mail" :key="item.time">
08                      <ListItemMeta :title="Date(item.time)" :description=
                        "item.text"/>
09                  </ListItem>
10              </List>
11          </div>
12          <!--评论-->
13          <div>
14              <h3 style="text-align: left">评论</h3>
15              <i-input v-model="mailText" type="textarea" :rows="4"
```

```
16                placeholder="请输入..."></i-input>
17              <br> <br>
18              <Button v-on:click="submitMail">提交</Button>
19          </div>
20      </div>
21  </template>
```

接下来为文本框绑定 data 中定义的变量，当用户单击"发送"按钮时，将该变量作为 JSON 对象发送至服务器，再调用获取私信具体内容的接口刷新数据，逻辑代码如下：

```
01  <script>
02
03      export default {
04          name: 'Mail',
05          components: {},
06          data() {
07              return {
08                  mail: {mail: [], toUser: ''},
09                  mailText: '',
10                  id: ''
11              }
12          },
13          created: function () {
14              if ('id' in this.$route.params) {
15                  let id = this.$route.params.id
16                  console.log(this.$route.params.id)
17                  this.getMail(id)
18              }
19          },
20          methods: {
21              info(text) {
22                  this.$Notice.info({
23                      title: '提示',
24                      desc: text
25                  });
26              },
27              submitMail() {
28                  let sendData = {
29                      text: this.mailText
30                  }
31                  this.$api.post('users/user/mail/' + this.mail.toUser,
                        sendData).then((res) => 32  {
33                      if (res.code === 0) {
34                          this.getMail(this.id)
35                      } else {
36                          this.info(res.message)
37                      }
38                  })
39              },
40              getMail(id) {
41                  //获取私信
42                  this.$api.get('users/user/mailGetter/' + id).then((res)
                        => {
43                      if (res.code === 0) {
```

```
44                          this.mail = res.data
45                          this.id = id
46                  } else {
47                          this.info(res.message)
48                  }
49              })
50          }
51      }
52  }
53 </script>
```

最终的显示效果如图 9-19 所示。

图 9-19　显示私信数据

9.3.6　文章评论功能

用户登录后可以评论文章。为了区别之前的文章详情页，笔者将"评论"单独编写为一个组件，并在文章详情页引入。

首先编写组件，在 components 文件夹下新建 Talk.vue 文件，并在 Article.vue 文件中引入 Talk.vue 文件。在模板的最下方编写 Talk.vue 代码如下：

```
......
        </div>
        <!--评论-->
```

```
            <Talk :a_id="article.a_id"></Talk>
        </div>
</template>

<script>
    import Talk from '../components/Talk'

    export default {
        name: 'Article',
        components: {
            Talk
        },
......
```

接下来编写评论组件，需要一个文本框元素，本例使用的是 iView 提供的文本框，在文本框元素中绑定一个 data 变量同步获取文本框中输入的值。从父组件 Article 获取文章的 a_id，当用户单击"提交"按钮后，将所有的数据发送至服务器并且刷新页面。完整的代码如下：

```
01  <template>
02     <div>
03         <h3 style="text-align: left">评论</h3>
04         <i-input v-model="data" type="textarea" :rows="4" placeholder=
           "请输入..."></i-input>
05         <br> <br>
06         <Button v-on:click="submitTalk">提交</Button>
07     </div>
08  </template>
09
10  <script>
11     export default {
12         name: "Talk",
13         data() {
14             return {
15                 data: ''
16             }
17         },
18         methods: {
19             //提交评论
20             submitTalk() {
21                 let data = {
22                     a_id: this.a_id,
23                     talk: this.data
24                 }
25                 this.$api.post('users/user/article/talk', data).then
                   ((res) => {
26                     if (res.code === 0) {
```

```
27                       //调用父组件中的方法
28                       this.$parent.getArticleTalk(this.a_id)
29                   } else {
30                       this.$Notice.open({
31                           title: '错误',
32                           desc: res.message,
33                           duration: 5
34                       });
35                   }
36               })
37           }
38       },
39       props: {
40           a_id: Number
41       }
42   }
43 </script>
```

需要注意的是，评论成功后会调用父组件中获取评论的方法完成数据更新，所以修改 Article.vue 组件，将获取评论的功能封装成方法存放在 methods 中，代码如下：

```
created: function () {
......
    this.$api.get('getArticle/' + id).then((res) => {
        if (res.code === 0) {
            this.article = res.data
            console.log(this.article)
        } else {
            this.info(res.message)
        }
        //编写为方法，供子组件调用
        this.getArticleTalk(id)
......
},
methods: {
......
    getArticleTalk(id) {
        //获取所有评论
        this.$api.get('getArticleTalk/' + id).then((res) => {
            this.articleTalk = res.data
            console.log(this.articleTalk)
        })
    }
},
```

这样就可以实时地添加文章评论了，评论更新在文章下方，如图 9-20 所示。

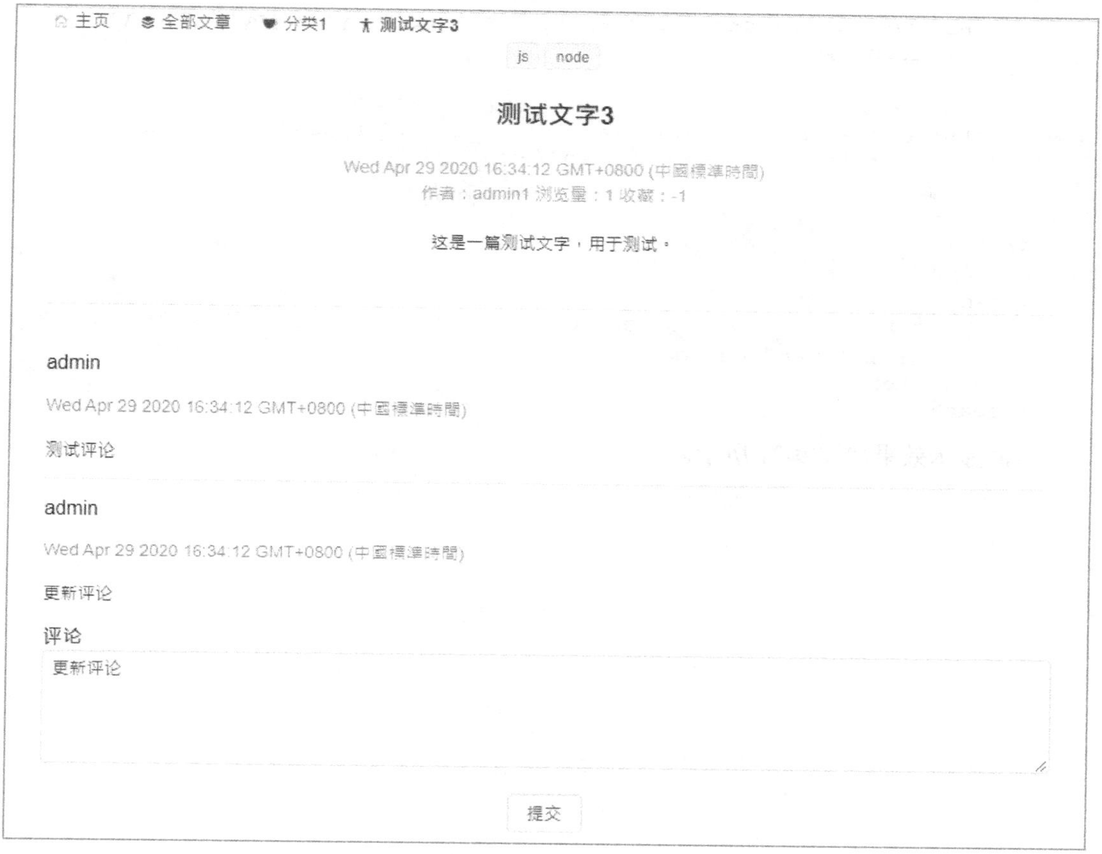

图 9-20　评论页

9.3.7　文章的收藏和点赞功能

文章的点赞和收藏不需要编写专门的页面，本实例编写在文章详情页中。需要注意的是，文章的点赞和收藏需要用户登录并且当前 Token 有效才能操作。

更改 Article.vue 文件，在页面中增加"赞"按钮、"踩"按钮和"收藏"按钮，代码如下：

```
<!--文章详情-->
<div>
    <h2>{{article.title}}</h2>
......
</div>
<!--增加用户相关的功能-->
<!--收藏和点赞-->
<div>
```

```
    <Button v-on:click="aLike(article.a_id,1)" type="info" ghost>
        <Icon type="ios-arrow-up"/>
        赞
    </Button>
    <Button v-on:click="aLike(article.a_id,0)" type="info" ghost>
        <Icon type="ios-arrow-down"/>
        踩
    </Button>
</div>
<!--收藏-->
<span>
    <Button v-on:click="collection(article.a_id)" type="text">
        <Icon type="ios-heart"/>收藏
    </Button>
</span>
```

页面显示效果如图 9-21 所示。

图 9-21 收藏和点赞功能

接着编写数据绑定的方法，该方法需要传递文章参数，在 methods 对象中增加如下方法：

```
//收藏该文章
collection(id) {
    this.$api.get('users/user/save/' + id).then((res) => {
        this.info(res.message)
    })
},
//通过传递参数的不同进行"赞"和"踩"的判断
aLike(id, like) {
    if (localStorage.getItem('article_' + id + '_like')) {
        this.info('您已经进行过了选择')
    } else {
        this.$api.get('users/user/like/' + id + '/' + like).then((res) => {
            this.info(res.message)
```

```
        localStorage.setItem('article_' + id + '_like', 1)
      })
   }
}
```

当用户单击"赞"按钮后，自动在本地记录已经单击了该文章的赞赏功能，如果用户已经单击过，不允许第二次提交，如图 9-22 所示。

图 9-22　点赞功能

9.3.8　查看所有收藏

通过用户登录后的导航栏可以跳转至收藏页，首先编写路由，修改 index.js 文件，代码如下：

```
import Vue from 'vue'
import VueRouter from 'vue-router'
import Mails from '../views/Mails'
......

Vue.use(VueRouter)
const routes = [
    {
        path: '/mail',
        name: 'Mails',
        component: Mails
    },
    ......
]
```

获取用户登录后的收藏页非常简单，只需要请求相应接口，然后展示在文章列表显示页中即可。最终的页面代码如下：

```
01  <template>
02      <div>
03          <!--文章列表-->
```

```
04          <div class="article-list">
05              <row type="flex" justify="space-around" class="code-row-bg">
06                  <i-col span="24">
07                      <article-list :list="list" :title="listTitle">
                        </article-list>
08                  </i-col>
09              </row>
10          </div>
11      </div>
12 </template>
13 <script>
14      import ArticleList from '../components/ArticleList'
15
16      export default {
17          name: 'Home',
18          components: {
19              ArticleList
20          },
21          data() {
22              return {
23                  list: [],
24                  listTitle: '收藏文章'
25              }
26          },
27          created: function () {
28              //获取所有收藏的文章
29              this.$api.get('users/user/saveList').then((res) => {
30                  let tData = []
31                  res.data.map((item) => {
32                      if (item.a_id != 0) {
33                          tData.push({id: parseInt(item.a_id), title:
                            item.title})
34                      }
35                  })
36                  this.list = tData
37              })
38          }
39      }
40 </script>
```

显示效果如图 9-23 所示，单击列表中的元素会自动跳转至文章的详情页。

图 9-23 收藏列表页

9.4　管理员页面的开发

　　本节编写管理员页面，文章的发布、用户的管理等均需通过管理员进行处理。

　　为了方便编写代码，本例将这些页面编写在与前面的用户页面相同的项目中。在实际开发的前后端分离项目中，应当将管理员系统和普通用户系统分离为两个独立的用户系统，这样不仅可以维护系统的安全，还可以控制客户端打包后的体积，减少功能或权限的耦合。

9.4.1　管理员页面路由设置

　　管理员用户的路由依旧定义在 index.js 文件中，为了方便管理员页面的导航，笔者采用抽屉组件，方便多个管理员页面的切换。

　　使用路由嵌套的定义形式，在 index.js 文件中输入如下代码：

```
import Vue from 'vue'
import VueRouter from 'vue-router'
import Admin from '../views/admin/Admin'

Vue.use(VueRouter)

const routes = [
......
    {
        path: '/admin', component: Admin,
        children: [
            {
                //当 /admin 匹配成功再进行匹配
            }
        ]
    }
]

const router = new VueRouter({
    mode: 'history',
    base: process.env.BASE_URL,
    routes
})
export default router
```

上述路由设计中，符合 admin 路径的所有 URL 都使用组件 Admin。

在 views 文件夹下新建 admin 文件夹，用来存放所有与 Admin 相关的页面。在 admin 文件夹中新建 Admin.vue 文件用来编写导航抽屉。完整的代码如下：

```
01  <template>
02    <div>
03      <Drawer title="用户管理菜单" placement="left" :closable="false"
          v-model="value2">
04        <p v-on:click="goUrl('article')">文章编写</p>
05        <p v-on:click="goUrl('type')">类型管理</p>
06        <p v-on:click="goUrl('articles')">文章管理</p>
07        <p v-on:click="goUrl('indexChange')">主页管理</p>
08        <p v-on:click="goUrl('users')">用户管理</p>
09      </Drawer>
10      <Button class="admin-btn" @click="value2 = true" type=
          "primary">导航菜单</Button>
11      <router-view/>
12    </div>
13  </template>
14
15  <script>
16    export default {
17      name: 'App',
18      components: {},
19      data() {
20        return {
21          value2: true
22        }
23      },
24      methods: {
25        goUrl(url) {
26          this.$router.push({path:'/admin/'+ url})
27        }
28      }
29    }
30  </script>
31
32  <style>
33    .admin-btn {
34      position: fixed;
35      right: 10vw;
36      top: 30vh
37    }
38  </style>
```

访问任意/admin/*的路径，都可以调用该抽屉组件，效果如图 9-24 所示。

图 9-24　管理员页面导航

9.4.2　文章编辑页

在 views/admin 文件夹下新建 WriterArticle.vue 文件作为文章编辑页面。首先还是编写页面路由，修改后的 router/index.js 文件代码如下：

```
import WriterArticle from '../views/admin/WriterArticle'

……
    {
        path: '/admin', component: Admin,
        children: [
            {
                //当 /admin 匹配成功再进行匹配
                path: 'article',
                component: WriterArticle
            }
        ]
    }
```

编辑文章需要使用富文本编辑器，该编辑器不仅方便编写，还能增加样式。本例采用 tinymce 富文本编辑器。使用 npm 安装富文本编辑器和支持插件，代码如下：

```
npm install @tinymce/tinymce-vue -S
npm install tinymce -S
```

安装效果如图 9-25 所示。

富文本编辑器实际上就是一个大一点的文本框（也称为富文本框），有很多样式。Vue.js 项目里所有的样式都存放在 public 文件夹中，所以应将富文本编辑器使用的样式（tinymce\skins）从 node_modules 中复制一份存放在 public 文件夹中。

```
H:\book\book\vue_book\code\8\client\app>cnpm install @tinymce/tinymce-vue -S
√ Installed 1 packages
√ Linked 1 latest versions
√ Run 0 scripts
√ All packages installed (1 packages installed from npm registry, used 392ms(network 797ms), speed 50.22kB/s, json 2(31
  .82kB), tarball 12.94kB)

H:\book\book\vue_book\code\8\client\app>cnpm install tinymce -S
√ Installed 1 packages
√ Linked 0 latest versions
√ Run 0 scripts
√ All packages installed (1 packages installed from npm registry, used 3s(network 3s), speed 499.32kB/s, json 1(8.61kB)
  tarball 1.34MB)
```

图 9-25 安装富文本支持

接下来在 WriterArticle.vue 文件中引入富文本编辑器并且进行初始化配置，代码如下：

```
01  <script>
02      import tinymce from 'tinymce/tinymce'
03      import Editor from '@tinymce/tinymce-vue'
04      import 'tinymce/themes/silver/theme'
05
06      export default {
07          name: 'WriterArticle',
08          components: {
09              Editor
10          },
11          data() {
12              return {
13                  //初始化配置
14                  init: {
15                      selector: 'textarea',  //change this value according
                          to your HTML
16                      plugin: 'a_tinymce_plugin',
17                      a_plugin_option: true,
18                      skin_url: "/skins/ui/oxide", //skin 路径
19                      height: 300,//编辑器高度
20                      branding: false,//是否禁用 "Powered by TinyMCE"
21                  }
22              }
23          },
24          mounted() {
25              tinymce.init({})
26          },
27      }
28  </script>
```

上述代码已经对富文本编辑器进行了实例化，和引入其他组件一样，使用该组件也需要在 components 中声明。该组件的使用方法和使用其他组件一样，代码如下：

```
<!--文章详情-->
<div>
    <h3 style="text-align: left">文章详情</h3>
    <Editor id="tinymce" v-model="text" :init="init"></Editor>
    <br> <br>
    <Button v-on:click="submission">提交</Button>
</div>
```

新建文章时，除了富文本编辑器中的内容，还包括类型、小标签和标题等内容，这些内容构成了一个完整的表单。当用户输入所有的信息后，单击"提交"按钮，整个表单被发送至服务器，文章新建成功。

完整的页面代码如下：

```
01  <template>
02    <div class="article_writer">
03      <div class="item">
04        <h3>文章名称</h3>
05        <Input v-model="title" style="width: 300px" placeholder=
          "输入文章名称"/>
06      </div>
07      <div class="item">
08        <h3>文章作者</h3>
09        <Input v-model="writer" style="width: 300px" placeholder=
          "输入文章作者"/>
10      </div>
11      <div class="item">
12        <h3>文章分类</h3>
13        <Select v-model="type" style="width:200px">
14          <Option v-for="item in articleType" :value="item.uid"
            :key="item.uid">{{ item.name }}</Option>
15        </Select>
16      </div>
17      <div class="item">
18        <h3>文章小标签</h3>
19        <Input v-model="tag" style="width: 300px" placeholder="使用
          空格进行分割"/>
20      </div>
21      <!--文章详情-->
22      <div>
23        <h3 style="text-align: left">文章详情</h3>
24        <Editor id="tinymce" v-model="text" :init="init"></Editor>
25        <br> <br>
26        <Button v-on:click="submission">提交</Button>
27      </div>
28    </div>
29  </template>
30  <style>
31    .article_writer {
32      padding: 40px 10vw 40px 10vw;
33      text-align: left;
34    }
35
36    .article_writer .item {
37      padding-bottom: 20px;
38    }
39
40    .article h2 {
41      padding: 20px;
42    }
```

```
43
44    </style>
```

文章类型应当通过接口从后台 API 获取，并且将获得的数据显示在页面的选择菜单中，由用户选择。

用户单击"提交"按钮后，通过 POST 方式向后台 API 发送数据，并且显示是否新建成功的提示，完整的逻辑代码如下：

```
01    <script>
02        import tinymce from 'tinymce/tinymce'
03        import Editor from '@tinymce/tinymce-vue'
04        import 'tinymce/themes/silver/theme'
05
06        export default {
07            name: 'WriterArticle',
08            components: {
09                Editor
10            },
11            data() {
12                return {
13                    text: '',
14                    title: '',
15                    type: '',
16                    tag: '',
17                    writer: '',
18                    //类别
19                    articleType: [],
20                    //初始化配置
21                    init: {
22                        selector: 'textarea', //根据自己的 HTML 改变这个值
23                        plugin: 'a_tinymce_plugin',
24                        a_plugin_option: true,
25                        skin_url: "/skins/ui/oxide",        //skin 路径
26                        height: 300,                        //编辑器高度
27                        branding: false,          //是否禁用"Powered by TinyMCE"
28                    }
29                }
30            },
31            mounted() {
32                tinymce.init({})
33            },
34            created: function () {
35                //获取所有分类
36                this.$api.get('users/user/articleType').then((res) => {
37                    //写数据
38                    this.articleType = res.data
39                })
40            },
41            methods: {
42                info(text) {
43                    this.$Notice.info({
44                        title: '提示',
```

```
45                desc: text
46            });
47        },
48        //文章提交方法
49        submission() {
50            let data = {
51                title: this.title,
52                writer: this.writer,
53                text:this.text,
54                type:parseInt(this.type),
55                tag:this.tag.split(" ")
56            }
57            this.$api.post('admin/setArticle',{article:data}).
            then((res) => {
58                //写数据
59                this.info(res.message)
60            })
61        }
62    },
63    }
64 </script>
```

最终的页面显示效果如图 9-26 所示。

图 9-26　新增文章

9.4.3　文章管理页

在文章管理页中可以进行文章的上线和下线操作,当文章下线时,不能获取文章的详情。该功能需要一个文章列表和两个按钮（上线和下线按钮）。

在 views/admin 文件夹下新建 AdminArticles.vue 文件用来编写文章管理页的代码。首先编写页面路由，修改后的 router/index.js 文件代码如下：

```
import WriterArticle from '../views/admin/WriterArticle'

......
  {
      path: '/admin', component: Admin,
      children: [
          {
              //当 /admin 匹配成功再进行匹配
              path: 'articles',
              component: AdminArticles
          }
      ]
  }
```

文章管理页应当循环显示所有文章，并且在每篇文章后显示一个"上线"或"下线"按钮，代码如下：

```
01  <template>
02    <div>
03      <!--文章列表-->
04      <div class="list-manger">
05        <row type="flex" justify="space-around" class="code-row-bg">
06          <i-col span="15">
07            <List>
08              <ListItem v-for="item in list" :key="item.id" class="item">
09                <ListItemMeta :title="item.title" :description="Date(item.date)"/>
10                <template slot="action">
11                  <li>
12                    <Button v-on:click="online(item.id)">{{item.show==0?'上线':'下线'}}</Button>
13                  </li>
14                </template>
15              </ListItem>
16            </List>
17          </i-col>
18        </row>
19      </div>
20    </div>
21  </template>
22  <style>
23    .list-manger {
```

```
24          text-align: left;
25      }
26  </style>
```

单击"上线"按钮后，自动发送请求到 API，成功后获取文章列表，代码如下：

```
01  <script>
02      export default {
03          name: 'AdminArticles',
04          components: {},
05          data() {
06              return {
07                  list: [],
08                  listTitle: ''
09              }
10          },
11          created: function () {
12              this.getArticles()
13          },
14          methods: {
15              online(id) {
16                  let data = {a_id: id}
17                  this.$api.post('admin/showArticle', data).then((res) => {
18                      this.$Notice.info({
19                          title: '提示',
20                          desc: res.message
21                      })
22                      this.getArticles()
23                  })
24              },
25              getArticles() {
26                  //获取所有文章
27                  this.$api.get('getNewArticle').then((res) => {
28                      let tData = []
29                      res.data.map((item) => {
30                          if (item.id !== 0) {
31                              tData.push(item)
32                          }
33                      })
34                      this.list = tData
35                  })
36              }
37          }
38      }
39  </script>
```

最终的显示效果如图 9-27 所示。

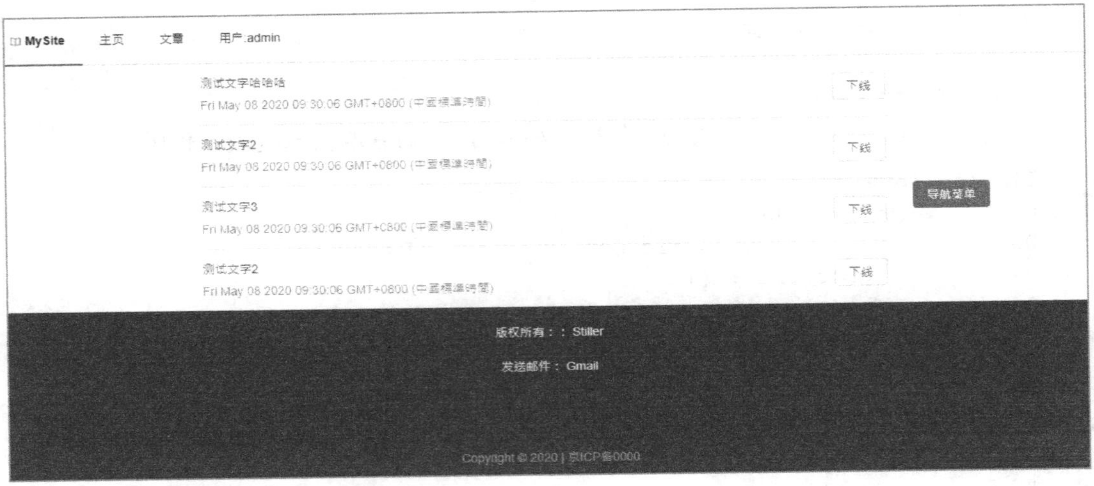

图 9-27　文章管理页

9.4.4　用户管理页

用户管理页应该获取所有的用户，并提供用户的封停和解封功能。在 views/admin 文件夹下新建 AdminUsers.vue 文件用来编写用户管理页的代码。首先编写页面路由，修改后的 router/index.js 文件代码如下：

```
import AdminUsersfrom '../views/admin/AdminUsers'

……
    {
        path: '/admin', component: Admin,
        children: [
            {
                //当 /admin 匹配成功再进行匹配
                path: 'users',
                component: AdminUsers
            }
        ]
    }
```

用户管理页和基本的文章管理页一致，通过 API 获取所有的用户信息并循环显示，在用户名后提供"封停"和"解封"按钮。页面代码如下：

```
<template>
    <div>
        <!--文章列表-->
        <div class="list-manger">
            <row type="flex" justify="space-around" class="code-row-bg">
                <i-col span="15">
```

```
                        <List>
                            <ListItem v-for="item in list" :key="item.id" class=
"item">
                                <ListItemMeta :title="item.username" :description
="'ip 地址:'+item.ip"/>
                                <template slot="action">
                                    <li>
                                        <Button v-on:click="online(item.username)">
{{item.login==0?'封停':'解封'}}</Button>
                                    </li>
                                </template>
                            </ListItem>
                        </List>
                    </i-col>
                </row>
            </div>
        </div>
</template>
```

用户单击"封停"或"解封"按钮后，向服务器 API 发送携带用户名称的参数，逻辑
代码如下：

```
01  <script>
02      export default {
03          name: 'AdminUsers',
04          components: {},
05          data() {
06              return {
07                  list: []
08              }
09          },
10          created: function () {
11              this.getUsers()
12          },
13          methods: {
14              online(username) {
15                  this.$api.get('admin/stopLogin/'+username).then((res) => {
16                      this.$Notice.info({
17                          title: '提示',
18                          desc: res.message
19                      })
20                      this.getUsers()
21                  })
22              },
23              getUsers() {
24                  //获取所有用户
25                  this.$api.get('admin/getAllUser').then((res) => {
26                      this.list = res.data
27                  })
28              }
29          }
30      }
31  </script>
```

最终的显示效果如图 9-28 所示。

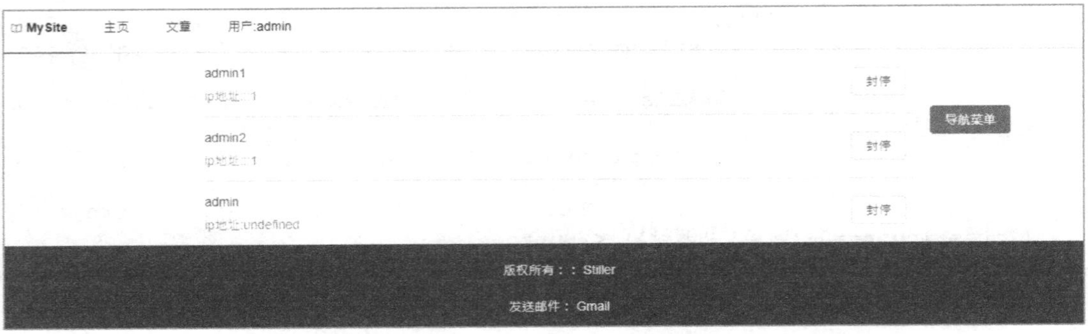

图 9-28　用户管理页

9.5　小结与练习

9.5.1　小结

本章使用 Vue.js 开发前端界面，使用 iView 和基础的 CSS 完成页面的简单搭建，结合第 8 章后端接口所提供的数据，最终完成了一个简单的前后端分离的项目工程。

伴随着 5G 技术生态体系的完善，快速的网络体验让前后端分离技术更加实用，本例采用的这种开发方式也是当前大型网站（或网络型 App）的主流开发方式。

9.5.2　练习

有条件的读者可以尝试以下练习：

（1）完成本章的基本代码编写和细节优化。

（2）本章并没有完全实现所有的功能，但是大部分功能都提供了相应的 API，请使用这些 API 完成更多的功能，如文章修改等。

（3）开发更多的 API，实现一些更加复杂的功能。

第 10 章　网站的部署和上线

本章将搭建前面章节所讲实例的生产环境,将所有的代码搭建在一台 Linux 服务器中,并且测试其能否正常运行。

本章涉及的知识点如下:

- 使用远程服务器进行连接;
- 基本的 Linux 命令;
- 使用 Nginx 搭建 Node.js 服务器;
- 在服务器端部署代码;
- 基本的网站优化技术;
- 使用 nw.js 将网站打包为一个桌面软件;
- 更多网站部署的相关技术。

10.1　远程连接服务器

如果读者已经购买了阿里云等云服务器,可以直接阅读 10.1.3 节的内容;如果没有购买,可以搭建本地的虚拟机进行代码的部署和测试。

本节介绍如何在 Windows 中安装 Linux 虚拟机。Windows 10 以上的版本自带 Hyper-V 虚拟机,相比 VM VirtualBox,该虚拟机对系统的性能要求较低,读者可以尝试使用,本书不做介绍。本节介绍更通用的传统虚拟机软件 Oracle VM VirtualBox。

10.1.1　虚拟机简介

虚拟机(Virtual Machine)指通过软件模拟具有完整硬件系统功能且运行在一个完全独立环境中的计算机系统。

简单来说,虚拟机相当于在计算机 A 中安装一款软件来实现计算机 B 的功能和作用,计算机 A 和 B 的环境互不影响,但是计算机 B 需要建立在计算机 A 之上。B 使用 A 的部分 CPU 和内存等资源,是虚拟化技术的一种。建立在这类虚拟化技术中的计算机 B 被称为虚拟机，如图 10-1 所示。相应地，计算机 A 也被称为实体机。

图 10-1　虚拟机

　　使用虚拟机的优点在于，虚拟机系统不会降低计算机的性能，启动虚拟机系统不需要像启动 Windows 系统那样耗费时间，运行程序更加便捷。同一款软件的兼容性在不同的系统中完全不同，所以多系统共存是常见的开发需求和应用需求。

注意：如果要保证虚拟机运行环境不卡顿，则需要实体机的 CPU 支持"虚拟化技术"，该配置需要在 BIOS 菜单中开启。不了解 BIOS 的读者可以查阅相关资料，这里不再赘述。

　　一般的操作系统都支持虚拟机软件，虚拟机中安装的系统也不要求必须和实体机一致。例如，可以在 Windows 系统的虚拟机中安装 Linux 系统或 mac OS 系统。

说明：虚拟机不是"双系统"。双系统是指一台实体机被启动引导成两台不同系统的计算机，每台计算机都是实体机，没有系统间的层级和依赖。

10.1.2　虚拟机的安装

　　VM（VMware Workstation）是世界上最流行的虚拟机软件，本节要下载的软件是与其同一家公司出品的 Oracle VM VirtualBox，官网地址是 https://www.virtualbox.org/，下载页面如图 10-2 所示。该软件的最新版本为 6.1，如果读者使用的是 Windows 7 系统，则推荐下载 VirtualBox 5 系列的版本，因为高版本的虚拟机在某些低版本的操作系统中可能无法运行。

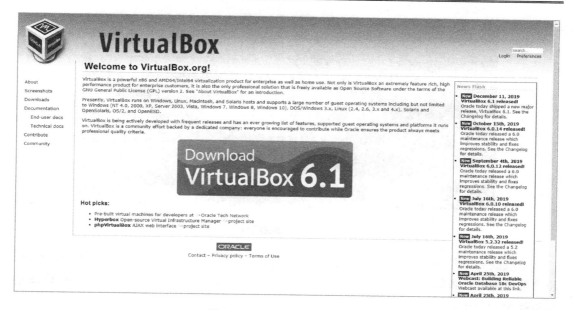

图 10-2　VirtualBox 下载页面

（1）单击下载按钮进行下载，下载完成后双击下载文件直接安装。安装完成后启动 Oracle VM VirtualBox，界面如图 10-3 所示。

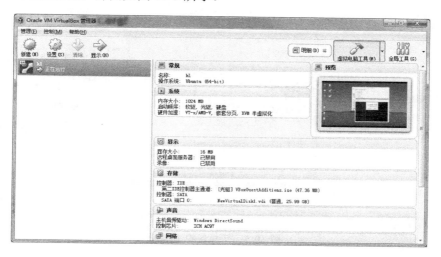

图 10-3　Oracle VM VirtualBox 界面

虚拟机安装好后，再选择一款操作系统安装在其中。这里要注意，虚拟机没有自带的操作系统。本书使用 Ubuntu 专为中国打造的发行版之一 kylin（优麒麟）系统，官网下载地址为 https://www.ubuntukylin.com/，其主页如图 10-4 所示。

图 10-4　优麒麟官网

　　下载的文件是一个扩展名为 iso 的镜像文件，该文件可以直接刻录成系统光盘。当然，现今的大部分设备均可以直接读取 iso 文件中的内容，也可以通过虚拟光驱技术挂载该光盘镜像为一个正常的光盘。

　　（2）创建虚拟机。启动 Oracle VM VirtualBox 软件，单击左上角的"新建"按钮，弹出"新建虚拟电脑"对话框，如图 10-5 所示。

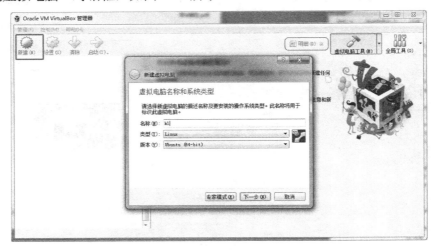

图 10-5　新建虚拟电脑

　　选择不同版本的系统，设置虚拟机的名称，不同系统的文件系统和引导是不同的，读者按照虚拟机创建的系统进行设置即可。本例安装的是 Ubuntu 的一个发行版，因此选择系统的类型为 Linux，版本为 Ubuntu。

　　（3）设定虚拟机中虚拟硬盘和内存的大小，并且确定硬盘文件的位置，这里应按需设置。完成所有的配置后，单击"创建"按钮，即可成功创建一台虚拟机设备，如图 10-6

所示。单击框图中的"启动"按钮可以开启该虚拟机，在关闭虚拟机的状态下，单击"设置"按钮可以更改虚拟机的配置。

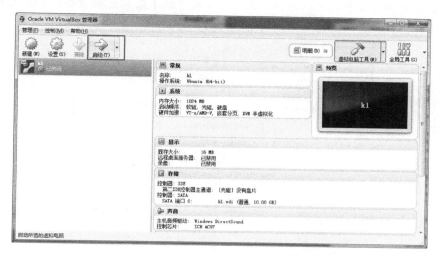

图 10-6　新建虚拟机

当前状态下创建的虚拟机设备仅是一个"空壳"，需要安装系统。如果此时单击"启动"按钮，则会启动一个空系统，并且引导光驱中没有任何内容，不能安装操作系统，如图 10-7 所示。

图 10-7　"选择启动盘"对话框

（4）关闭虚拟机，然后单击该虚拟机的"设置"按钮，在弹出的对话框中选择"存储"选项卡，修改其中的存储介质，单击光盘小图标，添加一个虚拟光盘设备，然后选择之前下载的系统镜像文件，如图 10-8 所示。

🔔注意：在此存储界面中也可以添加新磁盘。如果添加了虚拟光驱设备，可以在下次启动
之前将其删除，这样不必每次都载入该设备。

图 10-8　创建虚拟光驱

（5）再次启动该虚拟机，将自动安装系统。Ubuntu 系统提供了两种安装形式：一种是无须安装的试用版，一种是将该系统安装到硬盘上的传统方式。

（6）单击"下一步"按钮，设置相关的用户名和密码，系统会自动进入安装界面。等待一段时间后，提示系统安装成功，需要重启。确认后，等待系统重启就安装成功了，如图 10-9 所示。

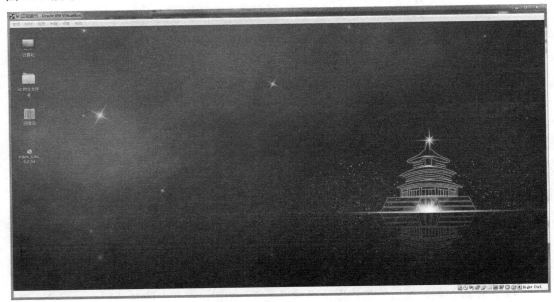

图 10-9　系统安装完成

💭**注意**：Ubuntu 在安装过程中可能会出现界面显示不完整的情况，如果是需要等待的幻灯页步骤，则只需等待即可，不需要任何操作。

　　Linux 对 VM VirtualBox 的支持需要安装额外的 VBox_GuestAdditions。选择"设备"菜单下的"安装增强功能"命令，则系统会自动加载一个名为 VBox_GAs_xxx 的文件，如图 10-10 中的框选部分。

　　（7）Linux 不同于 Windows 的用户管理，其最大权限的账户为 root，该账户可以对所有的内容执行更新和删除操作（包括系统本身），所以不推荐直接使用 root 账户操作服务器。

　　对于某些需要管理员权限的操作，如软件的卸载和重装，可以使用 sudo 命令。例如，使用 sudo 命令安装 Git 软件，如图 10-11 所示。如果无法安装某些软件，请检查是否存在软件源的错误。

图 10-10　安装增强工具

```
(qt-venv) st@st-pc:/data/python/qt/qt-venv/bin$ git

Command 'git' not found, but can be installed with:

sudo apt install git

(qt-venv) st@st-pc:/data/python/qt/qt-venv/bin$ sudo apt install git
正在读取软件包列表... 完成
正在分析软件包的依赖关系树
正在读取状态信息... 完成
将会同时安装下列软件:
  git-man liberror-perl
建议安装:
  git-daemon-run | git-daemon-sysvinit git-doc git-el git-email git-gui gitk gitweb git-cvs git-mediawiki git-svn
下列【新】软件包将被安装:
  git git-man liberror-perl
升级了 0 个软件包，新安装了 3 个软件包，要卸载 0 个软件包，有 0 个软件包未被升级。
需要下载 4,969 kB 的归档。
解压缩后会消耗 33.9 MB 的额外空间。
您希望继续执行吗?  [Y/n] y
获取:1 http://cn.archive.ubuntu.com/ubuntu disco/main amd64 liberror-perl all 0.17027-2 [26.6 kB]
获取:2 http://cn.archive.ubuntu.com/ubuntu disco/main amd64 git-man all 1:2.20.1-2ubuntu1 [835 kB]
获取:3 http://cn.archive.ubuntu.com/ubuntu disco/main amd64 git amd64 1:2.20.1-2ubuntu1 [4,107 kB]
已下载 4,969 kB，耗时 6秒 (784 kB/s)
正在选中未选择的软件包 liberror-perl。
(正在读取数据库 ... 系统当前共安装有 258821 个文件和目录。)
准备解压 .../liberror-perl_0.17027-2_all.deb ...
正在解压 liberror-perl (0.17027-2) ...
正在选中未选择的软件包 git-man。
准备解压 .../git-man_1%3a2.20.1-2ubuntu1_all.deb ...
正在解压 git-man (1:2.20.1-2ubuntu1) ...
正在选中未选择的软件包 git。
准备解压 .../git_1%3a2.20.1-2ubuntu1_amd64.deb ...
正在解压 git (1:2.20.1-2ubuntu1) ...
正在设置 liberror-perl (0.17027-2) ...
正在设置 git-man (1:2.20.1-2ubuntu1) ...
正在设置 git (1:2.20.1-2ubuntu1) ...
正在处理用于 man-db (2.8.5-2) 的触发器 ...
(qt-venv) st@st-pc:/data/python/qt/qt-venv/bin$ ▉
```

图 10-11　安装 Git 软件

🔔**注意**：不同的 Linux 系统中，软件的安装命令也可能不同，需要注意虚拟机的操作系统版本和类型。

（8）此时，root 用户的密码仍然处于未配置的状态，使用如下命令进行配置：

```
sudo passwd root
```

配置密码效果如图 10-12 所示，以"#"号作为开头的命令输出为 root 用户。使用 su 命令可以切换用户。

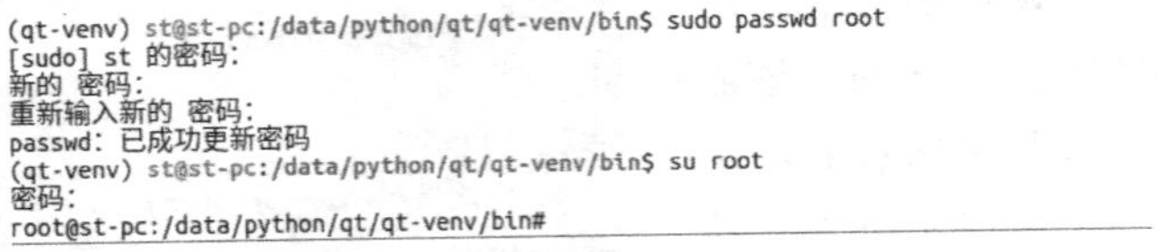

```
(qt-venv) st@st-pc:/data/python/qt/qt-venv/bin$ sudo passwd root
[sudo] st 的密码:
新的 密码:
重新输入新的 密码:
passwd: 已成功更新密码
(qt-venv) st@st-pc:/data/python/qt/qt-venv/bin$ su root
密码:
root@st-pc:/data/python/qt/qt-venv/bin#
```

图 10-12　更改 root 用户的密码

如果在安装软件时出现找不到软件等错误，可以尝试使用如下命令或为软件增加新的源来解决：

```
sudo apt-get update
```

以上命令更新软件包的列表，使当前计算机中的软件源处于最新状态，更新效果如图 10-13 所示。

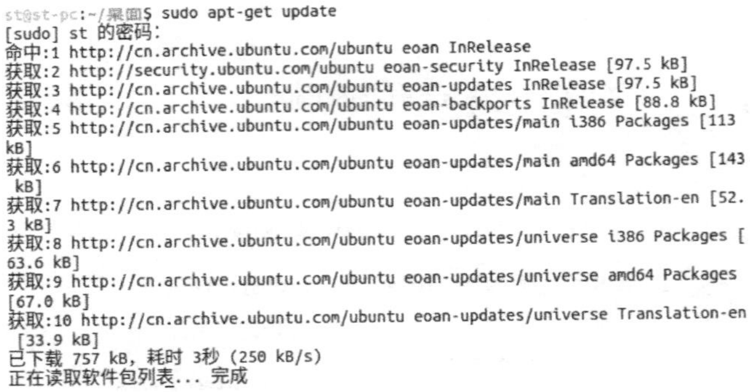

```
st@st-pc:~/桌面$ sudo apt-get update
[sudo] st 的密码:
命中:1 http://cn.archive.ubuntu.com/ubuntu eoan InRelease
获取:2 http://security.ubuntu.com/ubuntu eoan-security InRelease [97.5 kB]
获取:3 http://cn.archive.ubuntu.com/ubuntu eoan-updates InRelease [97.5 kB]
获取:4 http://cn.archive.ubuntu.com/ubuntu eoan-backports InRelease [88.8 kB]
获取:5 http://cn.archive.ubuntu.com/ubuntu eoan-updates/main i386 Packages [113
kB]
获取:6 http://cn.archive.ubuntu.com/ubuntu eoan-updates/main amd64 Packages [143
 kB]
获取:7 http://cn.archive.ubuntu.com/ubuntu eoan-updates/main Translation-en [52.
3 kB]
获取:8 http://cn.archive.ubuntu.com/ubuntu eoan-updates/universe i386 Packages [
63.6 kB]
获取:9 http://cn.archive.ubuntu.com/ubuntu eoan-updates/universe amd64 Packages
[67.0 kB]
获取:10 http://cn.archive.ubuntu.com/ubuntu eoan-updates/universe Translation-en
 [33.9 kB]
已下载 757 kB, 耗时 3秒 (250 kB/s)
正在读取软件包列表... 完成
```

图 10-13　更新软件源

虚拟机的安装就介绍到这里。不管是云服务器还是虚拟机，本质上它们都是安装了 Linux 系统的计算机。

10.1.3　远程连接云服务器或虚拟机

读者可能听说过 Windows 系统提供的远程桌面。实际上，Linux 中也提供了类似的功能，其远程连接基于命令行。

在 Windows 端连接 Linux 需要使用 SSH 软件，最流行的有 Xshell 和 SecureCRT。

首先确定需要连接的云服务器或虚拟机拥有联网能力，不一定要连接到互联网，只需要和连接端处于同一域内，使用 ping 命令测试是否连通（需要开发 ping 端口）即可。

在 Linux 中使用如下命令查看 IP 地址，运行结果如图 10-14 所示。

```
ifconfig
```

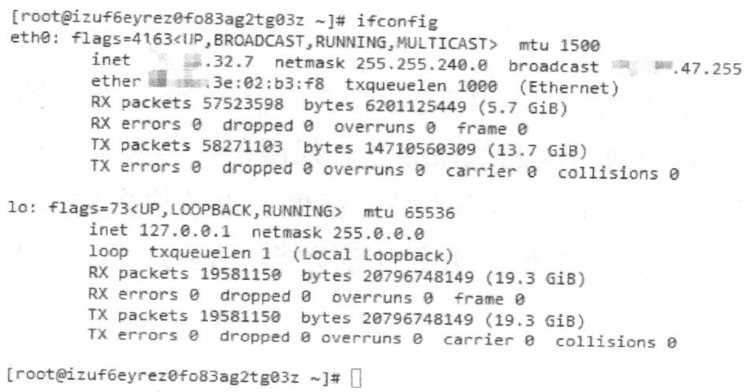

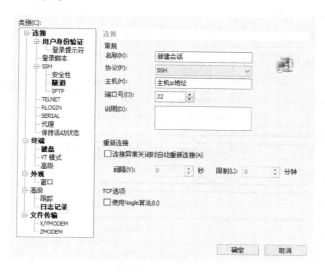

图 10-14　IP 地址

购买云服务器时一般会告知公网地址。知道地址且保证防火墙开启后（使用 SSH 端口），可以使用 Xshell 等支持 SSH 的软件。单击左上方的"+"或新建会话，新建一个 Linux 连接，如图 10-15 所示。

图 10-15　新建会话连接

在"主机"选项中输入之前查看的 IP 地址，下方的"端口号"默认为 22，部分云服务器会改变端口，需要配置。

基于安全性，Linux 的连接采用两种形式，一种是用户名结合密码，另一种是用户名和密钥文件联合验证。这些都可以自己配置。远程连接成功后，就相当于在 Linux 中使用终端工具。

10.2 搭建服务器部署环境

在前面章节介绍的项目开发中，API 都是通过 Express 运行在本地的开发环境中，即通过 Express 自带的 HTTP 模块启动测试服务器。仅限于在开发环境中或非生产环境中使用测试服务器运行项目，而在生产环境中不能这样做。本节将搭建真正的服务器环境。

本节介绍的 pm2 包含进程守护和自动重启等功能，然后还会介绍 Nginx，用它来部署前端服务或图片等静态文件。

10.2.1 配置 pm2

Node.js 依赖于进程实现代码的解析和运行。也就是说，在服务器中只要保证 Node.js 的进程不宕机，程序就会一直运行下去守护进程用于保证进程不会因为某些风险导致中断或异常。pm2 为守护进程提供了很多功能，如进程的配置、多进程、错误日志打印等功能。

在服务器或本地环境中安装 pm2，使用如下命令：

```
npm install pm2 -g
```

安装过程如图 10-16 所示。

```
.5.tgz -1 (connected: true, keepalive socket: false, agent status: {"createSocketCount":31,"createSocketErrorCount":0,"c
loseSocketCount":31,"errorSocketCount":0,"timeoutSocketCount":30,"requestCount":711,"freeSockets":{},"sockets":{},"reque
sts":{}}, socketHandledRequests: 1, socketHandledResponses: 0)
headers: {}
    at Timeout._onTimeout (C:\Users\q5754\AppData\Roaming\npm\node_modules\cnpm\node_modules\urllib\lib\urllib.js:940:15
)
    at listOnTimeout (internal/timers.js:549:17)
    at processTimers (internal/timers.js:492:7)
[31/31] cli-tableau@^2.0.0 installed at node_modules\_cli-tableau@2.0.0@cli-tableau
peerDependencies WARNING @pm2/js-api@0.6.0 › ws@^7.0.0 requires a peer of bufferutil@^4.0.1 but none was installed
peerDependencies WARNING @pm2/js-api@0.6.0 › ws@^7.0.0 requires a peer of utf-8-validate@^5.0.2 but none was installed
Recently updated (since 2020-05-01): 3 packages (detail see file C:\Users\q5754\AppData\Roaming\npm\node_modules\pm2\nod
e_modules\.recently_updates.txt)
  2020-05-07
    → systeminformation@^4.23.3(4.25.1) (16:57:13)
  2020-05-06
    → @pm2/js-api@0.6.0 › eventemitter2@^6.3.1(6.4.0) (22:23:33)
  2020-05-04
    → cron@1.8.2 › moment-timezone@0.5.28 › moment@>= 2.9.0(2.25.3) (23:13:08)
All packages installed (248 packages installed from npm registry, used 1m(network 1m), speed 91.35kB/s, json 212(460.94k
B), tarball 5.6MB)
[pm2@4.4.0] link C:\Users\q5754\AppData\Roaming\npm\pm2@ -> C:\Users\q5754\AppData\Roaming\npm\node_modules\pm2\bin\pm2
[pm2@4.4.0] link C:\Users\q5754\AppData\Roaming\npm\pm2-dev@ -> C:\Users\q5754\AppData\Roaming\npm\node_modules\pm2\bin\
pm2-dev
[pm2@4.4.0] link C:\Users\q5754\AppData\Roaming\npm\pm2-docker@ -> C:\Users\q5754\AppData\Roaming\npm\node_modules\pm2\b
in\pm2-docker
[pm2@4.4.0] link C:\Users\q5754\AppData\Roaming\npm\pm2-runtime@ -> C:\Users\q5754\AppData\Roaming\npm\node_modules\pm2\
bin\pm2-runtime
```

图 10-16　安装 pm2

安装完成后，使用如下命令进行测试，如果效果如图 10-17 所示，则表示安装成功。

```
pm2 -version
```

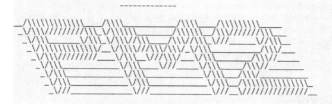

图 10-17　pm2 测试

pm2 的常用命令参见表 10-1。

表 10-1　pm2 的常用命令

命　　令	说　　明
pm2 start	启动应用程序
pm2 list	以列表形式显示启动的应用程序
pm2 restart all	重启所有应用程序
pm2 stop	停止应用程序
pm2 delete	关闭并删除应用程序
pm2 show	显示应用程序的所有信息
pm2 logs	显示所有的应用程序日志
pm2 monit	显示应用程序的CPU和内存占用情况

使用 pm2 start 启动 Express 程序，也可以在 package.json 中编辑一个命令进行启动，代码如下：

```
{
  "name": "server",
  "version": "0.0.0",
  "private": true,
  "scripts": {
    "start": "node ./bin/www",
    "production":"pm2 start ./bin/www"
  },
  "dependencies": {
    "cookie-parser": "~1.4.4",
    "debug": "~2.6.9",
    "express": "~4.16.1",
    "morgan": "~1.9.1",
    "redis": "^3.0.2"
  }
}
```

在项目文件夹下使用如下命令启动应用，启动效果如图 10-18 所示。

```
npm run production
```

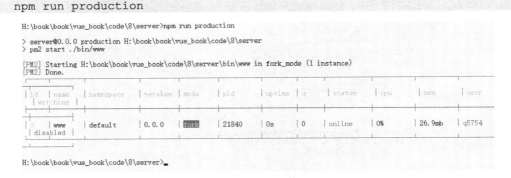

图 10-18　启动应用

通过 pm2 启动的 Node.js 应用可以使用命令查看日志或资源占用情况。本书介绍的 Express 实例涉及的所有命令和执行结果都会保存到 pm2 的日志中。可以使用如下命令查看日志结果，如图 10-19 所示。

```
pm2 logs
```

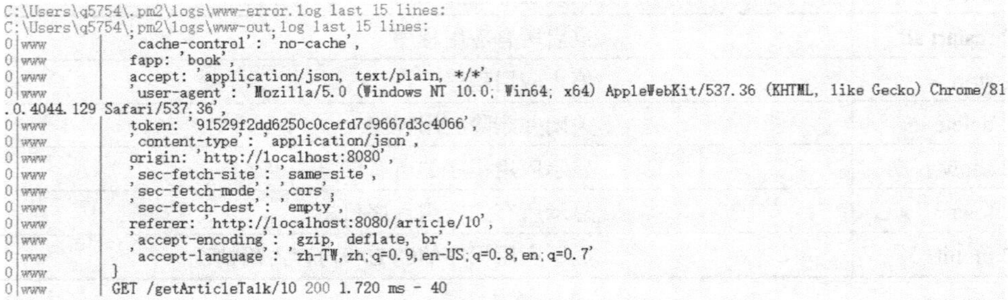

图 10-19　查看日志

日志的保存采用文件形式，即使不使用名称，也可以通过位置查看日志。

10.2.2　构建用于发布的 Vue.js 程序

第 9 章的 Vue.js 应用使用 vue-cli-service serve 进行开发，该命令不会生成正式的项目文件，而是生成一个动态可变的应用存放于内存中。现在正式生成项目，在 Vue.js 项目中使用如下命令：

```
npm run build
```

以上命令会将所有用到的依赖打包，如图 10-20 所示。

```
dist\skins\content\writer\content.css       1.10 KiB       0.57 KiB
dist\skins\content\default\content.css      1.08 KiB       0.56 KiB
dist\skins\content\dark\content.min.cs      1.06 KiB       0.59 KiB
s
dist\skins\content\document\content.mi      1.02 KiB       0.59 KiB
n.css
dist\skins\content\writer\content.min.      0.96 KiB       0.55 KiB
css
dist\skins\content\default\content.min      0.93 KiB       0.53 KiB
.css
dist\skins\ui\oxide-dark\content.mobil      0.71 KiB       0.42 KiB
e.css
dist\skins\ui\oxide\content.mobile.css      0.71 KiB       0.42 KiB
dist\skins\ui\oxide-dark\content.mobil      0.53 KiB       0.34 KiB
e.min.css
dist\skins\ui\oxide\content.mobile.min      0.53 KiB       0.34 KiB
.css

Images and other types of assets omitted.

DONE  Build complete. The dist directory is ready to be deployed.
INFO  Check out deployment instructions at https://cli.vuejs.org/guide/deployment.html

H:\book\book\vue_book\code\8\client\app>
```

图 10-20　生成项目

生成的项目存放在 dist 文件夹中，看文件结构就能明白这是一个静态网站，如图 10-21 所示。

```
css            2020/5/8 11:19    文件夹
fonts          2020/5/8 11:19    文件夹
img            2020/5/8 11:19    文件夹
js             2020/5/8 11:19    文件夹
skins          2020/5/8 11:19    文件夹
favicon.ico    2020/5/8 11:19    图标              5 KB
index.html     2020/5/8 11:19    Chrome HTML D...  1 KB
test.jpg       2020/5/8 11:19    JPG 文件          162 KB
```

图 10-21　完整的项目

10.2.3 使用 Nginx 部署静态文件

接下来使用 Nginx 部署静态文件和代码。Express 自带的 www 模块也可以启用一个小型网站服务器，支持对静态文件的访问。笔者选择 Nginx 的原因在于，它是当下最强大的静态资源服务器，不仅支持静态资源的发布，还支持反向代理，通过简单的配置还能实现路由重写或负载均衡。

Nginx 是一个开源的 Web 服务器，官网地址为 http://nginx.org/en/download.html，其官网主页如图 10-22 所示。请读者选择适合自己的版本进行下载。

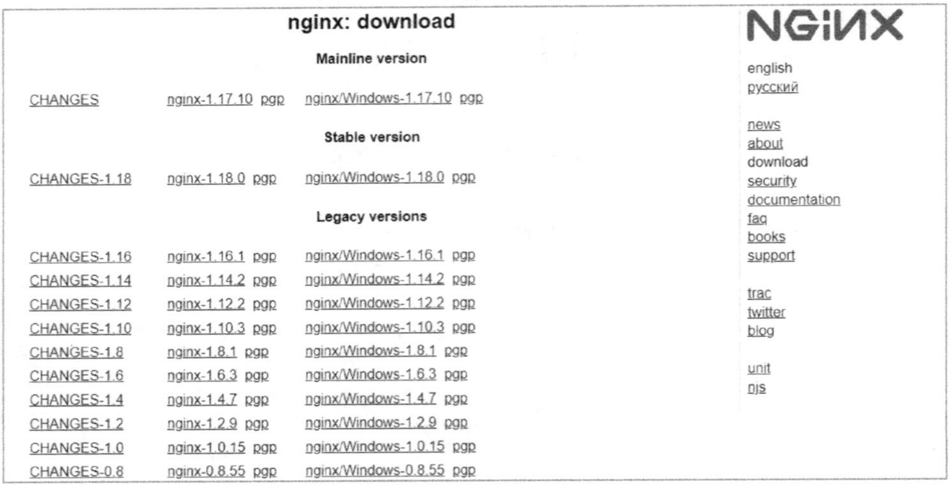

图 10-22　Nginx 官网

Nginx 安装完成后，一般采用配置 config 的方式在 nginx.conf 中添加新的应用。也可以直接将网站配置信息写在 nginx.conf 文件中，因为 Vue.js 最终打包的应用是一个静态网站，不需要其他配置，只需要配置项目地址和端口即可。

本例配置代码如下：

```
server {
    listen 8080;
    set       $root    'H:/book/book/vue_book/code/8/client/app/dist';
    root $root;
    index index.html index.htm;
    error_page 500 502 503 504 /50x.html;
    location = /50x.html {
    root html;
    }
    location ~ .*\.(gif|jpg|jpeg|bmp|png|ico|txt|js|css)$
```

```
    {
        root $root;
    }
}
```

启动 Nginx，打开 http://localhost:8080/进行访问。和之前的测试相比，这一次的访问速度和图片加载速度都快了很多，如图 10-23 所示。

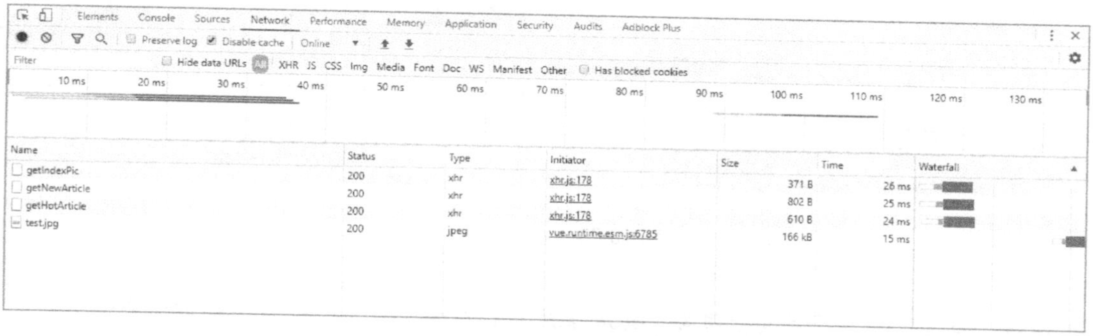

图 10-23　提升访问速度

10.3　在服务器端部署代码

10.2 节已经实现了部署环境的搭建，但还没有部署代码。本节就来让所有的功能都能运行在服务器上。

10.3.1　服务器的防火墙设置

针驿服务器的第一步操作是开启防火墙。如果读者使用的是云服务器，则其本身有一层高于系统的防火墙，该防火墙的配置并不依赖于云服务器的系统。也就是说，即使云主机系统中所有的端口都是开放状态，在服务器中制定访问规则也是可以的。当然，只能访问规则允许的端口或内容。云服务商提供的防火墙设置和系统的防火墙设置是"且"的关系，只有两者均允许的情况下，该操作才被允许。

云服务器的规则设置一般采用 Web 界面，提供基本的常用端口和模板设置，非常简单，这里不再赘述。本节主要讲解本机的防火墙设置。

常见的防火墙配置需要指定对请求数据包的操作，如放行（accept）、拒绝（reject）和丢弃（drop）等，控制这些端口和 IP 段可以保证本机在开启防火墙的情况下端口安全（当然这并不能阻止对开放端口的访问）。

一般情况下，本机只开放对外服务的端口，其他端口处于关闭状态。也就是说，一台基础的 Web 云服务器应当只开放 80 端口（HTTP）或 443 端口（HTTPS），以及需要远程登录的 SSH 服务接口（默认为 22）。

Linux 中的 iptables 命令可以开放或关闭这类端口，使用如下命令可以查看当前的防火墙规则，如图 10-24 所示。

```
iptables -L -n
```

```
Chain IN_public_allow (1 references)
target     prot opt source              destination
ACCEPT     tcp  --  0.0.0.0/0           0.0.0.0/0            tcp dpt:22 ctstate NEW
ACCEPT     tcp  --  0.0.0.0/0           0.0.0.0/0            tcp dpt:80 ctstate NEW
ACCEPT     tcp  --  0.0.0.0/0           0.0.0.0/0            tcp dpt:22 ctstate NEW
ACCEPT     tcp  --  0.0.0.0/0           0.0.0.0/0            tcp dpt:3306 ctstate NEW
ACCEPT     tcp  --  0.0.0.0/0           0.0.0.0/0            tcp dpt:433 ctstate NEW
ACCEPT     tcp  --  0.0.0.0/0           0.0.0.0/0            tcp dpt:443 ctstate NEW
```

图 10-24　开放的端口

> 注意：如果服务器提供其他服务，也应当开启相应的端口，但对于一些可能产生风险的服务，如 3306 对应的 MySQL 数据库接口，需要严格限定 IP 或用户登录。

10.3.2　使用 Git 部署代码

Git 和 GitHub 在第 3 章中已经简单介绍过，本节主要介绍如何使用它们。

要使用 Git，必须先安装。这里推荐安装图形化版本 SourceTree，它是 Git 的一个 GUI 界面，会自动安装 Git，适用于 Windows 和 mac OS 系统，如图 10-25 所示。

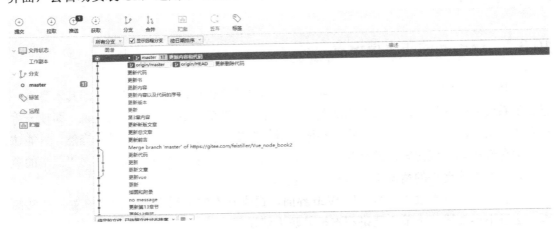

图 10-25　Git 版本管理

如何使用 Git 进行部署呢？答案是用免费的远程仓库 GitHub，网址为 https://github.com/，其页面如图 10-26 所示。

图 10-26　GitHub 在线托管网站

上述界面是 GitHub 中创建项目的页面。在该页面中创建一个项目，相当于在 GitHub 服务器中建立了一个版本控制库。使用如下命令可以"复制"项目，将该版本控制库完整地存放在本地。

```
git clone https://github.com/******.git
```

可以单击 Clone or download 按钮查看项目地址，如图 10-27 所示。GitHub 一般支持两种操作方式：一种是最常用的 HTTPS 方式，即通过 HTTP 提交仓库和复制仓库；另一种是配置相关的 Token，使用 SSH 操作。

图 10-27　复制项目

现在做一个练习：使用 git 命令将 Git 本身的开源代码拉取到本地（Git 本身的代码开源保存在 github.com 中），如图 10-28 所示。

```
git clone https://github.com/git/git
```

```
(qt-venv) root@st-pc:/home/st/桌面/qt# git clone https://github.com/git/git
正克隆到 'git'...
remote: Enumerating objects: 279396, done.
remote: Total 279396 (delta 0), reused 0 (delta 0), pack-reused 279396
接收对象中: 100% (279396/279396), 128.09 MiB | 502.00 KiB/s, 完成.
处理 delta 中: 100% (207734/207734), 完成.
(qt-venv) root@st-pc:/home/st/桌面/qt#
```

图 10-28　将开源代码拉取到本地

这样就将 Git 远程仓库中所有的源码拉取到了本地计算机上。也就是说，如果将可以部署的代码使用 git 命令拉取至 Nginx 服务的目录中，用户通过 HTTP 访问时就可以访问到代码。

如果修改了本地代码，则需要将修改后的代码推送至远程服务器上，在运行 Web 服务的服务器中使用 git pull 命令，可以跟踪远程服务器拉取此次修改的代码，如图 10-29 所示。

```
执行git pull
Updating 05146a0..50fa2b4
Fast-forward
 ...236\234\350\207\263\346\226\207\344\273\266.md" | 18 ++++
 output/archives.html                               |  2 +
 output/author/stiller.html                         | 99 +++++++++-------------
 output/author/stiller2.html                        | 52 ++++++------
 output/author/stiller3.html                        | 26 ++++++
 output/authors.html                                |  2 +-
 output/categories.html                             |  2 +-
 output/category/linux.html                         | 80 +++++++++--------
 output/index.html                                  | 99 +++++++++-------------
 output/index2.html                                 | 52 ++++++------
 output/index3.html                                 | 26 ++++++
 output/linux-shell-file-log.html                   | 73 +++++++++++++++++
 output/tag/linux.html                              | 80 +++++++++--------
 output/tag/shell.html                              | 65 ++++++++++++++
 output/tags.html                                   |  3 +-
15 files changed, 420 insertions(+), 259 deletions(-)
 create mode 100644 "content/shell\350\276\223\345\207\272\350\204\232\346\234\25
 create mode 100644 output/linux-shell-file-log.html
 create mode 100644 output/tag/shell.html
执行完成
```

图 10-29　使用 git pull 命令拉取代码

如果访问 GitHub 太慢，可以选择开源中国的产品——Gitee（码云），网站地址为 https://gitee.com/，页面如图 10-30 所示。

码云提供和 GitHub 类似的功能和使用方式，同时对私人项目和细节进行了优化，还支持从 GitHub 一键导入项目，这里不再赘述。

图 10-30　Gitee 页面

10.4　网站优化常用方法

本节介绍一些 Web 开发常用的技术，包括网站的简单优化和网站代码的打包等。

10.4.1　优化应用

当网速慢的时候，应用程序的性能优化非常关键，不能让用户看到超过 3s 的白屏。虽然使用前后端分离技术已经能达到非常好的性能优化效果，但项目优化还是要多多益善，这样可以减轻服务器的压力，提高项目运行速度。

一般项目优化分为以下两种：项目代码的优化和项目运行环境的优化。

1．项目代码的优化

项目代码的优化主要包括以下几点：

- 对服务器端代码来说，应避免编写会造成服务器宕机或死循环的代码，应减少对数据库的查找，并简化复杂查询。
- 对 Vue.js 实现的前端页面来说，应减少一些静态资源的请求。
- 对高质量图片或海量图片来说，可以采用分片与切分的形式传输和加载。

- 对于一些基本不变的内容（如网页的 footer）来说，使用 keep-alive 或直接静态化，都可以减轻页面和服务器的压力。
- 对于工程的组件化来说，可以使用动态组件加载，不需要显示的组件实现异步加载。

2．项目运行环境的优化

项目运行环境的优化涉及一些与运维相关的内容，可以考虑分布式或负载均衡技术，也可以使用 CDN 技术缓存图片等。有兴趣的读者可以查看相关资料。

10.4.2　使用 nw.js 打包项目

nw.js 是一种跨平台解决方案，从 DOM/WebWorker 层直接调用所有的 Node.js 模块，使用现有的 Web 技术开启了一个全新编写应用的方式。nw.js 的官网地址为 https://nwjs.io/，其主页如图 10-31 所示。nw.js 本质上是通过编写一个 Web 来实现本地应用开发。

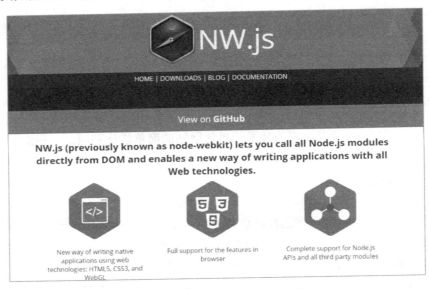

图 10-31　nw.js 官网主页

使用原生开发技术进行传统的客户端开发非常烦琐，不能一次开发，多处使用（如 MFC）。而使用一些其他跨平台框架，虽然可以带来非常好的性能，甚至带来 UI 的统一（如 QT 等），但对于 Web 程序员来说增加了学习成本，因此笔者推荐 nw.js。

nw.js 的基本原理是：其安装包中包含一个 Chromium 浏览器内核，通过访问本地或网络中的代码，可以模拟 PC 访问应用客户端。

（1）如果要使用 nw.js，必须先下载。根据不同的平台选择不同的下载版本，下载完成后解压，如图 10-32 所示。

locales	2020/5/8 12:16	文件夹	
swiftshader	2020/5/8 12:16	文件夹	
credits.html	2020/4/15 6:08	Chrome HTML D...	4,734 KB
d3dcompiler_47.dll	2020/4/15 6:08	应用程序扩展	4,377 KB
ffmpeg.dll	2020/4/15 6:08	应用程序扩展	1,547 KB
icudtl.dat	2020/4/15 6:08	DAT 文件	10,260 KB
libEGL.dll	2020/4/15 6:08	应用程序扩展	376 KB
libGLESv2.dll	2020/4/15 6:08	应用程序扩展	7,771 KB
node.dll	2020/4/15 6:08	应用程序扩展	11,799 KB
notification_helper.exe	2020/4/15 6:08	应用程序	873 KB
nw.dll	2020/4/15 6:08	应用程序扩展	130,496 KB
nw.exe	2020/4/15 6:08	应用程序	2,092 KB
nw_100_percent.pak	2020/4/15 6:08	PAK 文件	1,330 KB
nw_200_percent.pak	2020/4/15 6:08	PAK 文件	2,011 KB
nw_elf.dll	2020/4/15 6:08	应用程序扩展	863 KB
resources.pak	2020/4/15 6:08	PAK 文件	4,988 KB
v8_context_snapshot.bin	2020/4/15 6:08	BIN 文件	548 KB

图 10-32　解压 nw.js

（2）在打包工具的同级目录中新建 package.nw 文件夹，并将 10.2.2 节打包的静态文件放在该文件夹中。

（3）在 package.nw 文件夹中新建 package.json 文件用来配置 nw.js，指定入口文件、名称和描述等，代码如下：

```
{
    "main": "index.html",
    "name": "vue",
    "description": "打包的 Vue 项目",
    "version": "0.0.9",
    "window": {
        "title": "Vue 测试项目",
        "icon": "favicon.icon",
        "toolbar": false,
        "resizable": true,
        "fullscreen": false,
        "width": 800,
        "height": 700,
        "kiosk": false
    }
}
```

（4）通过命令行进入打包工具所在的文件夹，使用如下命令打包应用，结果如图 10-33 所示。

```
copy /b nw.exe+package.nw app.exe
```

```
E:\download\nwjs-v0.45.2-win-x64\nwjs-v0.45.2-win-x64>copy /b nw.exe+package.nw app.exe
nw.exe
已复制          1 个文件。
```

图 10-33　打包工具

执行完成后在文件夹中会生成一个 app.exe 文件，双击打开，最终效果如图 10-34 所示。

图 10-34　生成应用

<h1 align="center">10.5　小结与练习</h1>

10.5.1　小结

通过本章的学习，相信读者已经能将自己的成果成功地部署到服务器中，接下来就是一个完整项目的下一轮迭代周期。本章的这个项目虽然还不尽如人意，也不能实际地用于生产环境，但是熟悉它的开发流程，能让读者在将来开发大型项目时不至于手忙脚乱而无从下手。

还有一点需要提醒读者，在学习的时候，不仅要关注技术本身，也要善于运用各种工具，这样才能成为一名合格的全栈开发人员。

10.5.2　练习

有条件的读者可以尝试以下练习：

（1）使用 Git 控制代码的版本和部署。

（2）配置 Linux 或云服务器中的各种防火墙，理解关闭和开放端口的意义。

（3）使用 CDN 的读者，可以将所有使用到的静态资源存放在 CDN 中，或者使用全站 CDN 加速。

（4）将自己的应用打包成一个桌面应用。

附录 A　检测 Node.js 是否支持 ES 6 的语法

如果读者安装的 Node.js 版本较新，则可以支持大量的 JavaScript ES 6 语法；如果版本太旧并且无法升级，那么该如何检测其是否支持这些新语法呢？

笔者推荐使用 es-checker 来检测当前 Node.js 对 ES 6 的支持情况。使用如下命令安装 es-checker：

```
npm install -g es-checker
```

安装成功后，使用命令 es-checker 检测当前 Node.js 的版本支持情况，结果如图 A-1 和 A-2 所示。

```
C:\Users\zhangfan2>es-checker

ECMAScript 6 Feature Detection (v1.4.2)

Variables
  √ let and const
  √ TDZ error for too-early access of let or const declarations
  √ Redefinition of const declarations not allowed
  √ destructuring assignments/declarations for arrays and objects
  √ ... operator

Data Types
  √ For...of loop
  √ Map, Set, WeakMap, WeakSet
  √ Symbol
  √ Symbols cannot be implicitly coerced

Number
  √ Octal (e.g. 0o1 ) and binary (e.g. 0b10 ) literal forms
  √ Old octal literal invalid now (e.g. 01 )
  √ Static functions added to Math (e.g. Math.hypot(), Math.acosh(), Math.imul())
  √ Static functions added to Number (Number.isNaN(), Number.isInteger())

String
  √ Methods added to String.prototype (String.prototype.includes(), String.prototype.repeat() )
  √ Unicode code-point escape form in string literals (e.g. \u{20BB7} )
  √ Unicode code-point escape form in identifier names (e.g. var \u{20BB7} = 42; )
  √ Unicode code-point escape form in regular expressions (e.g. var regexp = /\u{20BB7}/u; )
  √ y flag for sticky regular expressions (e.g. /b/y )
  √ Template String Literals

Function
  √ arrow function
  √ default function parameter values
  √ destructuring for function parameters
  √ Inferences for function name property for anonymous functions
  × Tail-call optimization for function calls and recursion
```

图 A-1　ES 6 的支持情况（1）

```
Array
    √ Methods added to Array.prototype ([].fill(), [].find(), [].findIndex(), [].
entries(), [].keys(), [].values() )
    √ Static functions added to Array (Array.from(), Array.of() )
    √ TypedArrays like Uint8Array, ArrayBuffer, Int8Array(), Int32Array(), Float6
4Array()
    √ Some Array methods (e.g. Int8Array.prototype.slice(), Int8Array.prototype.j
oin(), Int8Array.prototype.forEach() ) added to the TypedArray prototypes
    √ Some Array statics (e.g. Uint32Array.from(), Uint32Array.of() ) added to th
e TypedArray constructors

Object

    √ __proto__ in object literal definition sets [[Prototype]] link
    √ Static functions added to Object (Object.getOwnPropertySymbols(), Object.as
sign()
    √ Object Literal Computed Property
    √ Object Literal Property Shorthands
    √ Proxies
    √ Reflect

Generator and Promise
    √ Generator function
    √ Promises

Class
    √ Class
    √ super allowed in object methods
    √ class ABC extends Array ( .. )

Module
    ✕ Module export command
    ✕ Module import command


===========================================
Passes 39 feature Detections
Your runtime supports 92% of ECMAScript 6
===========================================
```

图 A-2　ES 6 的支持情况（2）

可以看出，当前版本的 Node.js 实际上已经支持了大量的 ES 6 特性和语法，但没有支持包的 import export。这类问题可以使用 Babel 解决，将 ES 6 转换为 ES 5，这样 Node.js 就支持所有的 ES 6 特性了。

附录 B npm 安装过慢的解决方法

使用 npm 安装某些软件时速度非常慢，这与 Node.js 模块的服务器位置在国外有关。使用国内的镜像可以解决这个问题，笔者推荐淘宝提供的 npm 镜像，网站地址为 http://npm.taobao.org/，其主页如图 B-1 所示。

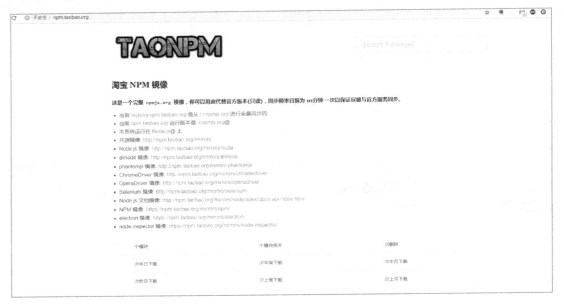

图 B-1 淘宝 npm 镜像

首先通过如下命令安装淘宝提供的 nmp 镜像：

```
npm install -g cnpm --registry=https://registry.npm.taobao.org
```

在命令提示符中使用 npm 命令时，使用淘宝定制的 cnpm 代替 npm 关键字，命令如下：

```
npm install [name]                    //原来的命令
cnpm install [name]                   //现在的命令
```

npm 和 cnpm 生成的 node_modules 目录结构是不同的，有些情况下可能会出现一些意料不到的问题，不过这种情况很少发生，读者不用担心。

🔔注意：cnpm 支持 npm 除了 publish 之外的所有命令。

推荐阅读

推荐阅读